多晶硅和石英玻璃的联合制备法

刘寄声 著

北 京
冶 金 工 业 出 版 社
2009

内容简介

本书以传统的多晶硅和石英玻璃的生产方法为基础，介绍了多晶硅和石英玻璃联合制备法的工艺过程、主要设备、操作要点及影响产品质量的因素，提出了降低多晶硅生产成本的几个途径，并总结了相关安全生产的知识。内容紧密结合生产操作实际，阐述由浅入深，通俗易懂，知识丰富，实用性强。

本书可供从事多晶硅和石英玻璃生产的技术人员和管理人员阅读，也可供有关院校材料专业和冶金专业师生参考。

图书在版编目(CIP)数据

多晶硅和石英玻璃的联合制备法/刘寄声著．—北京：冶金工业出版社，2008.1（2009.5 重印）

ISBN 978-7-5024-4403-7

Ⅰ．多…　Ⅱ．刘…　Ⅲ．光学石英玻璃—生产工艺　Ⅳ．TQ171.73

中国版本图书馆 CIP 数据核字（2007）第 174945 号

出 版 人　曹胜利

地　　址　北京北河沿大街嵩祝院北巷 39 号，邮编 100009

电　　话　(010)64027926　电子信箱　postmaster@ cnmip. com. cn

责任编辑　张　卫　王　楠　美术编辑　张媛媛　版式设计　张　青

责任校对　栾雅谦　责任印制　李玉山

ISBN 978-7-5024-4403-7

北京兴顺印刷厂印刷；冶金工业出版社发行；各地新华书店经销

2008 年 1 月第 1 版，2009 年 5 月第 2 次印刷

787mm×1092mm　1/16；10.75 印张；257 千字；160 页；3001-6000 册

32.00 元

冶金工业出版社发行部　电话：(010)64044283　传真：(010)64027893

冶金书店　地址：北京东四西大街 46 号(100711)　电话：(010)65289081

（本书如有印装质量问题，本社发行部负责退换）

前　言

多晶硅和石英玻璃都是当今世界电子工业、光电子工业以及能源转换技术等领域不可缺少的重要基础材料，但二者却是两种互不相关的产品。在传统生产工艺中，两种产品的生产工艺各不相同，也就是说，生产多晶硅的工艺，就只单独生产多晶硅；生产石英玻璃的工艺，就只单独生产石英玻璃。

本书所介绍的多晶硅和石英玻璃的联合制备法是一种综合的生产方法，它是利用制备多晶硅所产生的尾气来制备石英玻璃，这样不仅可以减少排放的废气，而且生产是连续的，设备是串联的，热能可以得到充分利用，因此这种制备方法既节能又环保。与传统的单项生产法相比，这种制备方法设备和厂房少，可以大幅度地减少基本建设投资；生产时，可减轻操作人员的劳动强度，使本来当成废物排放的尾气得到综合利用，从而可以降低生产成本。这种方法的优点还不仅如此，与氯碱工业联合还可以形成一种生产上的循环，不仅可以节约资源，而且还可以帮助解决氯碱的平衡问题和污染问题。

多晶硅和石英玻璃的联合制备法是一个新的发明，而且还获得了专利。但了解这种新工艺方法的人还很少。这种状况阻碍了多晶硅和石英玻璃的联合制备法的发展，虽然这种方法已诞生五年多，可至今还无用武之地。为扭转这一局面，笔者撰写此书，目的是向大家介绍多晶硅和石英玻璃的联合制备法，希望本书能对该法的工业应用起到助推的作用，使之早日得到推广应用，为我国科技产业的发展做出应有的贡献。

由于笔者水平所限，书中不妥之处敬请读者指正。

著者

2007年7月

目　　录

1 概　　述

多晶硅和石英玻璃都是社会经济发展急需的热门产品，是当今世界电子工业、光电子工业和能源转换技术（如太阳能电池等）不可缺少的重要基础材料。这些材料虽然重要，但目前它们的产量都很低，还远不能满足需求，特别是多晶硅，目前世界年产量仅2万多吨（见附表1）。我国的多晶硅产量更少，据统计，2006年仅275t左右。这根本无法满足日益增长的需求。为了保证科技产业的发展，我国每年从国外大量进口多晶硅，其进口量占国内需要量的85%以上。多晶硅的奇缺，已影响了电子工业的发展，成为发展的“拦路虎”。

造成这种状况的主要原因是，目前生产多晶硅和石英玻璃都是采用传统的单项生产工艺，这些单项的生产工艺不仅要消耗大量的能源，而且还要排放大量有毒的废气和废液，也就是说，目前要想获取多晶硅和石英玻璃都是以舍弃我们美好环境为代价的。很显然，代价过大，必然会阻碍这些产品的发展。

多晶硅和石英玻璃的联合制备法是一种新型节能环保的绿色生产方法，其特点是生产方式简单、设备投入少、上马快。采用这种联合制备法，不仅可以节约资源，减轻对环境的污染，而且还可以节省大量的资金。也就是说，采用这种联合制备法，可以减轻我们付出的代价。减轻代价，就必然会促进这些产业的发展。从目前来看，这种联合制备法是一种先进的生产方法，是取代传统的单项生产方法最为现实和最有前途的技术措施之一。

1.1 传统生产方法简介

1.1.1 多晶硅的传统生产方法简介

多晶硅的传统生产方法有多种，但目前世界上最常见的有三种：四氯化硅氢还原法、三氯氢硅氢还原法（西门子法）和硅烷裂解法。我们现在只简单介绍与多晶硅和石英玻璃的联合制备法最密切相关的两种方法：四氯化硅氢还原法和三氯氢硅氢还原法。

1.1.1.1 四氯化硅氢还原法

四氯化硅氢还原法是以四氯化硅和氢气为原料，在还原炉内发生化学反应来生成多晶硅的方法。

（1）四氯化硅氢还原法的基本反应。在1150～1250℃温度时，四氯化硅与氢气主要发生下列反应：

$$SiCl_4 + 2H_2 = Si + 4HCl$$

这是一种氢还原反应。

（2）四氯化硅氢还原法的工艺流程。该工艺所采用的原料（四氯化硅和氢气）都是经过净化和提纯，达到一定纯度的合格的原料。其生产流程参见图1-1。

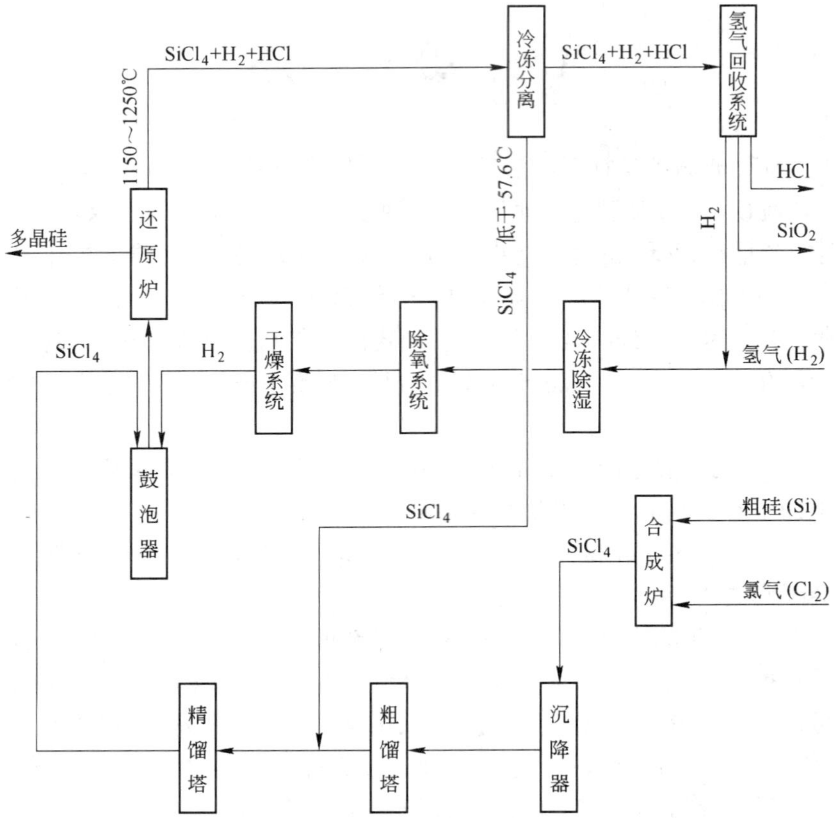

图 1-1 四氯化硅氢还原法的工艺流程简图

先将经过粗馏和精馏提纯、达到六个“9”以上纯度的四氯化硅通入鼓泡器；再将经过冷冻除湿、除氧、干燥过并达到标准的氢气通入鼓泡器鼓泡。氢气通过在鼓泡器里鼓泡，混进了四氯化硅，使本来纯净的氢气变成了氢气和四氯化硅的混合物。这混合物被称为还原料。还原料被送进还原炉，经 1150～1250℃的高温，发生了氢还原反应，并生成了多晶硅。

为了确保多晶硅的质量，需要向还原炉内通入过量的还原料。这样一来，进入还原炉的还原料一部分参加反应，生成了多晶硅；另一部分被当作尾气放了出来。参加反应的只有少数（一般认为 10%～20%左右），而绝大多数没有参加反应，都被当作了尾气。

最初，这些尾气被当成废气放掉了。我们知道，这些尾气里有大量纯净的氢气和四氯化硅。获得这样多的高质量氢气和四氯化硅是需要付出很大代价的，放掉尾气是一个极大的浪费。

为避免浪费，人们把还原尾气接入冷冻分离器和氢气回收系统，将尾气中的氢气和四氯化硅回收，经净化提纯后再利用。

1.1.1.2 三氯氢硅氢还原法

如图 1-2 所示，三氯氢硅氢还原法（西门子法）也是一种在还原炉内通过发生化学反应来生成多晶硅的方法，它的工艺流程与四氯化硅氢还原法的基本相同，只不过三氯氢硅氢还原法不是以四氯化硅和氢气为原料，而是以三氯氢硅和氢气为原料。

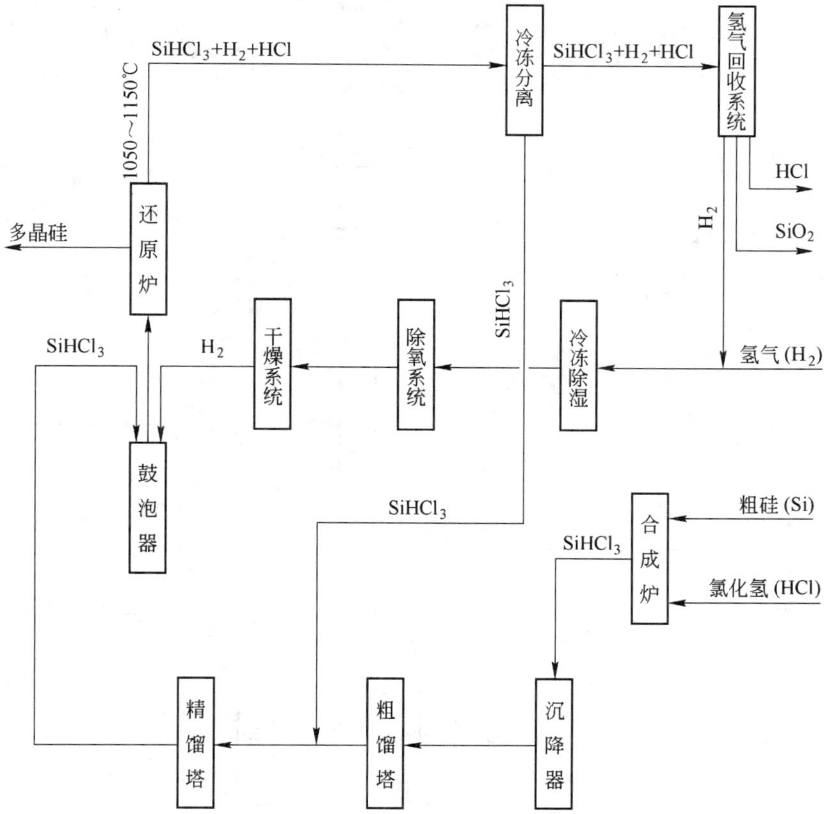

图 1-2 三氯氢硅氢还原法的工艺流程简图

(1) 三氯氢硅氢还原法的基本反应。在 1050～1150℃温度时，三氯氢硅与氢气主要发生下列反应：

$$SiHCl_3 + H_2 = Si + 3HCl$$

这是一种氢还原反应。

(2) 三氯氢硅氢还原法的工艺流程。三氯氢硅氢还原法与四氯化硅氢还原法的工艺流程基本相同，只是所采用的原料有所不同，另外，三氯氢硅氢还原法的反应温度比四氯化硅氢还原法低约 100℃左右，其最佳反应温度应该在 1050～1150℃之间。

1.1.2 石英玻璃的传统生产方法简介

(1) 基本反应。在 1400～1600℃的高温时，四氯化硅与氧气和氢气主要发生下列反应：

$$SiCl_4 + O_2 + 2H_2 = SiO_2 + 4HCl$$

(2) 石英玻璃的生产工艺流程。该工艺所采用的原料(四氯化硅、氧气和氢气)，其中四氯化硅和氢气是经过了净化和提纯的，氧气一般用的是液氧，纯度很高，不用净化，可直接使用。其生产流程参见图 1-3。

先将经过粗馏和精馏提纯，达到四个“9”以上纯度的四氯化硅通入鼓泡器，再将经过冷冻除湿、除氧、干燥过并达到标准的氢气通入鼓泡器鼓泡。氢气通过在鼓泡器里鼓泡，而混

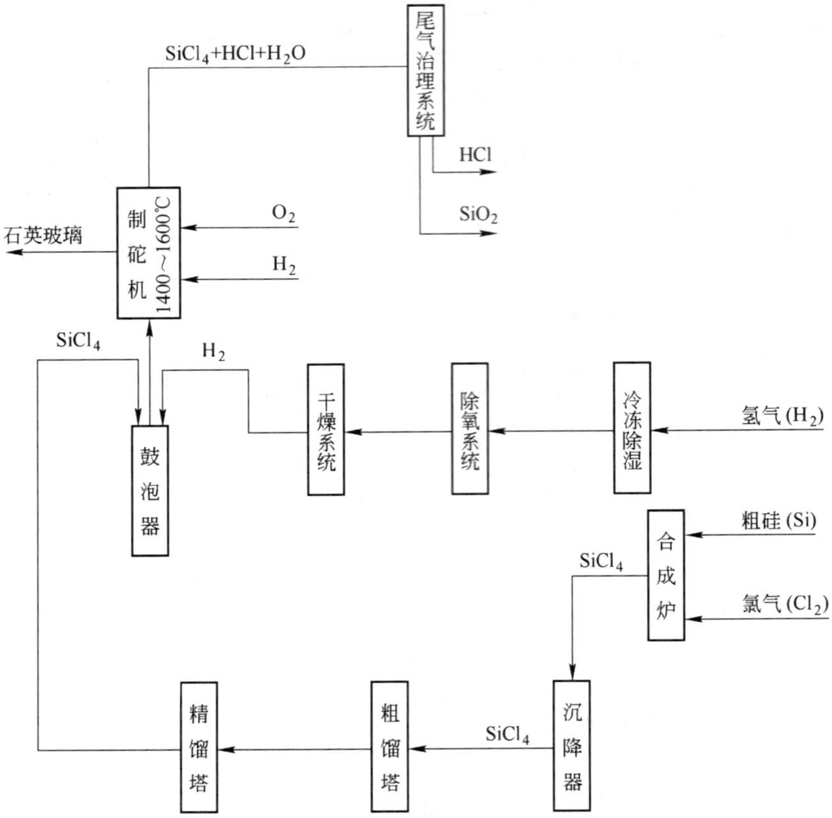

图 1-3　石英玻璃的生产工艺流程简图

进了四氯化硅，使本来纯净的氢气成了氢气和四氯化硅的混合物。这混合物被称为合成料。合成料被送进制砣机，经 1400～1600℃，发生化学反应，并生成石英玻璃。

1.2　多晶硅和石英玻璃的联合制备法简介

（1）基本反应。采用多晶硅和石英玻璃的联合制备法生产，其生产过程中发生的基本反应与传统单项生产方法是一样的，只不过反应是分阶段、分地点的。虽说是联合制备，但生产这些产品不是在同一个设备里生产，而是每一种产品都在各自的生产设备里生产。每种设备里发生的反应是不同的。

在生产多晶硅的设备里发生四氯化硅与氢气的氢还原反应（在 1150～1250℃温度时）：

$$SiCl_4 + 2H_2 \xlongequal{\quad} Si + 4HCl$$

在生产石英玻璃的设备里发生四氯化硅与氧气和氢气的化学反应（在 1400～1600℃的高温时）：

$$SiCl_4 + O_2 + 2H_2 \xlongequal{\quad} SiO_2 + 4HCl$$

（2）多晶硅和石英玻璃的联合制备法的工艺流程。联合制备法的生产工艺是连续的，其生产设备是单独的。也就是说，每一种产品都有各自的生产设备。这些设备是串联关系，从生产四氯化硅设备里出来的产品被直接送入生产多晶硅的设备里，从生产多晶硅设备里放出来的尾气被直接送入生产石英玻璃的设备里，其工艺流程参见图 1-4。

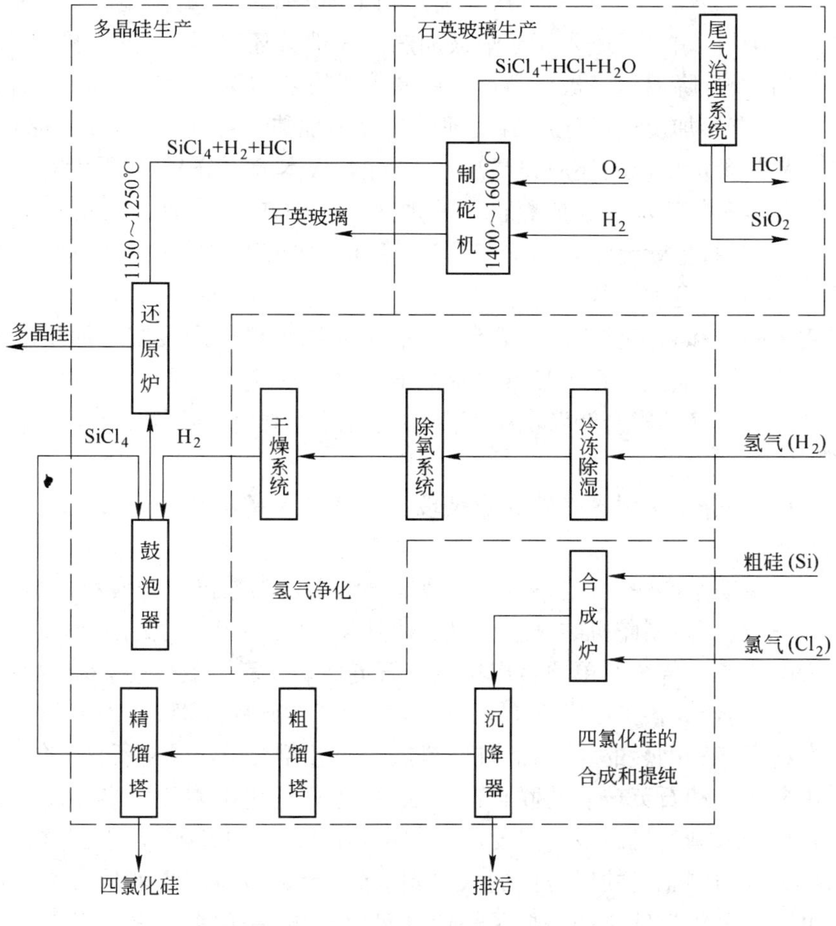

图 1-4 多晶硅和石英玻璃联合制备法的工艺流程简图

1.3 多晶硅和石英玻璃联合制备法的优点

1.3.1 节约能源

多晶硅和石英玻璃的联合制备法的热能是被充分利用的，其生产过程没有反复升降温的现象，因此可以节能，而且节能的数字是相当可观的。

采用传统的单项生产法生产多晶硅，还原料从鼓泡器里出来后被送进还原炉。在炉内还原料被加热到 1150～1250℃，发生了氢还原反应，生成多晶硅。采用这种生产法，进入还原炉的还原料只有少数(一般认为 10%～20%)参加反应，生成了多晶硅，绝大多数被当作尾气排放了。最初，这些尾气被当成废气放掉，造成极大的浪费。为避免浪费，人们把尾气中的氢气和四氯化硅回收，经净化提纯后再利用。这样一来，出来的高温料，进入由冷冻分离器和氢气回收组成的回收系统回收。在回收系统里，还原料被冷冻降温至四氯化硅的沸点(57.6℃)之下，一般认为应在 40～38℃为好。如按还原料在还原炉里的低限温度 1150℃，降温后的上限温度40℃计算，也要降温1100℃。问题是，回收后40℃的常温还原料要重新被送入鼓泡器里，然后通进还原炉，再次被加热到1150～1250℃的高温。

从上述工艺中可以看出，进入还原炉被加热的大部分还原料（占进炉料90％）没有被利用就被送出降温，而且降温后又被重新送入还原炉成为参加新一轮反应的还原料。很明显，这是一种浪费，没有参加反应的还原料按理说应该不加热。可问题是，在还原炉里，没有参加反应的还原料与参加反应的还原料是混在一起的，根本无法分开，如果没有参加反应的还原料不加热，那么，参加反应的还原料也无法加热。我们知道，参加反应的还原料温度低是无法进行化学反应的，也就无法生产出多晶硅。所以，如果采用传统的单项生产法生产多晶硅的话，上述浪费是不可避免的。

如果采用多晶硅和石英玻璃的联合制备法，由还原炉里出来没有参加反应的还原料不进入回收系统，而被当成生产石英玻璃的原料直接进入制砣机，因此不用降温。也就是说，采用多晶硅和石英玻璃的联合制备法生产多晶硅是可以避免上述浪费的，可以节约80％～90％的能源。

这只是生产多晶硅，采用多晶硅和石英玻璃的联合制备法来生产石英玻璃也一样具有明显的节能优势。

采用传统的单项生产法生产石英玻璃，也需要将送进制砣机的合成料加热，而且升温的幅度要更大。一般认为，制砣机的反应区里要达到1400～1600℃的高温，而要达到如此高温需要消耗大量的能源。传统的单项生产法生产石英玻璃是靠氢氧燃烧来获取高温的。我们知道，在单项生产的合成料里已经含有氢气了，可为了达到此高温，还得另外向制砣机的反应区里通入燃料氢气和助燃的氧气，而且燃料氢气的量要大于合成料所含的氢气。

如果采用多晶硅和石英玻璃的联合制备法，由还原炉里出来没有参加反应的还原料被当成合成料直接进入制砣机。该料温度已经很高，在1150～1250℃左右。这样的料通入制砣机就不用再另外向制砣机的反应区通入燃料氢气，因为该料所含的氢气燃烧所产生的热量已经完全可以满足化学反应的需要了。由此可以看出，采用多晶硅和石英玻璃的联合制备法来生产石英玻璃可以节省50％～60％的氢气。

可见这些数字是相当可观的。

1.3.2　环境保护

多晶硅和石英玻璃的联合制备法生产是连续的，设备是串联的，是将上一个产品的尾气或尾液作为下一个产品的原料，使本应作为废气排出的尾气得到了综合利用。因此，它不仅可以减少废气的排放量，而且还可以减轻对环境的污染。

采用传统的单项生产法生产多晶硅，要放出尾气，即使有了由冷冻分离器和氢气回收组成的回收系统，也还是要排放出尾气，只不过，尾气的数量少得多。上述尾气是由没有参加反应的还原料与参加反应后产生的废气共同组成。没有参加反应的还原料主要是由氢气和四氯化硅组成；参加反应后产生的废气主要是氯化氢。氢气的排放不会对环境造成污染，可四氯化硅和氯化氢就不同了，它们都是有毒物质，会对环境造成严重的污染，是不可以直接排放到大气中的。四氯化硅是有强烈刺激性的物质，可以使人窒息。据说，在第二次世界大战时德国人曾经想把四氯化硅当作化学武器来使用，由此可以想像到它的危害有多大了。氯化氢气体的毒性也是相当大的，它遇水会变成三大强酸之一的盐酸，对人体、建筑物、设备、环境都有极大的危害。

采用传统的单项生产法生产石英玻璃，也要排放出尾气。该尾气中也同样含有有毒的氯化氢，因此也同样会对环境造成危害。

如果采用多晶硅和石英玻璃的联合制备法来生产多晶硅和石英玻璃，尾气问题就会解决了。多晶硅和石英玻璃的联合制备法生产多晶硅的还原炉放出尾气没有直接放空，而是被直接送入制砣机里来生产石英玻璃。这样一来，生产多晶硅的尾气污染问题就会大大减轻了。

采用多晶硅和石英玻璃的联合制备法生产石英玻璃，制砣机出来的尾气被送入尾气处理系统。该尾气处理系统可将制砣机放出来的尾气转变为稀盐酸和二氧化硅。二氧化硅是无害的，它的颗粒细小而且纯度极高，是高级的纳米级材料，其用途是比较广的。它不仅可以成为制药、制漆添加剂，而且还可以成为很多化工生产的原材料。稀盐酸是有害的，但可以把它回收，浓缩成为成品酸。成品盐酸也是重要的化工产品，用途广泛。稀盐酸也可以不回收，只要再加进一些碱，使其中和，危害就没有了，也就可以排放了。由此看来，采用多晶硅和石英玻璃的联合制备法来生产多晶硅和石英玻璃，不仅可以减少废气的排放量，而且还可以减轻对环境的污染。

1.3.3 设备费用少

多晶硅和石英玻璃的联合制备法生产可以省掉一些设备，从而可以节约投资，并可减轻操作人员的劳动强度。

采用传统的单项生产法生产多晶硅，需要有一台四氯化硅合成炉和一套四氯化硅提纯系统。采用传统的单项生产法生产石英玻璃，同样需要有一台四氯化硅合成炉和一套四氯化硅提纯系统。如果采用多晶硅和石英玻璃的联合制备法生产四氯化硅和多晶硅，上述设备是合一的，从设备数量上看，多晶硅和石英玻璃的联合制备法比传统的单项生产法减少一半。只是设备要大一些，但单个设备的投资增加不会太多。比如四氯化硅合成炉，它的直径加大一倍，它的产量就可以增加四倍。四氯化硅提纯系统里的设备也同样，尺寸增加一点，产量就会增加很多。

采用传统的单项生产法生产多晶硅和采用传统的单项生产法生产石英玻璃都同样需要有一套由冷冻除湿、除氧、干燥组成的氢气净化系统和一个鼓泡器。如果采用多晶硅和石英玻璃的联合制备法生产，这些设备也是合一的。

采用多晶硅和石英玻璃的联合制备法生产比单项生产法节省最多的地方还不在于此。

采用传统的单项生产法生产多晶硅，需要一套由冷冻分离器和氢气回收系统组成的回收系统，而采用多晶硅和石英玻璃的联合制备法生产就不需要这套回收系统。这套系统是由科技含量高、造价高的成套设备组成的。我们知道，家用的冰箱的最低温只有摄氏零下十几度，一般的冷库的最低温也只有摄氏零下三十几度，可这套系统所用的冷冻温度要到摄氏零下八十几度，甚至更低；家用的冰箱只是单级压缩，要求深冷的冷库也只有双级压缩，而这套系统所用的冷冻机是复叠式的，是在双级之上再加了一级压缩的，而且组合方式也是特别的。据估算，这套系统所需的费用应占总设备费用的三分之一左右。就此一项，采用多晶硅和石英玻璃的联合制备法生产就可节省设备费三分之一左右。

很显然，设备少，不仅可以节约投资，而且还减轻了操作人员的劳动强度。

1.3.4 基建投资少

采用多晶硅和石英玻璃的联合制备法生产，可以省掉一些设备和厂房，基建投资减少，总的投入也减少(见附表3)，付出的代价也就小，从而促进这些产品的生产。

1.3.5 与氯碱工业联合对平衡问题和污染问题的解决

近年来我国的氯碱工业发展较快，目前，其产量已居世界第2位。虽然如此，我国的氯、碱产品还是不能满足国内市场的需求。我国的氯碱工业能不能再进一步发展呢？这要看氯与碱的平衡问题能不能得到解决了。目前烧碱的生产方法几乎全部采用电解食盐水的方法，这样，每生产0.88t氯气则联产1t烧碱，这一比例，目前是无法改变的。但问题是，市场对氯碱的需求比例并不是0.88∶1，而是一个变数，也就是说，氯与碱的市场需求是不平衡的。有的时候氯是过剩的，有的时候碱是过剩的，无论氯与碱哪种过剩都会造成氯与碱的不平衡。氯与碱的不平衡还会影响环境，不管氯与碱哪一方过剩积存，都可能造成对环境的污染。所以，氯与碱的平衡是氯碱工业发展的关键，氯与碱的平衡问题得不到解决，我国的氯碱工业就很难再发展。

氯气是多晶硅和石英玻璃联合制备法的重要原料，该制备法是消耗氯的。如果在氯过剩时，让该制备法与氯过剩的氯碱工业联手，就可以帮助解决氯与碱的平衡问题。氯与碱的平衡问题解决了，氯的积存就会减少，甚至为零，污染问题也就迎刃而解了。

1.3.6 电子工业材料——多晶硅瓶颈问题的解决

前面我们说过，多晶硅是电子工业的基础材料。由于采用传统的单项生产法生产多晶硅，需要付出资源和环境的极大代价。过大的代价制约了多晶硅的生产发展。目前，由于多晶硅短缺，迫使一些电子工业厂家减产，甚至停业。很显然，多晶硅已经成为当前电子工业发展的瓶颈，阻碍了电子工业的发展。

采用多晶硅和石英玻璃的联合制备法生产多晶硅，代价会减少，从而促进多晶硅的发展，电子工业材料(多晶硅)的瓶颈问题也就因此得以解决。

2　主要产品

在介绍多晶硅和石英玻璃的联合制备法之前，我们有必要先来认识一下多晶硅和石英玻璃这两个主要产品，搞清它们的基本特性和用途，同时了解一下本行业应知的一些基本概念。

2.1　多晶硅

多晶硅是重要的半导体材料，是硅产品产业链中的一个极其重要的中间产品。它可以直接制作成太阳能电池，也可以作为原料生产单晶硅。目前90%以上的半导体器件是用硅材料制成的，也就是用多晶硅为原料生产的单晶硅制成的。在电子工业中少不了硅，特别是少不了多晶硅，它被视为“微电子大厦的基石”，因此，一些先进国家都把自己的高科技基地称为“硅谷”。

2.1.1　多晶硅的基本概念

多晶硅(Si)是元素硅的单质，是一种半导体。硅在地壳中的含量很大，但大多是以化合物形式存在，其中以石英石(SiO_2)形式存在的为最多，约占地壳的27%。我们这里所指的多晶硅产品是以金属硅(俗称工业硅、硅石或硅铁)为原料，经一系列的物理化学反应提纯后达到了一定纯度的硅材料，因此又被称为高纯硅或超纯硅。

按常理，称硅就行了，可为何非要称为多晶硅呢?

世界上的物质，大体可以分成气体、液体、固体三大类。我们又可以根据物质里原子排列的形式分成晶体和非晶体两种。属于晶体的如岩盐、雪花、水晶以及半导体材料等，属于非晶体的如空气、水、铜、铁、锡、水泥、木材等。晶体一般都具有特殊的外形，例如岩盐是立方形的，雪花是六角形的，水晶是六方柱形的。晶体之所以有特殊的外形，是因为它内部的原子按照一定的规律整齐地排列着的，并且晶体具有各向异性(不同电性)的特点。非晶体则不然，它的原子排列无规律，是杂乱无章的。

在晶体中又分成多晶体和单晶体两大类。晶体是由许许多多小的晶粒组成的，而每一个晶粒又由许多原子组成，尽管这些原子在晶粒中是整整齐齐有规律排列着的，但在一块晶体中，各个晶粒的排列方向是彼此不同的，晶粒与晶粒之间是杂乱无规律的。因此，总的来看，原子排列仍是杂乱无章毫无规律的，这样的晶体，我们称之为多晶，只有那些晶粒也按照一定规律排列的晶体才称为单晶。

顾名思义，多晶硅就是多晶体的硅，它的原子在晶粒中是整整齐齐排列的，而晶粒与晶粒的排列之间就没有规律了。

多晶硅是一种半导体，那何为半导体呢?

为了弄清楚何为半导体，我们先来看看半导体与其他材料的主要区别。

半导体与其他材料的区别主要表现在电学性质上，尤其是在导电性质上。一般的物体有导电和非导电之分，导电的称为导体，非导电的称为绝缘体。半导体，顾名思义，它既不是导体，也不是绝缘体，是在导体与绝缘体之间的物体。半导体与其他材料的主要区别如下：

电导率的区别应是半导体与其他材料最主要的区别。一般金属的电导率为 $10^2 \sim 10^5$ S/m；绝缘体的电导率小于 10^{-12} S/m，而半导体的电导率处在 $10^1 \sim 10^{-11}$ S/m。

当半导体材料的纯度较高时，其电导率的温度系数为正值。也就是说，随温度的升高，其电导率增大，即电阻率变小。金属与其相反，其电导率随温度升高而下降。当半导体的温度升到某一点时，其电导率与金属导体的相近。

2.1.1.1　多晶硅的物理特性

多晶硅具有金刚石结构，呈银灰色金属光泽，性脆易碎。

硅不易提纯，因为它的熔点高，而在熔点附近有高度活泼性，所以杂质难以除去。杂质的存在，致使电阻率大大降低。在 5×10^{12} 个硅原子中含有大约 1 个杂质原子的硅称为本征硅，其常温下本征电阻率约为 2300Ω · m。而杂质含量为 1×10^{-7}% 的硅，电阻率约为 3Ω · m(P 型)。目前，世界上生产最高纯度的硅，电阻率是 1500Ω · m。硅的常用物理性质见表 2-1。

表 2-1　硅的物理性质

项　目	数　值
相对原子质量	28.08
密度(20℃时)/kg · m^{-3}	2330
熔点/℃	1420
沸点/℃	2600

2.1.1.2　多晶硅的化学特性

硅位于元素周期表中的第Ⅳ族，通常硅以四价状态参与反应，在化合物中呈阴离子状态。在许多化合物中，硅的性能与碳相似。硅易与卤素化合，生成 SiX_4 型化合物；在红热温度下与氧反应；在 600℃与硫反应；在 1000℃与氮反应；硅易溶解于熔融的镁(Mg)、铜(Cu)、铁(Fe)及镍(Ni)中，形成硅化物；硅在液态或气态的氢氟酸(HF)中以及王水(HNO_3 : HCl = 1 : 3)中均可溶解，但不与任何浓度的硫酸、硝酸和盐酸发生反应；在红热状态下，硅与水汽缓慢作用并释放出 H_2。

图 2-1　用多晶硅生产的单晶硅及外延片

2.1.2　多晶硅的主要用途

多晶硅是重要的半导体材料，它的用途很多：

(1) 多晶硅是生产单晶硅的直接原料。目前单晶硅的生产主要有两种：一种是直拉法，另一种是区熔法。不管是直拉法还是区熔法，它们所用的原料都是多晶硅。

(2) 以多晶硅为原料生产的单晶硅，可以制作外延片(见图 2-1)。外延片可以制成太阳能光伏电池，将辐射的太阳能转变为电能(见图 2-2)。到目前为止，人们已经开发了许多新能源，太阳能光伏电池是其中的佼佼者。太阳能发电具有充分的清洁性、绝对的安全性，资源的相对广泛性和充足性、长寿命以及免维护性等其他常规能源所不具备的优点，所以被认为是最有希望取代传统化石能源的新能源。

(3) 以多晶硅为原料生产的单晶硅是当代人工智能、自动控制、信息处理、光电转换等所用半导体器件的基础材料，当前，95%的IC(集成电路)和二级、三级晶体管都是由单晶硅制造的。可以说，在现代科学研究、航天、军事、工业、农业生产中是离不开单晶硅的。我们的日常生活也离不开单晶硅，我们所乘坐的飞机、火车、轮船、汽车以及所看的电视机，所听的音响，所用的冰箱、洗衣机、照相机、摄像机、微波炉、电话、手机、电脑里都有用单晶硅制成的半导体器件。

(4) 多晶硅也可以直接制造成太阳能光伏电池。

(5) 2～8μm红外线能穿透硅，因此，多晶硅可以制造成红外过滤器，用于科学研究、自动控制、信息处理等领域。

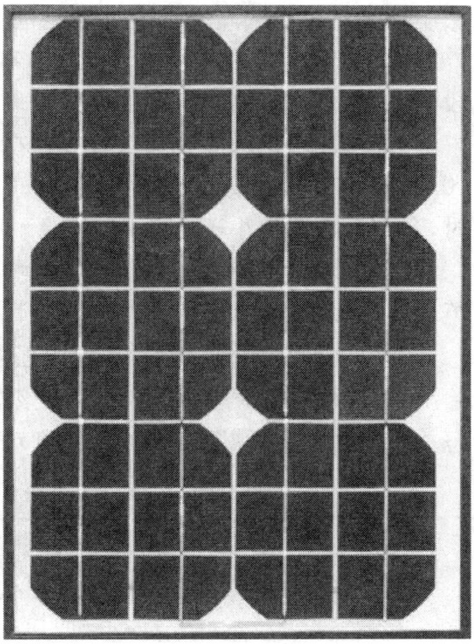

图 2-2 太阳能光伏电池

2.2 石英玻璃

石英玻璃是具有诸多优良物理化学光电磁性能的特殊材料，被广泛应用于冶金、化工、信息、微电子、激光、核科学、天文学、航空航天、国防军工以及新型电光源等高科技领域，是国家战略性产业和支柱性产业发展中不可代替的高纯基础材料。

2.2.1 石英玻璃的基本概念

石英玻璃是以二氧化硅(SiO_2)单一组分构成的特种工业玻璃。在世界上，对于石英玻璃的称呼还没有完全统一，有的习惯把石英玻璃称为水晶玻璃，有的称硅酸玻璃，也有的称硅石玻璃，但大多数还是称石英玻璃。石英玻璃具有一系列特殊的物理化学特性，现存放在北京毛主席纪念堂里的水晶棺就是用石英玻璃制成的。

2.2.1.1 *石英玻璃的物理特性*

它具有优良的耐高温性能，其熔点与白金(铂)的熔点相近，约1730℃，可在1100℃下长时间使用，短时间最高使用温度可达1450℃。其热稳定性好，线膨胀系数极小，在0～1000℃之间的平均线膨胀系数为$5.4\times10^{-7}K^{-1}$，相当于陶瓷的1/6，普通玻璃的1/20；在石英玻璃中掺入一定量的钛，可以制成膨胀系数接近零的超低膨胀的石英玻璃。

石英玻璃具有极佳的光谱特性，不仅可以透过可见光，而且可以透过红外线、紫外线，特别是在紫外和深紫外光谱内的透过性是一般光学玻璃所不具备的。但这种良好透过性在很大程度上取决于石英玻璃的化学纯度，即使0.001%的杂质也会引起光学透过性能明显变坏，而这一点杂质对其机械性能、热学性能和电学性能却影响不大。不同原料和不同工艺方法制造的石英玻璃其光学透过性能也不同。在紫外波段有不同的截止波长，氢氧离子在红外波段会产生很深的吸收峰。因此，有的适宜工作在红外波段，有的却适宜工作在紫外波段。例如，集成电路光刻用的石英玻璃就需要能透过200nm以下的深紫外光。

石英玻璃有极好的电绝缘性能，在常温下，透明和不透明石英玻璃的固有电阻率分别是$10^{17}\Omega\cdot m$和$10^{14}\Omega\cdot m$，相当于普通玻璃的$10^3\sim10^6$倍，对全部频率的介电损耗微小，20℃时，介质损耗系数小于0.0004，绝缘耐压强度大。

石英玻璃还具有耐宇宙射线和耐辐射的性能，特别是具有耐辐照的能力。合成高纯石英玻璃不吸收中子，能经1010伦琴射线的照射不变色。

石英玻璃是脆硬材料。其抗拉强度很低而抗压强度很高，后者是前者的20倍。表2-2给出石英玻璃的力学性能数据。应该指出，石英玻璃性能测试与试样的内在质量和表面状态关系密切，一些缺陷和表面粗糙度对测试结果都会有很大影响。

表2-2　石英玻璃的力学性能

项　　目	透明石英玻璃	合成石英玻璃	不透明石英玻璃
密度/$g\cdot cm^{-3}$	2.203	2.201	2.07～2.12
弹性模量/MPa	7.25×10^4	7×10^4	
泊松比	0.17	0.17	
抗压强度/MPa	1150	1150	500
抗拉强度/MPa	50	50	40
抗弯强度/MPa	67	67	67
莫氏硬度	5.5～6.5	5.5～6.5	
显微硬度	8000～9000	8000～9000	

2.2.1.2　*石英玻璃的化学特性*

石英玻璃耐高温，尤其是在高温下的化学稳定性是一般工程材料无法比拟的。石英玻璃耐腐蚀，除氢氟酸外，石英玻璃基本不与其他酸类物质发生化学反应。耐酸能力是陶瓷的30倍，不锈钢的150倍。

相对于普通玻璃而言，石英玻璃不吸湿不风化。但必须注意，石英玻璃对所有碱和碱性化合物都非常敏感。这些化合物极轻微的痕量也会促使石英玻璃在高温下产生析晶。因此在加热石英玻璃制品前，必须用酒精仔细擦掉包括手指印等在内的污痕。

化学元素中铝、碳、钙、铈、镁等在高温下可与石英玻璃发生反应，氟、锂、钠、磷、硫等在不高的温度下也可发生反应。氧化物中氧化铝、氧化钡、氧化钙和氧化镁等在高温下与石英玻璃可发生反应。

2.2.2　石英玻璃的品种

从外观来分，石英玻璃可分成透明和不透明两大类。透明石英玻璃又可分为普通石英玻璃、高纯石英玻璃和掺杂石英玻璃。

按照产品形状可分为管材、棒材、板材、坩埚、钟罩和灯工制成品以及石英玻璃纤维石英棉等。

从特殊功能方面还有低膨胀石英玻璃、耐辐照石英玻璃、透紫外或透红外石英玻璃、滤紫外石英玻璃等。

从制造方法来分，石英玻璃也可分成两大类，一种是天然石英玻璃，一种是合成石英玻璃。天然石英玻璃是用天然水晶或硅石作原料经高温熔制而成的，合成石英玻璃则使用无机或有机含硅的液体化合物（如四氯化硅）经火焰水解合成工艺制成。由于合成石英玻璃比用天然原料制成的石英玻璃纯度高，品质好，因此又被称为高纯石英玻璃，天然石英玻璃又被称为普通石英玻璃。

2.2.3 石英玻璃的主要用途

由于石英玻璃具有其他材料不能取代的一系列特殊性能，因此，石英玻璃的应用所涉及的技术领域十分广泛：

(1) 由于石英玻璃具有优良的耐高温性能，因此被广泛应用于冶金、化工等工业需要耐高温的设备中。

(2) 广泛应用于核工业和航空航天领域中，火箭、飞船的观察窗及保温外壳就是用石英玻璃制作的。

(3) 由于石英玻璃在高温下的化学稳定性，是其他工程材料无法比拟的，因此被广泛应用于化工、制药等工业中。

(4) 由于石英玻璃耐高温且透过率高，因此被广泛应用于国防军工以及新型电光源等高科技领域。

(5) 由于石英玻璃具有极佳的光谱特性，不仅可以透过可见光，而且可以透过红外线、紫外线，因此被广泛应用于微电子、信息、激光及天文学中，光导纤维就是用石英玻璃制成的。

(6) 因采用连续熔化工艺制造的小口径透明或不透明石英玻璃管成本低廉，但又不失耐高温的特性，所以被大量用于对石英玻璃品质要求不太高的电光源行业和远红外发热器上（见图 2-3）。

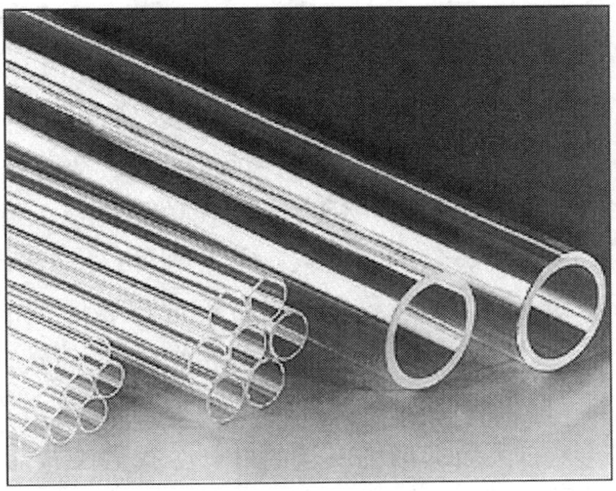

图 2-3 透明石英玻璃管

(7) 因石英玻璃的高纯度、耐高温、低的热膨胀性等优良性能而被大量用于电子工业的生产中，如在对单晶硅片进行掺杂、扩散、氧化、退火等关键工序中使用的石英玻璃扩散管；硅片外延工序使用的石英钟罩；硅片酸洗和超声波清洗工序使用的花篮、支架；硅片扩散工序使用的硅片承载器（石英玻璃舟）；拉制单晶硅工序中使用的石英坩埚（见图2-4）等都是用石英玻璃制成的。

图 2-4 石英坩埚

(8) 为防止污染，提高产品的纯度，在多晶硅生产中用的精馏塔、挥发器（鼓泡器）以及进料管大都采用石英玻璃来制造。

2.2.4 石英玻璃的析晶问题

玻璃有一特性，就是析晶。析晶又被称为玻璃的失透或反玻璃化。

本来是一块表面光亮照人、非常透明的玻璃，但在一定高温条件下，突然变白、变乌，失去了光泽，变成了不透明的毛玻璃，这就是析晶。

析晶的过程是玻璃在高温下析出二氧化硅结晶相的过程。先是随机的产生晶核，随后，在其周围开始生长不断结晶，然后向四周扩展，直到整个玻璃体。析晶与温度有关，温度越高，析晶前沿的扩展速度就越快。

玻璃析晶的原因主要有两种，一种是本征原因，另一种是由于诱导作用而引起的。

本征原因是由于二氧化硅本身就是易结晶体，它熔化后之所以成为石英玻璃，是因为溶液冷却过快，它还没来得及变成结晶体，温度就已降至结晶所需温度以下了，所以没能变成有序排列的结晶体，而凝固成杂乱无章的玻璃体了。当石英玻璃在适当的温度条件下，也就是在结晶所需的温度环境内，它还是要显露出自己的本性，使杂乱无章排列的质点重新定向排列，还原成结晶体，这就是玻璃的本征析晶。

在实践中，我们很难见到石英玻璃单纯由于本征原因析晶的，因为它的温度条件很苛刻，不仅要有适当的温度条件，还要有合适的降温速度。我们常见的石英玻璃析晶另有原因，那就是诱导。

诱导也有两种，一种发生于内部，另一种发生于表面。

石英玻璃内部不纯，有微量晶核（杂质或未熔融石英）存在就会加速析晶，而且析晶的温度也降低了，这就是发生于内部的诱导。

石英玻璃的表面状态很重要，析晶多从表面开始，这主要是温度的传导和表面沾污（K、Na、Li、Ca 等）所致。如果石英玻璃表面被沾污，即使是极微量的沾污（如人眼看不清的汗迹、碱性微尘等）也会起到诱导作用，使石英玻璃的析晶温度下降，并快速析晶。这就是发生于表面的诱导。

石英玻璃的纯度很高，因此，我们也很难见到石英玻璃因内部的诱导而析晶的，常见的是另一种，也就是发生于表面的诱导。

石英玻璃析晶失去了透明度，同时强度减弱，但它的耐火度或软化点提高了。例如，石英玻璃在 1500～1600℃下使用，其表面有方石英析出，也就是表面析晶，可它的耐火度或软化点起码提高了 300℃，但冷却下来就会炸裂。

防止石英玻璃析晶有如下措施：

（1）石英玻璃使用前要进行清洁处理。一般使用前要用酸处理，最好是用 HF 处理表面，并用高纯水冲洗，防止有微量的碱性物质滞留于表面。

（2）为防止手上的汗水沾污而导致析晶，在工作中要严禁直接用手接触清洁处理后的石英玻璃，必须用手接触时应戴手套。

（3）严禁石英玻璃与石墨接触。因为与石墨接触对晶核的形成有较大影响，也会导致石英玻璃析晶。

（4）提倡石英玻璃在高温下长时间使用，不提倡间歇在高温下使用。其目的是不给石英玻璃创造合适的析晶温度。

3 纯 度

对于电子材料来说，纯度是至关重要的，不管是多晶硅，还是石英玻璃，纯度达不到标准，就是废品。尤其是多晶硅，它的原料就是硅(工业硅)，经过了非常复杂的生产过程，消耗了大量的能源和人力，最后获得的产品(多晶硅)还是硅。其整个生产过程就是提纯的过程。由此可见，纯度对于多晶硅来说非常重要。

3.1 纯度的概念

3.1.1 纯度概念的起源

关于材料纯度的概念可能起源于对黄金纯度的要求。因为在古代，黄金就是财富，就是货币，因此提出了“成色”的概念，而“成色”变成现代的语言就是纯度。众所周知，世上的事物没有绝对的，对于材料来说也是如此。古代时，人们把最纯的黄金称为“足赤”。“金无足赤”这句俗话表明一个深奥的哲学思想，那就是，世上的事物没有绝对的，对于材料来说，不管一个材料有多么纯，它也有杂质，可以肯定不是百分之百纯，而只能使之有某种纯度。大家都熟悉的阿基米德给皇帝王冠在水中按密度称重的故事，以及后来比较通用的，在试金石上用黄金划痕来辨认黄金真伪的方法，这些都是古代对黄金纯度的测定方法，是非常原始的，仅限于用来测定黄金的纯度，而且也只能得出相对值，无法定量。

3.1.2 纯度概念的发展

到了 17 世纪，化学分析方法开始发展，纯度的概念才开始走向定量化。在电力工业没有发展以前，金属的应用主要着眼于它的力学性能与腐蚀性能方面。人们研究了有关杂质对钢铁性能的影响，在此基础上，在炼钢过程中就设法降低铁中的碳含量，尽量排除其中的硫、磷等有害杂质，同时还添加一些有用的杂质。

19 世纪末期电力工业的发展对材料的导电性能提出了更紧迫的要求。当时，使用最多的导体材料是铜。经研究发现，铜的电导率与其纯度有直接的关系，随着铜纯度的提高，其电导率也相应地提高。一般要求铜的纯度要在 99.9%～99.95%以上才能满足导线的要求。而且发现，在同样含量下，由于杂质的种类不同，它们对铜的电导率的影响也不同，有时甚至相差甚远。例如微量的镉、锌含量对电导率影响不大，而类似含量的磷、砷、硅、铁的影响却非常显著，含 0.02%的铁就可以使铜的电导率降低 10%，而同样含量的锌则降低不到 2%。所以纯度在这里已不是杂质的总含量，而是要按杂质的种类规定其含量的要求。在第二次世界大战前，金属的冶金过程都包括去掉杂质的所谓“精炼”过程，使成品金属的纯度能够达到 99%～99.95%。

在第二次世界大战中，由于雷达发展的需要，对硅、锗的纯度提出新的要求。但当时所持的指导思想及解决纯度的途径也基于当时的纯度概念及提纯工艺和检测方法。例如用于提纯锗的偏析法就是有色冶金常用的精炼金属的方法。在战争的末期爆炸了原子弹，以及随之而来的核工业的发展对材料提出了更独特的要求，其中的一个技术指标就是纯度。用作慢性剂的石墨，其纯度要求达到 99.999％，但同时对中子吸收截面大的杂质（如硼、镉等）则要求它们各自的含量要小于百万分之一。

雷达和原子弹这两项技术把材料的纯度概念带上了一个新的台阶，出现了“高纯元素”这种概念与领域。在晶体管被发明以后，人们对半导体的物性也有了越来越深的认识，从而认识了杂质在半导体中的作用，于是纯度就成为半导体材料的首要性能，同时也伴随出现了“电子级”纯度的说法。

3.2　纯度的表示方法

3.2.1　用百分比含量表示[1]

当纯度进入到定量的概念时，就需要有一个明确的表达方式。这一问题看起来十分简单，但在实际中却是一个很复杂的问题。开始对纯度表达的方式是用“100％”减去杂质含量所求得的差值。例如用作导电的铜，一般分析 Bi、Sb、As、Fe、Ni、Pb、Sn、S、O、Zn 等十个杂质，其含量的总和不大于 0.05％，所以这种铜的纯度则认为是 99.95％，一般按多少个“9”来表达，即为三个“9”。9 的英文为 nine，因此三个“9”又可表达为 3N。

3.2.2　用硼含量表示

硼对多晶硅的影响极大，因此在工作中，多晶硅常常以含硼量作为纯度的主要指标。在化学提纯过程中，硼以化合物形式存在于硅的卤化物中，硼是很难除去的；在物理提纯中，由于硼在硅中的分凝系数为 0.8，接近于 1（区域提纯是利用杂质的偏析性质来完成的，分凝系数为 1，就是液体凝结前后的杂质相同即没有偏析现象），故用区域提纯的方法，对除硼的效果也不显著。但对其他杂质来说，采用区域提纯的方法还是可以的。各种杂质在多晶硅中的分凝系数见表 3-1。

表 3-1　各种杂质在多晶硅中的分凝系数

杂质元素	在多晶硅中的分凝系数	杂质元素	在多晶硅中的分凝系数
B	0.8	Sb	0.023
Al	>0.002	Sn	0.02
Ga	0.008	Cu	4×10^{-4}
In	5×10^{-4}	Au	2.5×10^{-5}
P	0.35	Fe	8×10^{-6}
As	0.3	Ta	10^{-7}

注：分凝系数＝固体中杂质浓度/液体中杂质浓度。

[1] 实际应用中，常用 ppm、ppb、ppt 这三种非正规单位表示纯度：
1ppm＝百万分之一＝1×10^{-6}＝1/1000000（即 1000kg 中有 1g 杂质）
1ppb＝十亿分之一＝1×10^{-9}＝1/1000000000（即 1000000kg 中有 1g 杂质）
1ppt＝兆分之一＝1×10^{-12}＝1/1000000000000（即 1000000000kg 中有 1g 杂质）
1ppm＝10001ppb＝10000001ppt

此外，硼是3价元素，多晶硅的硼含量与准确度对制备掺杂单晶硅（N型或P型）都有影响，因此，必须准确地测出多晶硅的硼含量。多晶硅的硼含量越低，则说明多晶硅的质量越好，反之越差。一般多晶硅的硼含量应低于$1\times10^{-7}\%$，质量好的可以达到$0.05\times10^{-7}\%$。

多晶硅中硼的含量，可用测量电阻率的方法来推算，推算方法见3.2.4用电阻率来表示纯度。

3.2.3 用电阻率推算

上述纯度表示方式用于纯度要求不太高的材料则问题不大，但是用来表达半导体材料等高纯度产品时，则很容易发现，分析的杂质种类越多，杂质的总含量就越高，所表达的纯度值也就越低。特别是当要求的纯度很高时，所要求的杂质含量都接近其检测限，如果把未检测的杂质种类按检测限计算，再加上检测出的含量，会得出一个较大的杂质含量，以此表达的纯度就不会很高。另外，如果一种半导体材料，由分析所得的"N"数很高，但有一个关键的杂质没有分析，这种高的纯度表达却不能真实反映半导体材料的纯度性能。当然，最理想的方法是能分析主体元素含量，使其所得的有效数字能在6位以上，可惜现在还没有这种方法。补救这种表达方式的局限性的途径是在标出多少"N"的同时还要标出所分析的杂质及其各自的含量。对现在用于半导体的高纯元素一般只分析其中10个左右的杂质元素，这些杂质对半导体起关键作用。

由于微量的杂质就会影响半导体的导电性能，而且这种影响是有规律性的，材料的电阻率越高，其纯度就越高。因此，在半导体行业中用一种测量半导体材料电阻率的方法来检测纯度。这种方法很简单，而且还可以表示出总纯度，因此在生产中大量被采用。

该方法不是简单地测量多晶硅的电阻率，而是在测量之前，先采用高真空（10^{-5}mmHg的真空）五次区熔，把其他杂质挥发和赶尽，再测量电阻率，最后再根据所测量的电阻率换算出硼的含量。其换算公式如下：

$$N_B=(\rho e\mu_1)^{-1}$$

式中 N_B——硼的浓度；

ρ——测得的电阻率，Ω · cm；

e——电子电荷，静电单位（4.8×10^{-10}静电单位）；

μ_1——硅中空穴的迁移率，$cm^2/(V\cdot s)$（$500cm^2/(V\cdot s)$）。

一般认为，P型单晶硅电阻率应该在2000Ω · cm以上，这相应于硼的含量在$0.1\times10^{-7}\%$左右。

其实，不仅多晶硅中的硼含量可以通过测量电阻率来推算，磷含量也同样可以通过测量电阻率来推算，其推算公式与推算硼含量相同。

在半导体行业中，这种方法不仅用来推算半导体材料的纯度，而且还用来推算水的纯度。

此种方法虽简单明了，但不能指明材料中有哪些杂质，更不能知道它们各自的含量。

3.2.4 用其他方法推算

除了用电阻率来推算纯度之外还有一种方法是测量载流子的浓度，以此来推算半导体材料的纯度。

该方法和用电阻率来推算纯度的方法虽在生产中被广泛采用，但是这些方法只对电活性杂质有效，对非电活性杂质来说，意义不大。因为非电活性杂质的存在对材料的电阻率影响甚微。但有些非电活性杂质对半导体材料的性能有重大影响。为克服上述方法的不足，大多采用光学测量的方法，如低温红外吸收法或低温光致发光法。

3.3　对主要产品及主要原料的纯度要求

3.3.1　四氯化硅和三氯氢硅的纯度要求

四氯化硅和三氯氢硅质量的优劣，很大程度上取决于它们的纯度。合成出来的四氯化硅和三氯氢硅，是一个多成分的混合物，是不能直接用于电子工业中的，需要进一步精制提纯，将杂质除去后才可使用。其中特别是要把磷和硼除去。在四氯化硅和三氯氢硅中，磷和硼是两个最不容易除去的杂质，尤其是硼（它在硅中的分凝系数接近于1）。在电子工业中，要求四氯化硅和三氯氢硅的纯度要达到七个“9”以上，即杂质含量小于$1\times10^{-5}\%$，其中硼的杂质含量在$0.5\times10^{-7}\%$以下才可使用。

3.3.2　多晶硅的纯度要求

多晶硅在电子工业中使用时是有纯度要求的，而且要求相当高。

一般金属的纯度达到五个“9”就算了不起了，可这对多晶硅来说还远远不够。电子工业用的多晶硅纯度必须达到八个“9”到十个“9”，最好应在十二个“9”以上。即在十亿到百亿个硅原子中仅有一个杂质原子，这样高的纯度称之为半导体纯或电子纯。

杂质对多晶硅质量的影响特别大，一点点微小的杂质就可导致多晶硅报废。如在多晶硅中混入$10^{-8}\%$原子硼，它的比电阻将迅速下降至原来的千分之一，反向电压也大大降低，使原本合格的多晶硅变成了废品。因此，纯度对于多晶硅是至关重要的。

3.3.3　石英玻璃的纯度要求

纯度是石英玻璃的重要指标，对理化性能和使用性能影响甚大，如透过性、高温强度、软化点、光的传导、热稳定性、化学稳定性、耐辐射性、荧光特性等。此外，用于半导体工业的石英玻璃，对纯度的要求更为苛刻，微量的杂质将给半导体材料的电性能和寿命以及集成度带来严重的影响。由于半导体材料的纯度要求需要控制在10^{-9}数量级以下，因此石英玻璃的纯度则应控制在10^{-6}数量级，以适应半导体工业的需要。当然，如果石英玻璃的纯度能够控制在10^{-9}数量级以下，那就更好了。

4 基本原料

本章主要介绍多晶硅和石英玻璃的联合制备法生产中所涉及的基本原料，以及它们的主要用途和基本特性。掌握主要产品的基本特性，对生产有直接的指导意义，并且有些特性参数在生产中经常使用。

多晶硅和石英玻璃的联合制备法的生产中要涉及许多原料，但基本的原料不外乎有硅、氢气、氧气、氯气（或液氯）、氯化氢、氮气等。本章将简单地介绍这些基本原料。

4.1 硅

多晶硅和石英玻璃的联合制备法中的主要产品和附属产品都与硅有关，都是硅或主要成分为硅的化合物，因此我们应该首先搞清什么是硅。

4.1.1 硅的基本特性和用途

硅是一种非金属元素，化学符号是 Si，原子序数 14，相对原子质量 28.09。我国曾称它为矽，因矽和锡同音，难以分辨，故于 1953 年将矽改称为硅。

硅有无定形和晶体两种同素异形体，晶体硅具有金属光泽和某些金属特性，因此常被称为准金属元素。

晶体硅为钢灰色，无定形硅为黑色，密度 $2.4g/cm^3$，熔点 1420℃，沸点 2355℃，晶体硅属于原子晶体，硬而有光泽，有半导体性质。

硅的化学性质比较活泼，在高温下能与氧气等多种元素化合，不溶于水、硝酸和盐酸，溶于氢氟酸和碱液，用于制造合金如硅铁、硅钢等。

硅是地球上储藏最丰富的材料之一，在自然界分布极广，它是构成矿物与岩石的主要元素。在自然界硅无游离状态，都存在于化合物中。硅的化合物主要是二氧化硅（硅石）和硅酸盐。例如，花岗岩是由石英、长石、云母混合组成的，石英即是二氧化硅的一种形式，长石和云母是硅酸盐。砂子和砂岩是不纯硅石的变体，是天然硅酸盐岩石风化后的产物。硅约占地壳总质量的 27.72%，仅次于氧。

造房子用的砖、瓦、砂石、水泥、玻璃，吃饭、喝水用的瓷碗、水杯，洗脸间的洁具，它们看上去截然不同，其实主要成分都是硅的化合物。虽然人们早在远古时代便使用硅的化合物黏土制造陶器。但直到 1823 年，瑞典化学家贝采利乌斯才首次分离出硅元素，并将硅在氧气中燃烧生成二氧化硅，确定硅为一种化学元素。

硅是一种重要的半导体材料，掺微量杂质的硅单晶可用来制造大功率晶体管、整流器和太阳能电池等。二氧化硅（硅石）是最普遍的化合物，在自然界中分布极广，构成各种矿物和岩石。最重要的晶体硅石是石英。大而透明的石英晶体称为水晶，黑色几乎不透明的石英晶体叫墨晶。石英的硬度为 7。石英玻璃能透过紫外线，可以用来制造汞蒸气紫外光灯和光学仪器。自然界中还有无定形的硅，称为硅藻土，常用作甘油炸药（硝化甘油）的吸附体，也可作绝热、隔音材料。普通的砂子是制造玻璃、陶瓷、水泥和耐火材料等的原料。硅酸干燥脱水后的产物为硅胶，它有很强的吸附能力，能吸收各种气体，因此常用来作吸附剂、干燥剂和部分催化剂的载体。

多晶硅和石英玻璃的联合制备法的原料就是硅。但这种硅不是天然形成的，是经过工业方法制取的，而且又用于工业生产中，因此被称为工业硅。工业硅又称金属硅、硅铁或结晶硅。

4.1.2　工业硅的生产方法

工业硅的生产方法有多种：

(1) 以镁、铝等碱金属还原二氧化硅，如果还原剂较纯，能制得三至四个"9"的工业硅。

(2) 以钠、钾等碱金属及氢化钙来还原卤化硅及氟硅酸盐，此法也能制得较纯的工业硅。

(3) 碳还原法，这是目前大规模生产所采用的方法。其方法是，把碳电极插入由焦炭或木炭和石英砂组成的炉料中，在1600～1800℃还原出硅。此法生产的工业硅纯度在两个"9"左右，其主要杂质有铁、铝、碳、硼、磷等，其中以铁含量最多。因此，人们通常把工业硅称为硅铁。此法的优点是简单、经济，生产能力大，适合工业化生产。

4.1.3　工业硅的质量标准

由于各厂家的原料产地不同，所含的杂质不同，再加上生产工艺条件各异，所以生产出的工业硅质量差别很大，其杂质的含量也不同。即使同一厂家，生产出的工业硅质量也不会一样，也有明显的差别。

为了控制工业硅的质量，我国对工业硅制订了国家标准(GB2881—1991)，其标准对工业硅的质量限定详见表4-1。

表4-1　中华人民共和国国家标准(GB2881—1991)工业硅

名称	牌号	主要化学成分/%				应用范围
		Si不小于	杂质不大于			
			Fe	Al	Ca	
A级硅	Si-A	99.3	0.4	0.2	0.1	化学用硅
B级硅	Si-B	99.0	0.5	0.3	0.2	
一级硅	Si-1	98.5	0.6	—	0.3	冶金用硅
二级硅	Si-2	98.5	0.7	—	0.5	
三级硅	Si-3	97.0	1.0	—	1.0	

4.2　氢气

氢气是生产多晶硅和石英玻璃不可缺少的燃料和原料。

16世纪末期，瑞士化学家巴拉采尔斯把铁放在硫酸中，铁片顿时和硫酸发生激烈的化学反应，放出许多气泡——氢气。1766年，氢才被英国科学家卡文迪许(Henry Cavendish)确定为化学元素，当时称为可燃空气，并证明它在空气中燃烧生成水。1787年(一说1783年)法国化学家拉瓦锡(Antoine Lavoisier)证明氢是一种单质并给它命名为Hydrogene(英文变为

hydrogen)，含义是成水元素。氢的希腊语为 hudro（水）genes（造成），意即“产生水”的物质。中文原称“氢气”为“轻气”，“氢”属尔后新造之形声字。日语循希腊语原义，称为“水素”。

在宇宙中，氢是蕴藏量最丰富的元素，90%的原子都是氢。可在地球上和地球大气中只存在极稀少的游离状态氢。在地壳里，如果按质量计算，氢只占总质量的 1%，而如果按原子百分数计算，则占 17%。氢在自然界中分布很广，但大多都以化合态存在于化合物中，水便是氢的“仓库”(水中含 11%的氢)；泥土中约有 1.5%的氢；所有的有机化合物中都含有氢，石油、天然气、动植物体也含氢。在空气中，氢气倒不多，约占总体积的 5×10^{-5}%。在整个宇宙中，按原子百分数来说，氢却是最多的元素。据研究，在太阳的大气中，按原子百分数计算，氢占 81.75%。在宇宙空间中，氢原子的数目比其他所有元素原子的总和约大 100 倍。

4.2.1 氢气的特性

氢是一种化学元素，化学符号 H，原子序数 1，相对原子质量 1.00794，属周期系ⅠA 族，在元素周期表中位于第一位。它的原子是所有原子中最细小的。它是无色无味无臭，极易燃烧的双原子的气体。氢气是最轻的气体，它在 0℃ 和一个大气压下，1L 氢气只有 0.09g——仅相当于同体积空气质量的 1/14.5。

氢在水中的溶解度为 21.4cm^3/kg(0℃)，在金属镍、钯、铂内的溶解度很大，1 体积钯能溶解几百体积的氢气，是良好的储氢材料。

在常温下，氢的化学性质不活泼，但在高温下就不同了，除稀有气体元素外，几乎所有的元素都能与氢生成化合物。氢分子在 2000℃以上分解为原子氢，它非常活泼，即使在室温下，原子氢也能将许多金属氧化物或氯化物还原为金属。氢气与许多非金属元素或金属元素只有在高温下才能发生反应，例如，氢气与氧气混合后，只有点燃时才会发生爆炸。氢与很多非金属化合形成酸，故被称为成酸元素。氢与非金属元素化合，氧化态为 +1 价；与金属元素化合形成金属氢化物时，氧化态为 -1 价，如氢化钠(NaH)。

氢的熔点 -258.975℃；沸点 -252.732℃；密度 0.0899g/L；自燃点 500℃；质量热容 14304J/(kg·K)；热导率 0.001815W/(m·K)。

氢有三种同位素，质量数为 1 的称氢，2 的称氘(又称重氢)，3 的称氚(又称超重氢)。

4.2.2 氢气的用途

氢是重要工业原料，它不仅是制备多晶硅和石英玻璃的原料和燃料，而且还被用来生产合成氨、甲醇、乙醇、氯化氢、溴化氢、植物油等。除此以外也用来提炼石油，氢化有机物质作为收缩气体，用在氧氢焰熔接器和火箭燃料中。在高温下用氢将金属氧化物还原以制取金属，较之其他方法，产品的性质更易控制，同时金属的纯度也高，因此，被广泛用于钨、钼、钴、铁等金属粉末和锗的生产。多晶硅和石英玻璃的制备也离不开它，利用氢的同位素氘和氚的原子核聚变时产生的能量能生产杀伤和破坏性极强的氢弹，其威力比原子弹大得多。氢与一氧化碳反应，可得甲醇，可能成为新能源。氢气能在高温下还原金属氧化物以制备纯金属(如钨丝)。氢的用途中最有发展前景的是用作能源，1kg 氢燃烧时放出的热量约为汽油的 3 倍，氢能源的最大优点是不会造成大气污染，因此它是一种可替代性的未来的清洁能源。为此，美国于 2002 年还提出了“国家氢动力计划”。但是由于技术还不成熟，还没有进行大批的工业化应用。2003年科学家发现,使用氢燃料会使大气层中的氢增加约4～8倍。认为可能会让同温层的上端更冷、云层更多,还会加剧臭氧洞的扩大。但是一些因素也可抵消这种影响,如使用氯氟甲烷的减少、土壤的吸收以及燃料电池的新技术的开发等。

4.2.3 氢气的制备方法

制备氢气的方法有多种,可分为实验室制法和工业制法两类。

常见的实验室制法有:

(1) 电位序在氢以前的金属(如锌或铁)与不具氧化性的酸(如盐酸)作用,可制得氢气。

(2) 金属(如锌、硅、铁)与碱(氢氧化钠)作用,可制得氢气。

(3) 氢化钙与水发生反应。氢化钙是固体,携带方便,与水作用,能很快产生氢气,此法在野外作业中有较大的实用价值。

常用的工业制法有:

(1) 水煤气法。在1000℃以上,使水蒸气通过灼热的煤,得氢气和一氧化碳的混合气,称水煤气。用三氧化二铁做催化剂,水煤气与水蒸气作用,一氧化碳转化为二氧化碳后可用水吸收除去。

(2) 烃-水蒸气催化重整法。挥发性烃类与水蒸气在700～1000℃通过镍催化剂,生成氢气和一氧化碳。一氧化碳的去除同水煤气法。

(3) 电解水法。电解水制得的氢气最纯,其纯度可达99.9%,制备多晶硅,特别是电子级的多晶硅通常使用本法制取的氢气。

多晶硅和石英玻璃联合制备法中所用的氢气不是上述方法特意制备的,而是氯碱工业的副产品。

4.3 氧气

氧气是生产石英玻璃不可缺少的助燃剂和原料。

氧元素名称来源于希腊文,原意为“酸形成者”。1774年英国科学家普里斯特利用透镜把太阳光聚焦在氧化汞上,发现一种能强烈帮助燃烧的气体。拉瓦锡研究了此种气体,并正确解释了这种气体在燃烧中的作用,这种气体就是氧气。

氧是地球上含量最丰富的元素之一,以游离态存在于空气中,按体积计,空气含氧达21%,并以化合态存在于水、大多数普通岩石、矿物(如氧化物、硅酸盐、碳酸盐),以及多种多样的有机化合物(如醇、酸、脂肪、碳水化合物、蛋白质),在地壳中的含量为48.6%。

氧有三种稳定同位素:氧16、氧17和氧18,其中氧16的含量最高(99.76%)。

氧还有一同素异形体,臭氧,它存在大气中的平流层,它是地球表面生物免遭受紫外线伤害的保护者。臭氧能吸收阳光中的紫外线,将这些波长很短,而且有致命危险的辐射线,转换成热能,只有极少量能到达地表。紫外线会破坏包括DNA在内的生物分子,增加患皮肤癌、白内障的几率,而且还和许多免疫系统疾病有关。此外,紫外线对于农作物,甚至海洋生态都会造成负面影响。因此臭氧对于地球上的生命是非常重要的。

4.3.1 氧气的特性

氧是一种化学元素,通常条件下呈无色、无味无臭的气体。化学符号O,原子序数8,相对原子质量 15.9994，化合价 -2。

液态氧略呈蓝色，沸点 -182.962℃；固态氧呈灰黑色，熔点 -218.4℃；三相密度分别为：1.429g/L（气），1.419g/cm^3（液），1.426g/cm^3（固）。

氧可以与除了稀有气体以外的所有其他元素直接化合。然而，在这些情况下氧的反应性有很大的差别。

一些元素——碱金属或碱土金属可以自燃。大多数元素在常温下不容易被氧化。碳必须加热才会着火。贵金属只有在非常高的温度下才会被氧化。借助石油燃料、煤和天然气的燃烧，可以产生热能、光能和电能。这些物质在温度低于 1120℃（2050 ℉）的过量空气中燃烧时，生成的产品是二氧化碳、水、氮和未反应的氧。在温度高于 1650℃（3000 ℉）和所用的氧少于所需要的量时，还会生成氢和一氧化碳。在较低温度下，氧也可以与有机化合物反应，如由苯制酚，由萘生产苯酐，由烷烃制取各种醇、醛、酸和酮。氧在受到静电放电时能够转变为臭氧，但产率很低。

4.3.2 氧气的用途

氧气的用途非常多。氧是动物维持生命过程不可缺少的物质，因此各种动物都需要氧。氧气被大量用于医疗，也被用于高空、深海、防毒、救火等领域。

氧气有助燃作用，又是燃烧过程中不可缺少的物质，它与氢气、乙炔气、煤气等可燃气体混合，起助燃作用，可以使火焰产生高温，因此被大量用于熔炼、精炼、焊接、切割和表面处理等冶金过程中。制备石英玻璃的火焰就离不开氧气。

氧气比较活泼，除了惰性气体、卤素及一些不活泼的金属需要间接才能与氧化合外，其他所有的金属和非金属都能和氧直接作用，生成氧化物。最丰富的氧化物是水和二氧化硅。氧气还能与活泼金属形成过氧化物和超氧化物，因此它也是化学工业中的重要原料。

4.3.3 氧气的制备方法

制备氧气的方法有多种，可分为实验室制法和工业制法两类。

常见的实验室制法有：

(1) 将红色的氧化汞加热，逸出气体为氧气；

(2) 将盐酸与二氧化锰加热至 90℃，得到气体为氧气；

(3) 分馏液态空气，在氮气汽化后，残余者大部分为液氧；

(4) 电解水在阴极可得氧气，碱金属与水作用，所冒之气泡即为氧气。

常用的工业制法有：

(1) 分馏液态空气法。分馏液态空气时，由于氧气的沸点高于氮气，所以氮气先蒸发出来，剩余的即为氧气。

(2) 电解水法。在传统的石英玻璃生产中采用此法，其原因是由于此法不仅可以获得氧气，而且同时还可以获得所需的氢气。

4.4 氯气

在多晶硅和石英玻璃生产中，氯气是合成四氯化硅的原料。

4.4.1　氯气的特性

氯是一种化学元素。化学符号 Cl，原子序数 17，相对原子质量 35.4527。由于氯与氟、溴、碘具有相似的结构，因而具有相似的化学性质，成为一族，称为卤族元素，简称卤素。"卤"在希腊文中是"成盐"的意思。

氯原子最外层有 7 个电子，因而在化学反应中容易结合 1 个电子，使最外层达到 8 个电子的稳定状态。因此，氯气的化学性质很活泼，是一种活泼的非金属。氯气可以跟钠等金属直接化合，也能与铜等不活泼的金属起反应。氯气和氢气反应生成氯化氢。

通常情况下，氯气为黄绿色有刺激性气味的气体，有毒。易液化，密度比空气大，能溶于水，难溶于饱和食盐水。

氯熔点 -100.98℃，沸点 -34.6℃，密度 3.214g/L。20℃时，1 体积水可溶解 2.15 体积氯气，所得溶液称氯水。将氯气通入 0℃ 的水中，会析出 $Cl_2 \cdot 6H_2O$ 和 $Cl_2 \cdot 8H_2O$ 固体。氯气对人的鼻、眼、喉、肺都有强烈的刺激和侵蚀作用，1L 空气中氯达到 30μg 时就会引起咳嗽，达到 2.5mg 时，在几分钟内就会死亡，因此在操作时必须有防毒面具和通风设备。氯的化学性质活泼，是很强的氧化剂。除了碳、氮、氧之外，几乎所有的化学元素都能与氯直接化合。氢气能够在氯气中燃烧，在日光下，氢和氯激烈反应，生成氯化氢，溶于水形成盐酸。氯与金属发生反应，生成金属氯化物，许多金属氯化物是离子化合物。氯也能与很多有机化合物发生取代反应和加成反应，例如甲烷中的氢原子逐步被氯原子取代，可生成 CH_3Cl、CH_2Cl_2、$CHCl_3$ 和 CCl_4。氯的氧化态有 -1、+1、+3、+5、+7，氯化态为 +4 和 +6 的化合物很少。氯能形成多种氧化物：Cl_2O、ClO_2、Cl_2O_6、Cl_2O_7。氯的含氧酸有次氯酸（HClO）、亚氯酸（$HClO_2$）、氯酸（$HClO_3$）、高氯酸（$HClO_4$）。这些含氧酸及其盐都是氧化剂。

氯在地壳中的含量为 0.031%，火山气体中含有微量游离状态的氯。无机氯化物很容易溶于水，最后都被聚集到海洋中，1kg 海水中含 18.97g 氯离子。有些氯化物聚集在内陆湖中，日久后便形成了盐湖，其中氯的含量比海水中高得多。井盐和岩盐沉积物中也含有大量氯化钠。比较重要的含氯矿物有光卤石（$KCl \cdot MgCl_2 \cdot 6H_2O$）。

4.4.2　氯气的用途

氯气的用途非常广泛，最早用于制造漂白粉，以后又扩展到一系列无机氯产品，其中主要有液氯、盐酸及漂粉精、次氯酸钠等漂白消毒系列产品。

氯气曾大量用于制造有机氯农药，如六六六、DDT、多氯联苯等，后来人们发现它们会造成严重的环境污染并在生物体内残留，因此已停止生产和使用。但氯仍是生产某些高效低毒的农药如速来威、含氯菊酯等的原料。

有机合成方面，氯有更广泛的用途。其中用量最大的是生产聚氯乙烯（PVC）树脂。聚氯乙烯是仅次于聚乙烯的世界第二大塑料品种，生产 1t 聚氯乙烯树脂约需氯 0.6t。氯还用于生产含氯溶剂、环氧树脂、泡沫塑料、氯丁橡胶、氟氯烃等。

在多晶硅和石英玻璃生产中，先用氯气与工业硅发生反应合成四氯化硅，然后再以四氯化硅为原料制备多晶硅或石英玻璃。

4.4.3　氯气的制备方法

制备氯气的方法有多种，常见的实验室制备氯气的方法是将高锰酸钾或二氧化锰与盐酸反应；用氧气来氧化氯化氢也可以获得氯气。

在工业上，主要是利用隔膜法电解氯化钠溶液，在阳极产生氯气，阴极产生氢气和氢氧化钠，隔膜的作用是将阴、阳极隔开，使氯气不与氢氧化钠反应而被损耗。在用电解氯化钠、氯化锂或氯化镁熔盐制取金属时，氯气也是一种副产物。

此外，氯气也由盐酸回收取得，例如：气态氯化氢的催化氧化；用二氧化硫直接氧化氯化氢；盐酸水溶液的电解等。极少量的氯气是钠、钙、镁的熔融氯化物电解的副产品。

氯气通常可直接利用，但为了制取纯净的氯气，并考虑贮运的方便，而把一部分氯气进行液化制成液氯，用钢瓶或槽车运往用户。生产中，将从电解槽出来的热氯气（其中含有少量氢、氧和二氧化碳等杂质），用冷水洗涤或在换热器内冷凝脱水，再用硫酸干燥（必要时可以液氯洗涤以除去水分和杂质），然后送去液化。因湿氯对铁有腐蚀作用，液化前氯中水分应低于 $5\times10^{-3}\%$。

氯气液化的温度和压力范围很大，工业生产上分为低压法、中压法和高压法。低压法在氯气为 0.078～0.147MPa（表压），冷却温度为 -35～-40℃下进行液化。中压法在氯气为 0.245～0.49MPa，冷却温度为 -15～-20℃下进行液化。高压法的氯气为 0.98～1.17MPa，用 15～25℃水冷却即可液化。高压法比低压法能耗低，循环水用量少，但设备费用较高，适于大规模生产使用，中、小型氯碱厂多采用中压法。液化率由氯中含氢量来决定。液化尾气中含氢不得超过 4%（体积分数）。尾气含 60%～70%的氯气可作为合成盐酸、氯苯、次氯酸盐的原料气，也可经过深度净化精制，使液化率达到 98%～99%。

液氯在生产和贮运中易发生下列问题：

(1) 液化尾气中氯气、氢气与空气的混合气爆炸；

(2) 包装容器中残存有机物杂质与氯气反应爆炸；

(3) 水和食盐水溶液中铵盐带入液化系统，会使液氯中三氯化氮积累而引起爆炸。

当液氯蒸发用完后，所用容器均须用水和碱水冲洗，以除去被三氯化氮污染的液氯后，方能修理和使用。氯气是剧毒物，生产中对受压容器等设备应严格要求，防止氯气泄漏。空气中氯气允许浓度不大于 $1\times10^{-4}\%$。

4.5 氯化氢

在多晶硅中，氯化氢是合成三氯氢硅的原料。

4.5.1 氯化氢的特性

氯化氢是一种无色，有刺激性臭味、易溶于水、非可燃性气体。分子式 HCl。相对分子质量 36.47；密度 1.639g/L；熔点 -114.3℃；沸点 -85℃。

氯化氢在空气中呈白色的烟雾。极易溶于水，生成盐酸。有强腐蚀性。能与多种金属反应产生氢气，可与空气形成爆炸性混合物。但在干燥状态下，氯化氢几乎不与金属作用。在含水或溶于水中时其腐蚀性很强，与金属化合生成金属氯化物。遇氰化物产生剧毒氰化氢。

在 0℃，1.01325×10^5Pa 的环境下，1L 水可以溶解 525.2L 氯化氢。1g 分子氯化氢溶于水中可产生 22.504kJ 热量。

如果把氯化氢加压到 6.0795×10^6Pa，并用冷水冷却可得到液体氯化氢。它在潮湿的空气中易产生白色的烟雾。

氯化氢气体的水溶液称为盐酸，别名氢氯酸。盐酸是一种强烈酸性及高腐蚀性酸，是三大强酸之一，具有一切酸的特性，如能与碱中和生成盐和水；能溶解碱性氧化物；能溶解碳酸盐，释放出二氧化碳气体；能溶解比较活泼的金属（如锌、镁、铁），产生氢气。浓盐酸可以溶解较不活泼的金属铜。纯盐酸为无色液体，在空气中冒烟，有刺鼻臭味。纯品为无色，工业品因含铁、氯等杂质略带黄色，易溶于水，有强烈的腐蚀性，能腐蚀金属、动植物纤维及人体肌肤。浓盐酸在空气中发烟，触及氨气会产生白色烟雾。商品浓盐酸含有 37%～38%氯化氢。

4.5.2 氯化氢的用途

盐酸在工农业生产上有很重要的用途，其用途仅次于硫酸，是重要的化工原料和化学试剂，被用于化学工业、石油工业、冶金工业、印染工业、医药、食品、电镀、焊接、搪瓷等工业。它可以与金属反应制氯化物，与金属氧化物反应去铁锈。

在多晶硅生产中，先用氯化氢与工业硅发生反应合成三氯氢硅，然后再把三氯氢硅作为原料制备多晶硅。

4.5.3 氯化氢的制备方法

氯化氢的制备方法有多种。实验室通常用氯化钠固体与浓硫酸发生复分解反应制取氯化氢气体。盐酸的工业生产方法主要是隔膜法电解氯化钠溶液，阳极析出的氯气和阴极析出的氢气混合在一起，使氢气在氯气中燃烧，产生的氯化氢溶于水，即得盐酸。因为浓硫酸有吸水性，浓盐酸有挥发性，所以，往浓盐酸中滴加浓硫酸会产生大量酸雾，用此法也可以制得氯化氢气体。

由于氯化氢是氯和氢的化合物，所以，氯化氢也可以用氯气与氢气来直接合成。在三氯氢硅生产中通常都是采用直接合成法来制备氯化氢的。为了全面地了解三氯氢硅的生产过程，下面就来介绍一下该法。

（1）氯气与氢气之间的关系。氯气与氢气在无光照射或光线很弱、温度低、常压下，其反应速度很慢，只有在加热氯氢混合气体，或在强光照射及触媒的影响作用下，才会迅速化合，甚至发生爆炸。其反应为连锁反应，反应式如下：

$$H_2 + Cl_2 \longrightarrow 2HCl + 184.2192\text{kJ}$$

氯气与氢气在 440℃以上迅速化合。在触媒的影响作用下，150℃就会发生剧烈的反应。氯气与氢气的反应温度不能太高，高于 1500℃时，将发生热分解现象。

绝对干燥的氯气和氢气是很难起反应的，当有微量水分存在时，可以加快反应速度。所以水分是促进氯气与氢气化合的媒介。

（2）对合成氯化氢时所用的原料氯、氢的要求。

1）对氯气的纯度要求：用电解氯气合成时，氯化氢的纯度应大于 96%；用液体氯合成时，氯的纯度应大于 99.5%。氯中的含水率应小于 0.03%；含氢量小于 0.4%。当氯气中的含氢量超过 0.4%，而达到 3.5%以上时，氯和氢的混合气体，在受光的照射下，电气火花及高温的情况下便会直接化合，甚至在管道中发生爆炸。

2）对氢气的纯度要求：氢大于 98%；含水量小于 0.03%；含氧量小于 0.4%。当氢气中的含氧量超过0.4%，而达到5%以上时，在一定温度、火花或其他媒介影响下，会引起氢氧剧烈化合，甚至导致爆炸，使管道及设备遭到破坏。

(3) 对成品氯化氢气的纯度要求。用电解氯气合成时，氯化氢的纯度应大于96%；用液体氯合成时，氯化氢的纯度应大于99%。氯化氢中的含水率应小于0.03%，含游离氯应小于0.002%。

(4) 氯化氢具体的制备方法如下。干燥后的氯气与氢气分别由氯化氢合成炉底部的氯气进口和氢气进口进入炉体内。氯气与氢气在炉体内相遇、混合、燃烧，生成氯化氢气体。氯化氢气体由炉顶部的氯化氢出口排出，然后再经冷却器冷却到35℃左右，使氯化氢中的水分冷却变成盐酸，再经分离器分离，盐酸从分离器的下部流入储酸罐；氯化氢气体从分离器的上部流出分离器。上述的氯化氢气体在经干燥器干燥后，就可借用系统压力送至沸腾炉，供合成三氯氢硅使用了。

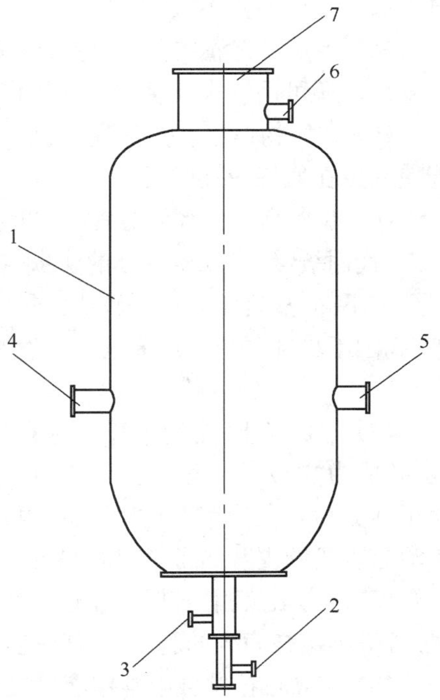

图4-1　氯化氢合成炉简图

1—炉体；2—氯气进口；3—氢气进口；4—点火管；5—观察口；6—氯化氢出口；7—防爆膜

4.6　氮气

氮气是制备多晶硅不可缺少的置换剂。

4.6.1　氮气的特性

氮是一种化学元素，氮气通常条件下呈无色、无味无臭的不可燃气体。化学符号N。沸点－195.8℃；熔点－210℃；密度1.160g/L(气)。

氮元素是相当强的非金属，仅次于氟、氧、氯居第四位。N_2分子中N≡N键能很大，达949kJ/mol，不易解离为原子，而表现出稳定性和化学惰性。因此，通常条件下，氮对于大多数反应物都是相对惰性的。但在高温或放电条件下分子中化学键破坏而能与多种元素反应。如与H_2生成NH_3；与Mg、Ca、Sr、Ba生成氮化物Mg_3N_2、Ca_3N_2等；与O_2在电弧高温下少量反应生成NO，此反应吸热是O_2与其他物质化合时所罕见的。对碱金属只易与锂化合成氮化锂Li_3N，却不与其他碱金属直接反应。

室温下元素氮能够被固定在生物系统中。这种过程的机理现在还未知。另外，最近已发现某些过渡金属络合物能与大气的氮迅速反应。

4.6.2　氮气的用途

氮气有广泛的用途，主要有以下几点：

(1)制备多晶硅时，利用氮气的惰性特点，把它当成置换气体(也称置换剂)。多晶硅是靠氢还原四氯化硅或三氯氢硅获得的，生产系统中充有氢气。在系统充入氢之前是有空气的。空气中含有氧气，氢气不能与氧气，特别是在高温状态下，在同一个容器里相处。氢气与氧气相处要发生剧烈的反应，引起爆炸。因此，在充氢之前，先通氮气，用氮气置换(赶走空气)空气,然后再充氢。生产完毕要打开系统,取出产品。打开系统之前,需先通氮气,用氮气置换(赶走氢气)氢气,然后再打开系统。这样一来就可以防止氢气与氧在系统中相遇了,也就不会引起爆炸了。

(2) 在工业上,氮气是合成氨、制硝酸的重要原料。

(3) 在通常状况下氮气的化学性质很不活泼,所以它常被用作保护气。焊接金属时用氮气保护金属使其不被氧化。

(4) 将氮气充灌在电灯泡里,可防止钨丝的氧化和减慢钨丝的挥发速度,延长灯泡的使用寿命。还可用它来代替惰性气体作焊接金属时的保护气。

(5) 在博物馆里,常将一些贵重而稀有的画页、书卷保存在充满氮气的圆筒里,这样就能使蛀虫在氮气中被闷死。

(6) 粮食、罐头、水果等食品,也常用氮气作保护气。利用氮气使粮食处于休眠和缺氧状态,代谢缓慢,可取得良好的防虫、防霉和防变质效果,粮食不受污染,管理比较简单,所需费用也不高,故近年来进展较快。目前,日本和意大利等国已进入小型生产试验阶段。近年来,我国不少地区也应用氮气来保存粮食,叫做"真空充氮贮粮",亦可用来保存水果等农副产品。

(7) 在医学上,常用液氮作冷冻剂,在冷冻麻醉条件下做手术等。利用液氮给手术刀降温,就成为"冷刀"。医生用"冷刀"做手术,可以减少出血或不出血,手术后病人能更快康复。使用液氮为病人治疗皮肤病,效果也很好。这是因为液氮的汽化温度是 -195.8℃,因此,用来治疗表浅的皮肤病常常很容易使病变处的皮肤坏死、脱落。过去皮肤科常以"干冰"治疗血管瘤,目的虽然相同,但冷度远不及液氮。医治肺结核的"人工气胸术",也是把氮气(或空气)打进肺结核病人的胸腔里,压缩有病灶的肺叶,使它得到休息。

(8) 在高科技领域中常用液氮制造低温环境,如有些超导材料就是在经液氮处理后的低温下才获得超导性能的。

4.6.3 氮气的制备方法

氮气的制备方法有多种,在实验室里可以采用加热氯化铵饱和溶液和亚硝酸钠晶体(或饱和溶液)的混合物的方法来制备氮气,也可以采用加热分解亚硝酸铵的方法来制取氮气。

目前在工业生产中常采用的是变压吸附法制取氮气。变压吸附制氮工作原理是采用碳分子筛为吸附剂。在一定的压力下,碳分子筛对空气中氧气的吸附量远大于氮气,因此通过可编程序控制气动阀的启闭,两吸附塔可以交替循环,加压吸附、减压脱附,完成氧氮分离,得到所需纯度的氮气。变压吸附法可以制取纯度大于 99.9995%的氮气。

5 中 间 产 品

多晶硅和石英玻璃的联合制备法还是比较复杂的。多晶硅、石英玻璃都不是用上述的硅（工业硅）和氢气等基本原料就可以简单地直接生产出来的，而是先要用上述的硅和氯气或氯化氢为原料生产出四氯化硅或三氯氢硅。然后再把四氯化硅或三氯氢硅和氢作为原料，用氢还原法将四氯化硅或三氯氢硅还原出多晶硅，再用氢氧焰将四氯化硅水解后合成为石英玻璃。

四氯化硅或三氯氢硅既是制备多晶硅和石英玻璃的主要原料，也是其他工业不可缺少的重要原料。我们前面介绍过，四氯化硅和三氯氢硅除了用作制备多晶硅和石英玻璃外，还有很多其他用途。因此，在一般的多晶硅或石英玻璃生产中，既把四氯化硅或三氯氢硅当成原料，又常把它们当成中间产品出售。

四氯化硅和三氯氢硅的合成是多晶硅和石英玻璃生产中的重要一环，因此，本章介绍作为中间产品的四氯化硅或三氯氢硅及其制备方法。

5.1 四氯化硅和三氯氢硅的基本特性

5.1.1 四氯化硅的基本特性

四氯化硅（$SiCl_4$）是硅的卤化物，又称为四氯硅烷。常温下，纯净的四氯化硅是无色、透明的油状液体，比重较大，有强烈的刺激性。

四氯化硅沸点低，易挥发，易汽化，易水解，水解后生成二氧化硅和氯化氢；水解后生成的氯化氢具有强腐蚀性；它能与苯、乙醚、氯仿及挥发油混合，与醇反应生成硅酸酯；易与氨作用生成浓雾，这是 NH_3 与 HCl 合成 NH_4Cl 的结果。

硅与卤族元素（F_2、Cl_2、Br_2、I_2）生成的化合物统称为硅的卤化物。在制备四氯化硅时，常伴有其他氯化物产生。四氯化硅的一些物理性质见表 5-1。

表 5-1 四氯化硅的物理性质

项 目	数 值
相对分子质量	169.2
液体密度/$g \cdot cm^{-3}$	1.41
蒸气密度/$g \cdot cm^{-3}$	0.0063
熔点/℃	-70
沸点/℃	57.6
蒸发热/$kJ \cdot mol^{-1}$	29.140
生成热/$kJ \cdot mol^{-1}$	-640.580
标准生成自由能/$kJ \cdot mol^{-1}$	-573.173
临界温度/℃	230

5.1.2 三氯氢硅的基本特性

三氯氢硅($SiHCl_3$)也是硅的卤化物,又称为三氯硅烷、三氯甲硅烷、硅氯仿。同四氯化硅一样,常温下,纯净的三氯氢硅是无色或微黄色的透明可燃液体,有强烈的刺激性。

三氯氢硅沸点低,易挥发,易潮解,在空气中发生反应产生白烟,遇水分解,溶于苯、醚等有机溶剂。属一级遇湿易燃物品,易燃易爆,遇水反应产生氯化氢气体;它与氧化剂发生强烈反应,遇明火、高热时发生燃烧或爆炸。三氯氢硅溶于苯、醇醚,卤化烃等有机溶剂;具有急性毒性。

同四氯化硅一样,在制备三氯氢硅时,也常伴有其他氯化物产生。三氯氢硅的一些物理性质见表5-2。

表5-2 三氯氢硅的物理性质

项　目	数　值
相对分子质量	135.5
液体密度/$g \cdot cm^{-3}$	1.33
沸点/℃	31.8
凝固点/℃	-128.2
蒸发热/$kJ \cdot mol^{-1}$	26.628
自燃温度/℃	175
爆炸下限/%	6.9
爆炸上限/%	70

5.2 四氯化硅和三氯氢硅的用途

5.2.1 四氯化硅的用途

(1) 四氯化硅是制备多晶硅的重要原料。在多晶硅生产中,是利用氢气将纯净的四氯化硅带入还原炉内,让四氯化硅与氢气发生还原反应。也就是说,在多晶硅制备中,是利用四氯化硅与氢气发生还原反应来获取多晶硅的。

(2) 四氯化硅是合成石英玻璃的重要原料。石英玻璃有两种生产方法,一种是利用天然石英粉料经高温熔制而成,另一种就是四氯化硅合成的,它是利用四氯化硅与氧气发生反应来获取石英玻璃的。一般说来,合成的石英玻璃在纯度、光的透过率等方面都高于粉料熔制的石英玻璃。目前看来,合成法是将来生产石英玻璃的主要方向。

(3) 四氯化硅是生产光导纤维的重要原料。光导纤维其实就是石英玻璃纤维,其生产方法与合成石英玻璃近似,它也是利用四氯化硅与氧气发生反应来制成石英玻璃棒,然后再拉制成光导纤维,因此也少不了四氯化硅这个原料。

(4) 四氯化硅是生产半导体器件和集成电路的主要原料。半导体器件和集成电路的主要部分本身就是单晶硅体。单晶硅是用多晶硅拉制的,多晶硅又是以四氯化硅为原料生产的,因此,四氯化硅是生产半导体器件和集成电路不可缺少的原料。其实还不仅仅这些,在半导体器件和集成电路的生产中还有一个外延工序,在外延工序中四氯化硅也是重要的原料。

(5) 四氯化硅是生产太阳能硅电池的主要原料。太阳能硅电池其实就是一种半导体器件,因此生产它也少不了四氯化硅。

5.2.2 三氯氢硅的用途

(1) 三氯氢硅同四氯化硅一样,也是制备多晶硅的重要原料,制备多晶硅最常用的"西门子法"所用的原料就是三氯氢硅。

(2) 本品提纯后,也可用于生产半导体的外延片,但因带有氢键和含氯较多,所以生产半导体外延片常用的原料还是四氯化硅。

(3) 用于有机硅烷和烷基、芳基以及有机官能团氯硅烷的合成,是有机硅烷偶联剂中最基本的单体,也常于其他有机基因反应形成一系列的有机硅产品。

(4) 利用三氯氢硅和其他有机基因反应结合形成系列的硅偶联剂,具有硅化合物耐热、疏水、绝缘等特性,并可和有机基因结合,应用在橡胶、塑料、涂料、纺织等高分子化合物中,使其在改进、提高质量、简化工艺等方面取得良好效果。

5.3 四氯化硅和三氯氢硅的传统制备方法

四氯化硅和三氯氢硅的传统制备方法有多种。四氯化硅可以直接用砂子和炭混合物氯化制得,也可以将碳化硅、氧化硅氯化。三氯氢硅可以用卤硅烷和过量的氢或氯化氢的混合物通过 Al、Zn、Mg 的表面反应制得,或以氯化铝作催化剂,用氯化氢气体氯化 SiH_4 制得,也可以在高温下用氢气与 $SiCl_4$ 发生反应、或用干燥的氯化氢气体氯化粗硅或硅合金制取三氯氢硅。

这些方法的共同缺点是反应温度高,工业生产不方便,高温下杂质对产品污染严重。目前,国内多采用直接用氯气氯化工业硅的方法来制备四氯化硅,它是以粗硅和氯气为原料,在合成炉内发生化学反应来生成四氯化硅的方法,其工艺设备简单,实收率可达 95%以上。三氯氢硅的制备一般是用氯化氢和硅粉为原料,在沸腾炉里合成。我们这里所提到的多晶硅和石英玻璃的联合制备法和传统的多晶硅、石英玻璃生产法都离不开四氯化硅或三氯氢硅,因此,四氯化硅和三氯氢硅的制备是多晶硅和石英玻璃的联合制备法和传统的多晶硅、石英玻璃生产法中重要的一环。

下面我们就来介绍四氯化硅和三氯氢硅的制备方法。

5.3.1 四氯化硅和三氯氢硅合成的反应方程式

5.3.1.1 四氯化硅合成的反应方程式

在一定条件下,工业硅块(也可以是硅粉)与氯气可以发生下列反应:

$$Si + 2Cl_2 \rightleftharpoons SiCl_4$$

上述反应是一种放热反应。其实,硅与氯气发生的反应很复杂,除了以上化学反应外,还有其他化学反应伴随发生。生成物除四氯化硅外,还可能有三氯氢硅、硅烷以及各种硅氯化物和非硅氯化物。为了限制其他化学反应的发生,提高四氯化硅的产率,必须严格控制合成反应的条件。通常认为,合成反应温度和参加合成反应原料的干燥程度是影响四氯化硅合成反应的主要因素。

5.3.1.2 三氯氢硅合成的反应方程式

在一定条件下，工业硅块(也可以是硅粉)与氯化氢可以发生下列反应(主反应)：

$$Si + 3HCl \rightleftharpoons SiHCl_3 + H_2 + 209.34kJ/mol$$

三氯氢硅与四氯化硅的合成反应相同，也是一种放热反应，也伴随发生一些其他化学反应，而且还有四氯化硅产生：

$$2Si + 7HCl \rightleftharpoons SiHCl_3 + SiCl_4 + 3H_2 + 240.32kJ/mol$$

除了伴随上述化学反应生成四氯化硅外，也会生成其他一些硅氯化物和非硅氯化物。要想提高三氯氢硅的产率，也必须严格控制合成反应的条件，选择合适的反应温度和使用干燥的原料。

5.3.2 四氯化硅和三氯氢硅制备的工艺流程简图

5.3.2.1 四氯化硅制备的工艺流程简图

要想获得可以用于生产多晶硅和石英玻璃的四氯化硅，要经过一个复杂的生产过程。其制备工艺见图5-1。

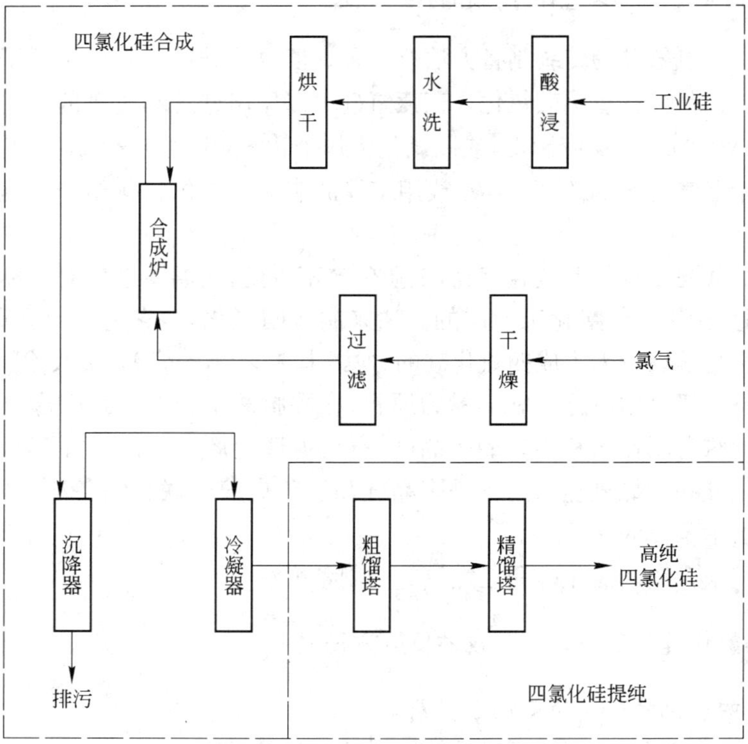

图5-1 四氯化硅制备的工艺流程简图

从图中可以看出，四氯化硅的制备分两部分，一部分是四氯化硅的合成，另一部分是四氯化硅的提纯。

5.3.2.2 三氯氢硅制备的工艺流程简图

要想获得可以用于生产多晶硅和石英玻璃的三氯氢硅，也要经过一个复杂的生产过程。

其制备工艺见图 5-2。

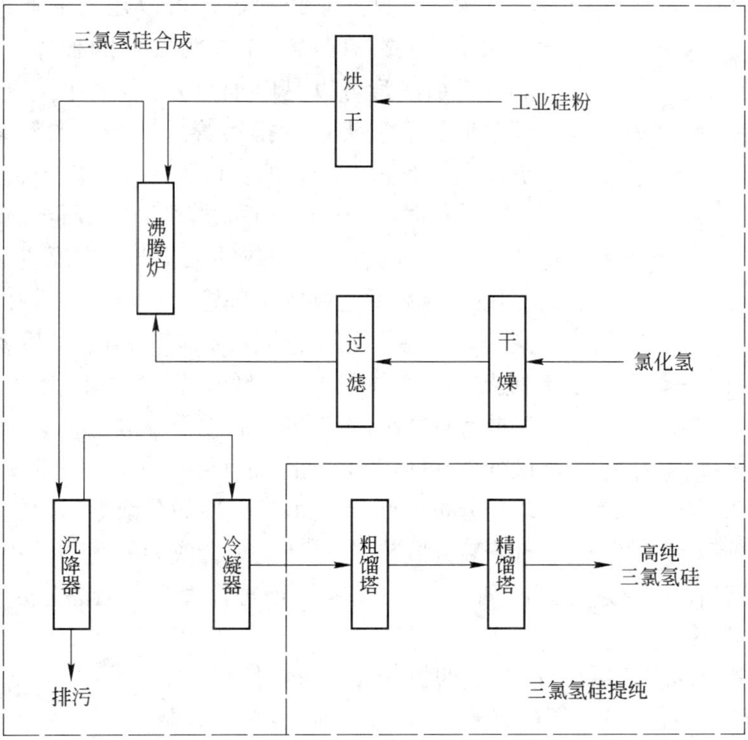

图 5-2　三氯氢硅制备的工艺流程简图

从图中可以看出，三氯氢硅和四氯化硅一样，它的制备也可分两部分，一部分是合成，另一部分是提纯。为了清楚起见，对于四氯化硅和三氯氢硅制备的介绍也分成两个部分，这里仅介绍四氯化硅和三氯氢硅的合成，四氯化硅和三氯氢硅的提纯留到下一章再介绍。

5.3.3　合成的主要设备

不管是生产四氯化硅，还是生产三氯氢硅，其合成的设备都有多个，但主要设备只有合成炉（也称合成床），合成炉分固定炉和沸腾炉两类。

5.3.3.1　固定炉

固定炉常用于合成四氯化硅，合成三氯氢硅很少使用。

固定炉又分立式和卧式两种。但常见的是立式，卧式很少见，其原因是由于立式炉具有装料和出渣（排污）方便，氯气流分布均匀，反应温度平稳，物料层起过滤作用等优点，卧式炉不具备上述优点。由于卧式炉少见，在此我们仅对立式炉作以简单介绍。

其实立式也有多种，最初的立式炉是用不透明石英玻璃管制成的，结构非常简单。它是一个两端缩口，中部大肚的管状装置。该装置竖立放置，其下端接有氯气管，中段外部缠绕加热的电炉丝，内部装有块状工业硅，上端接出气管。工作时，电炉丝接通电源，并将炉中的工业硅加热到反应温度；同时氯气从下端进入合成炉，与炽热的工业硅发生反应，生成气态的四氯化硅，然后顺上端的出气管出炉，再进入冷凝器变成液态的四氯化硅产品。图 5-3 就

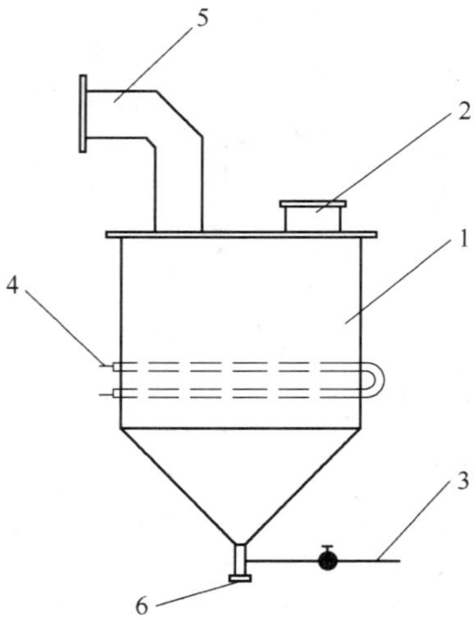

图 5-3　立式固定炉简图
1—炉体；2—加料口；3—氯气管；
4—加热管；5—出气口；6—排污管

是现在常见的立式固定炉简图。

现在常见的立式固定炉可以用普通厚壁的碳钢制造，其炉体是上端有封盖，下端为锥形的桶体。炉体中部有加热管。加热管可以是电加热，也可采用蒸气加热。炉体下端锥形的下端头接有排污管。排污管的侧壁接有氯气管。炉体上端封盖上开有加料口和出气口。

使用时，该炉与前面所述的不透明石英玻璃炉相似，也是从下端进入的氯气与炽热的工业硅发生反应后生成气态的四氯化硅，然后顺上端的出气管出炉，再进入炉外的冷凝器。不同的是，前者是用不透明石英玻璃制造的，后者是用普通碳钢制造的；一个体积小，产量低，另一个体积大，产量高。另外，由于前者直径小，氯气进入后就会分散于整个断面，不必再做分散处理，可后者不同，断面直径大，如不做分散处理，很难使氯气均匀分布于整个断面，所以应做分散处理，除了在氯气管内端部安装分散装置外，还应在合成炉的底部，特别是氯气管内端部装填些碎石英玻璃片或石英玻璃短管。有了这些碎片或短管，氯气就容易分散于整个断面了。

5.3.3.2　沸腾炉

沸腾炉常用于合成三氯氢硅，合成四氯化硅也可以使用。

沸腾炉也有多种，这里介绍的是最简单的一种，图 5-4 是沸腾炉简图。

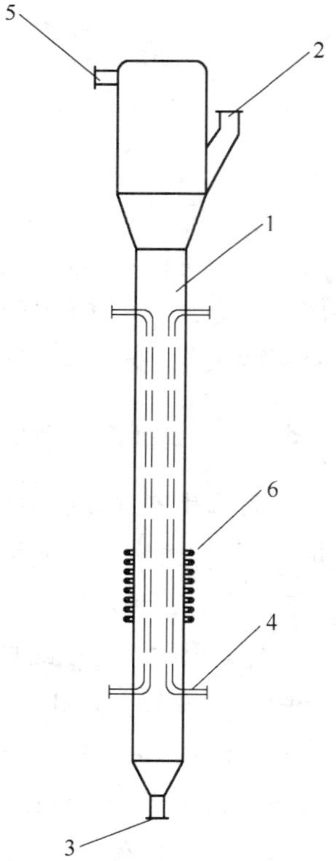

图 5-4　沸腾炉简图
1—炉体；2—加料口；
3—氯化氢管；4—内加热管；
5—出气口；6—外加热器

沸腾炉是用普通厚壁的碳钢制造，其炉体是一个上大下小的管状体。炉体中部有外加热器和内加热管。外加热器为电感应加热，只在反应之初送电，为沸腾炉加热。内加热管采用蒸气加热。加热管在合成反应开始时，可以起加热作用，与外加热器共同为沸腾炉内的硅、氯化氢供热，诱导其发生反应；在反应进行中，它还可以用该管导出过多的反应生成热。炉体上部开有加料口，上端部开有出气口，下端为锥形的桶体，锥形桶体最下面接有氯化氢管。

使用时，沸腾炉与前面所述的立式固定炉相似，也是从下端进气与炽热的工业硅发生反应后生成气态的产品，然后气态的产品顺上端的出气管出炉，再进入炉外的冷凝器。不同的是，前者从下端进的是氯气，后者是氯化氢；前者所用的工业硅可以是块状的，后者必须是粉状的，不然，就无法沸腾。另外，由于前者多用于生产四氯化硅，所以出炉后的产品一般就用普通的水冷凝即可，而后者多用于制备三氯氢硅，三氯氢硅的沸点较低，因此，必须要用凉水冷凝，有时甚至要使用冷冻的盐水冷凝。

5.3.3.3　固定炉、沸腾炉各自的优势

固定炉和沸腾炉这两类合成炉各有优势，其中固定炉的优势是：

(1) 构造简单,制造工期短,成本低;

(2) 操作简单,容易掌握;

(3) 对原料的要求不高,特别是合成四氯化硅时,可以不采用价格高的硅粉为原料,而直接使用工业硅块生产,这样一来,合成的成本就会大大降低。

由于固定炉在合成四氯化硅时有上述多项优势,所以合成四氯化硅通常都采用固定炉。

沸腾炉的优势:

(1) 生产能力大,特别是合成三氯氢硅时,每平方米反应器横截面每小时能生产2.6~6kg冷凝产品,而固定炉每升反应容积每小时只能生产10g左右;

(2) 连续生产,生产过程中不会因加料或除渣而中断;

(3) 用于生产三氯氢硅时,纯度高,其产品中三氯氢硅含量在90%以上,而固定炉通常仅有75%左右;

(4) 用于生产三氯氢硅时,有利于采用催化反应,原料可以不采用硅铜合金,而用掺有铜粉或氯化亚铜粉的硅粉,因而成本低。

由于沸腾炉在合成三氯氢硅时有上述多项优势,所以合成三氯氢硅通常都采用沸腾炉。

5.4　四氯化硅的合成

5.4.1　工业硅的选择与处理

前面讲过,由于各厂家的原料产地不同,生产工艺条件各异,所以生产出的工业硅质量差别很大。工业硅的质量直接关系到四氯化硅的质量,因此,要生产高质量的四氯化硅就得把好工业硅这一关,合成之前首先应对合成的原料和氯进行选择与处理。

(1) 工业硅的选择。工业硅的选择可根据国家标准。因为生产的四氯化硅是用来制备多晶硅和石英玻璃的,要求纯度高,所以应采用化学用硅,也就是A级硅和B级硅,最好还是采用A级硅。

(2) 工业硅的粒度要求。采用固定炉合成四氯化硅,可以不采用价格高的硅粉为原料,而直接使用工业硅块来生产,这样一来,合成的成本就会大大降低,但硅块的粒度应合适,要有利于与氯气充分地接触,提高反应速率。硅的粒度过大,硅的表面积小,反应的区域少,反应的速度就慢;硅的粒度过小,硅的表面积大,颗粒之间的空隙就小,这样一来,将会加大氯气的阻力,甚至阻碍氯气的通过。因此,要求工业硅有合适的粒度,一般认为硅的粒度在30~50mm为宜。

(3) 工业硅的处理。化学用硅的纯度已经很高,可以直接用来生产四氯化硅,但是,为了提高产品纯度,还需要对工业硅进行处理,达到进一步提纯的目的。最常见的处理方法是酸浸法。

在工业硅生产中,当硅出炉凝固时,多数杂质(Fe、Al、C、B、P、Cu等)离析在晶粒周围,这些杂质呈硅化物或硅酸盐状态。这些杂质除了碳化硅、氧化铁之外,大多都可以用酸溶解,而硅则不溶于酸中。硅和杂质的上述特性给我们提供了一个方便,使我们可以采用酸浸法来处理工业硅,而且效果很好,工序设备简单,经济便宜。

酸浸法所用的酸包括盐酸、硫酸、王水、氢氟酸及其不同的组合混酸。在酸中加入三价铁氧化剂可以加快杂质的溶解，提高酸浸效果；升高温度和采用小粒度硅粉，都对提高四氯化硅的纯度有利。大粒度的工业硅也可以用酸浸法达到纯化目的，但酸浸时间要延长。

一般对工业硅酸浸，是用10％盐酸、硫酸、王水、氢氟酸等不同组分的酸溶液，酸浸时间应超过半天，一般在12～18h。

工业硅酸浸后要用水洗净，应将工业硅洗至中性为准。洗时要用净水，最后用纯水，以防止水污染工业硅。

水洗后的工业硅必须在烘干箱（烘干机）中干燥，烘干温度在150℃左右，一般时间维持2～8h（应视工业硅的干燥情况而定），烘干后的工业硅应立即装入合成炉，不要在空气中存放，因为干燥的工业硅是很容易吸水的。

5.4.2　对氯的处理

四氯化硅的纯度除了受工业硅影响，还取决于氯的质量。因此在四氯化硅合成之前还应对氯气进行处理。

一般合成四氯化硅所用的氯，是食盐电解的气体氯或瓶装的液体氯。这些氯要经过提纯和干燥处理后才可使用。处理后的氯，纯度应达到99％，含水量要求小于0.03％。达不到要求的氯气应经过滤器过滤，并通入装有硫酸和硅胶的容器脱水干燥。

因为硅氧键（Si—O）比硅氯键（Si—Cl）更为稳定，所以游离氧及其化合物，特别是水分对四氯化硅合成反应是极为不利的。水分能将活泼的硅表面氧化，生成一层氧化膜。氧化膜不利于反应，甚至使反应中断，同时也会使生成的四氯化硅发生水解，影响质量并降低产率。

5.4.3　四氯化硅的合成工艺

前面我们讲过，四氯化硅的传统生产方法有多种，但目前，国内多采用直接用氯气氯化工业硅的方法来制备四氯化硅。我们这里所提到的多晶硅和石英玻璃的联合制备法和传统的多晶硅、石英玻璃单项生产法所用的四氯化硅都是采用这种方法合成的，这种方法工艺设备简单，而且实收率高，高达95％以上。

5.4.3.1　四氯化硅合成的工艺流程

开炉前，首先向合成炉内通入干燥的氮气为其干燥。等炉内干燥之后再将处理好的工业硅装入合成炉，并为合成炉通电加热干烧。干烧时间一般在10～20min。干烧完毕再通入合格的氯气。四氯化硅合成的工艺流程参见图5-5。

处理好的工业硅（处理方法见5.4.1工业硅的选择与处理）从加料口进入烘干机（本图是一种传送式烘干机，实际上也可以使用烘箱或烘房来完成工业硅的干燥），并落在传送带上。传送带的下方有加热器。传送带上的工业硅在传送过程中也被加热烘干（为保证烘干质量，可以将传送带的传送速度适当调慢），之后落入料斗中。

料斗中的工业硅从合成炉上方的加料口加入合成炉（本图的合成炉是一种固定炉，实际上也可以使用沸腾炉）中。合成炉中有加热装置（可以是电加热，也可以是蒸气加热）。

液氯罐中的氯蒸发变成氯气，并顺管道进入干燥器中（干燥器中装有硫酸或硅胶），再顺管道进入过滤器过滤，之后从合成炉的下方进入合成炉中。

氯气在合成炉中与工业硅相遇，在高温下发生化学反应生成四氯化硅。合成炉中生成的四氯化硅是气态的。生成的四氯化硅气上升顺管道进入沉降器中冷却，并将混入四氯化

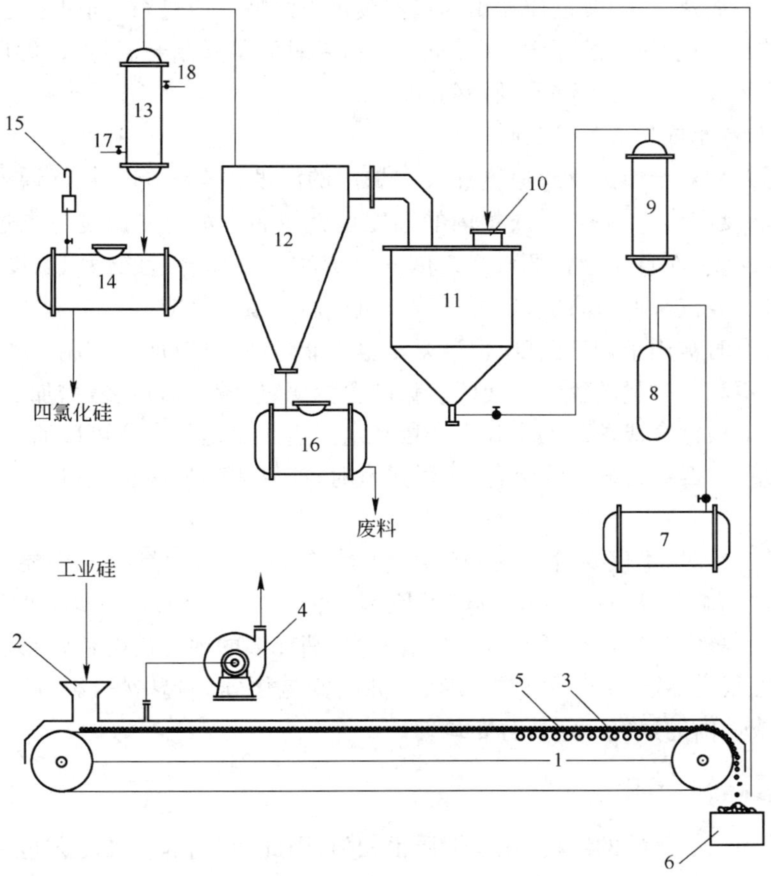

图 5-5 四氯化硅合成的工艺流程简图

1—烘干机；2—加料口；3—加热器；4—排风机；5—传送带；6—料斗；7—液氯罐；8—干燥器；9—过滤器；10—加料口；11—合成炉；12—沉降器；13—冷凝器；14—储料罐；15—放空管；16—废料罐；17—进水口；18—出水口

硅中的一些固体杂质及高沸点氯化物沉降除去。沉降除物后的四氯化硅气上升顺管道进入冷凝器中。冷凝器是一个水冷式的交换器，水从进水口进入，然后从出水口流出并将热量带走。四氯化硅气经冷凝器冷却变成了液态的四氯化硅，最后被送入储料罐中储存供后续生产使用。

为了保证安全，储料罐上装有放空管。

5.4.3.2 四氯化硅合成反应的温度条件

工业硅氯化反应通常认为在 200℃时就可以发生，并有四氯化硅生成。这种合成反应是放热反应，当反应开始后，可以不必加热，利用反应的生成热就可以维持反应继续进行。

工业硅氯化反应虽能在较低温度时发生，然而在较低温度时会发生许多副反应，生成高级氯硅烷，如 $SiCl_4$、$SiHCl_3$、SiH_2Cl_2、SiH_3Cl、SiH_4等(也被称为四氯化硅的伴随物)，从而影响了四氯化硅的实收率。但是，温度过高对四氯化硅产品的质量也不利，因为工业硅中的杂质，如铁、钙、铝、镁、铜、钛等也易于氯化生成氯化物，影响四氯化硅的质量。

由于上述原因，我们应该选择一个合适的温度，实践证明，450～500℃最为合适。四氯化硅合成反应是放热反应，其反应放出的热不仅可以维持反应进行，同时还会使温度逐渐升高。因此，只靠调节加热器的电压或电流还不行，有时为了遏制升温过快、温度过高的趋势，还得通过调节氯气的通入量才能控制好温度。

5.4.3.3　对于氯气通入量的要求

氯气的通入量对合成的反应速度和合成炉内的温度都有影响。氯气通入量越大，反应越剧烈，放出的反应热就越多，合成炉内的温度也就越高。炉内的温度过高过低都不好，不仅会影响产品质量，而且还会毁坏设备。因此合成时应选择合适的炉内温度。炉内温度的控制可以通过水或汽来调节，也可以通过调节氯气通入量来完成。

虽说氯气有时被用于调节温度，但通入量也不能随便，也应加以控制。过量的氯气对四氯化硅的质量不利。过量的氯气会使四氯化硅含游离氯，游离氯过多，增加了除氯困难。其氯气的通入量应根据合成炉的大小和生产量来定。通入量是否合适可以通过四氯化硅的颜色判断：不过量时，四氯化硅透明无色；稍微过量时，四氯化硅呈淡黄色；过量太多时，四氯化硅呈黄色。

四氯化硅合成时，不仅要对合成炉有合适的氯气通入量，而且氯气还要分布均匀，不然就会出现“过热凹洞”。出现“过热凹洞”的原因是由于氯气分布不均匀，氯气少处，反应缓慢，硅的消耗少；氯气多处，反应剧烈，硅的消耗多，消耗多的地方就会慢慢形成凹洞。“过热凹洞”反应温度很高，致使大部分难挥发杂质混同四氯化硅一起出炉，影响了四氯化硅的质量。因此，合成炉内的氯气一定要分布均匀。

5.5　三氯氢硅的合成

三氯氢硅和四氯化硅的结构、化学性质很相似，因此，它们的生产工艺也基本相似，其不同的是，三氯氢硅不是用氯气来完成氯化，而是改用了氯化氢。另外，目前国内生产三氯氢硅一般采用沸腾炉(其实也可以采用固定炉)，因此所用的不是简单的工业硅块，而是硅粉。下面我们就来介绍三氯氢硅的合成。

5.5.1　工业硅粉的预处理

一般制备三氯氢硅所用工业硅粉的纯度为98%～99%。工业硅粉太粗太细都不好，太粗气流吹不起来，对沸腾不利；太细往往会堵塞管道。一般认为粒度为80～120目为好。工业硅粉的质量都比较高，因此用不着选择，但必须要进行预处理。

游离氧及其化合物，特别是水分，对三氯氢硅的制备十分不利。其原理基于硅氧键比硅氯键更为稳定，三氯氢硅极易氧化和水解，从而降低产量。因此工业硅粉预处理的任务主要是酸洗和干燥。其工业硅粉的酸洗与上述工业硅块的酸洗一样，完全可以参照上述工业硅块的做法。

工业硅粉的干燥也与上述工业硅块的干燥一样，完全可以参照上述工业硅块的干燥做法，也可以采用烘干机来完成。

5.5.2　对氯化氢的处理

一般制备三氯氢硅所用的氯化氢中含水量不得超过0.03%～0.08%，因此，氯化氢的处理任务也主要是干燥。其干燥的方法与前面所述氯气的干燥相似，可以采用硫酸干燥。在三氯氢硅生产中常用的干燥器是塔式的，硫酸由塔顶部，氯化氢气体从塔底部进入干燥塔。氯化氢气体与硫酸在塔内对流相遇，充分接触，氯化氢气体到了塔顶部，其含水量已达到标准。干燥合格后的氯化氢就可直接送入沸腾炉，供合成三氯氢硅使用了。

在合成反应中，反应气氛对产物组成有影响，因此氯化氢最好用不参加反应的惰性气体或氢气稀释。氯化氢用氢气稀释对三氯氢硅的生成是有利的，最佳稀释比为 H_2 ∶ HCl = 1/3～1/5。例如，反应温度在360℃时，三氯氢硅的产率为62%，如向氯化氢中加入12%的氢，三氯氢硅的产率将提高到83%。稀释氯化氢还能强化反应。硅与氯化氢是放热反应，没有冷却装置的反应设备，反应产生的热量只能靠反应器壁散发。其散发速度很慢，因此，氯化氢的进入速度也不能过快，否则反应太剧烈，反应热来不及散失，反应温度将迅速升高，甚至无法控制。如果用了稀释气体，就能带走反应热量，起到冷却作用。

5.5.3　三氯氢硅的合成工艺

三氯氢硅的生产方法也有多种，但一般多采用硅粉与氯化氢在沸腾炉里合成。

5.5.3.1　三氯氢硅合成的工艺流程

三氯氢硅合成的工艺流程如图5-6所示。

实际生产时：先通入干燥的氮气干燥设备，同时为加热器接通热源气体，使沸腾炉慢慢升温。等设备干燥完毕，炉温达到标准后，开始往沸腾炉里加料。

加料的方式：将处理好的工业硅粉存储在加料罐里，然后从沸腾炉的顶部用干燥的氮气吹入。氯化氢储罐里的氯化氢经干燥器干燥，过滤器过滤合格后从沸腾炉的底部进入炉内，通过分配板后均匀进入炉床内，形成一个沸腾层，与硅粉进行反应。反应生成的气态三氯氢硅上升，从沸腾炉上部出炉后进入沉降器中沉降，将混杂在三氯氢硅里的大部分高沸点(高沸物)去掉。然后，三氯氢硅气再进入冷凝器。一般三氯氢硅合成的冷凝器是采用－30～－40℃的冷冻食盐水冷却。为冷冻食盐水进口，11为冷冻食盐水出口。三氯氢硅气在冷凝器里被冷凝为液体，最后进入储料罐，在储料罐里储存，供后续生产使用。

为了保证安全，储料罐上装有放空管。

5.5.3.2　三氯氢硅合成反应的温度条件

因为反应温度对产物组成有决定性影响，所以三氯氢硅合成时必须选择一个合适的温度，并控制好这个温度。

当温度高于220℃时，三氯氢硅的合成反应就成了主流，就会产生大量的三氯氢硅，但一般认为生成三氯氢硅的最佳温度应为280～300℃(不用催化剂)。当温度高于450℃时，会产生大量的 $SiCl_4$，还有 SiH_2Cl_2、SiH_3Cl、SiH_4 等，从而三氯氢硅含量减少。

三氯氢硅合成反应也是放热反应，当反应开始后，也可以不必加热，利用反应的生成热就可以维持反应继续进行。控制三氯氢硅合成反应温度也与控制四氯化硅合成反应温度相似，只靠调节加热器的电压或电流还不行，有时为了遏制升温过快、温度过高的趋势，还得通过调节氯化氢的通入量才能控制好温度。

为了保证三氯氢硅合成反应的顺利进行，工艺流程中有关的管道应该进行保温，以防物料冷凝结块而堵塞管道等现象。三氯氢硅合成系统的管道应尽可能的短、粗，弯头尽量少，而且弯头外角度尽可能大，

这样在生产中不易堵塞，同时便于清洗。

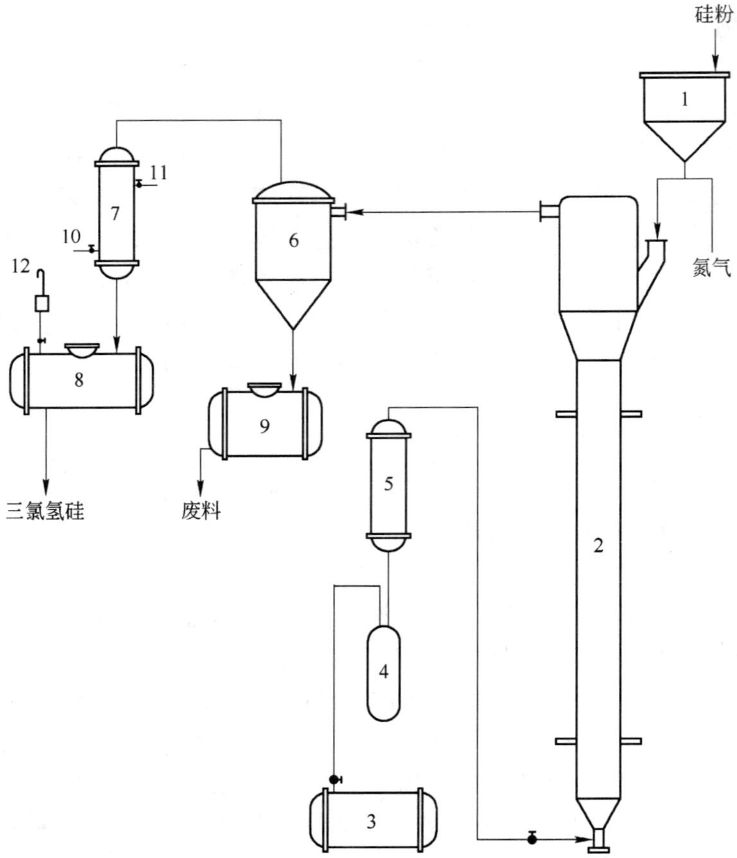

图 5-6　三氯氢硅合成的工艺流程简图

1—加料罐；2—沸腾炉；3—氯化氢储罐；4—干燥器；5—过滤器；6—沉降器；7—冷凝器；8—储料罐；9—废料罐；10—冷冻食盐水进口；11—冷冻食盐水出口；12—放空管

5.5.3.3　催化剂和添加剂

为了加快反应速度，抑制副反应，提高产率和纯度，在制备三氯氢硅时普遍使用催化剂和添加剂。

(1) 催化剂。催化剂的作用是降低硅与氯化氢的反应温度；提高反应速率和产量；避免少量氧气和水分的有害影响。

制备三氯氢硅时用的催化剂有多种。

一种是元素及其化合物的，如：镁、铁、铜等。用金属 Cu 和 $CuCl_2$ 作催化剂，活化氯化氢分子。如果在炉里放置为原料重量 0.1％的铜丝，反应速度将提高 2.2～2.6 倍。在 300℃时，三氯氢硅的产率比没有催化剂时增加了 1.5 倍，而且副反应被抑制了。如果以混有 3％～6％铜粉的硅粉为原料，反应温度在 250℃左右时，三氯氢硅产率高达 90％～98％(质量分数)。

另一种是硅合金(镁、铁，特别是铜的硅合金)。如果加入含有上述同等铜含量的硅铜合金催化剂，其产率提高的幅度将与上述加铜粉催化剂的相似。

再一种是硅合金与粗硅的烧结块。如果将硅合金与粗硅烧结块加入合成炉内，其效果也同样显著。

(2) 添加剂。为了提高产品的纯度，在制备三氯氢硅时常使用铝为添加剂。

在铜粉中掺入 0.8%～2%的铝粉，在 210～330℃时与氯化氢气体反应，将生成的三氯氢硅气体冷却到露点温度之下，然后再与 $AlCl_3$ 分离。因为 $AlCl_3$ 是杂质(特别是Ⅲ、Ⅴ族化合物)的有效络合剂，因此，在硅粉中掺入 $AlCl_3$ 添加剂，产品的纯度就会大幅度地提高。

6　化学提纯法简介

多晶硅和石英玻璃生产的关键就在于提纯，尤其是多晶硅，如果没有达到所需要的高纯度，就都是废品，生产的再多也没有用。因此，要想制备多晶硅和石英玻璃，掌握提纯方法是非常重要的。

材料提纯的方法有很多，但不外乎物理提纯和化学提纯两大类。常用的物理提纯有挑选、清洗、磁选、浮选、筛选等以及利用“偏析”原理所实现的冶炼提纯。但是这些物理提纯对于生产多晶硅来说，还是无能为力，它们无法使多晶硅达到所需要的纯度标准。可以想像，六个“9”以上的纯度，其杂质含量仅占硅的百万分之一，甚至更少。要想达到这样少的杂质含量，用物理提纯方法是根本无法实现的。

物理提纯方法无法实现，化学提纯方法还是可以的。

对四氯化硅和三氯氢硅化学提纯的方法也不止一种，目前比较常用的有单一精馏法、络合精馏法、固体吸附法、部分水解吸附法、萃取法、电解法、高温裂解除碳、铜屑去硫砷等多种方法。以上的几种方法都各有所长，它们都可以单独使用。为求完美，也可以取长补短，采用几种方法组合使用。

一般说来，一种方法只对一定的杂质有较好的提纯作用，而对另一些杂质则见效较差，不同方法对操作条件的要求也各不相同，条件控制得好，提纯效果显著，反之，条件用得不严格，反而走向反面，即引进沾污。

络合精馏法是一种最有成效的方法，几乎能去除所有的杂质，但是它分离络合物还得依靠精馏法，而且它还存在着络合物的选择、处理、络合条件、减少沾污等具体问题，因此，在生产中还是没能得到广泛采用。

固体吸附和部分水解吸附法是精馏法的好助手。前者对分离强极性杂质磷和金属氯化物特别有效，后者对除硼特别有效，常被用于四氯化硅和三氯氢硅的提纯。

单一精馏法（简称精馏法）是一种非常重要的提纯方法，它简单而有效，又可避免引进任何试剂，绝大多数杂质都可通过此法去除，特别是难以除掉的非极性重金属氯化物也能用此法去除。采用这种方法有利于减少沾污，工序简化，操作方便，而且适用于大规模工业生产。因此，对于四氯化硅和三氯氢硅的提纯来说，大多数都是采用单一的精馏法，多晶硅和石英玻璃的联合制备法也是采用单一的精馏法来提纯原料的。本章就来介绍这一方法。

6.1　常用术语

在介绍精馏法之前，我们先来搞清楚几个常用术语的含义，这对我们搞清楚何为精馏法是有益的。

（1）沸点。对液体加热时，液体中的分子获得能量，分子的运动被加速，同时碰撞的机会增多，碰撞的力量增大，温度升高。而且液体的分子运动随着温度的升高而增大。当分子的运动能量可以克服液面约束力（外界施于液面的总压力）时，就有大量气泡从液体内部逸出，即液体的沸腾，这时的温度称为液体的沸点。显然沸点与所受外界压力的大小有关。通常所说的沸点是在 0.1MPa 压力下液体的沸腾温度。例如水的沸点为 100℃，即是指在

0.1MPa 压力下，水在 100℃时沸腾。在其他压力下的沸点应注明压力。例如在 85.3kPa 时水在 95℃沸腾，这时水的沸点可以表示为 95℃/85.3kPa。

(2) 饱和蒸气、饱和蒸气压。在液体中，由于液体的分子运动有从表面溢出的倾向。这种倾向随着温度的升高而增大。如果把液体置于密闭的真空体系中，液体分子继续不断地溢出而在液面上部形成蒸气，最后使得分子由液体逸出的速度与分子由蒸气中回到液体的速度相等，蒸气保持一定的压力。此时液面上的蒸气达到饱和，称为饱和蒸气，它对液面所施的压力称为饱和蒸气压。实验证明，液体的饱和蒸气压只与温度有关，即液体在一定温度下具有一定的蒸气压。这是指液体与它的蒸气平衡时的压力，与体系中液体和蒸气的绝对量无关。

(3) 易挥发组分。混合物中某组分，在某一定温度下的蒸气压比任何其他组分蒸气压值都大，该组分被称为易挥发组分。

(4) 难挥发组分。混合物中某组分，在某一定温度下的蒸气压比任何其他组分蒸气压值都小，该组分被称为难挥发组分。

(5) 低沸点、高沸点。易挥发组分的沸点低，因此又被称为低沸点物或简称低沸点。同理，难挥发组分又被称为高沸点物或简称高沸点。

(6) 理论塔板。该塔板能使上升到上一块板的蒸气与下降到下一块板的液体经过热量质量传递达到气液平衡，这种塔板被称为理论塔板。

(7) 回流比。塔顶的回流液量与馏出液量之比。

(8) 塔的全流量。在塔的允许工作范围最大时的蒸发量。

(9) 液泛现象及液泛温度。塔的加热功率增加，促使上升的蒸气流开始阻止液体沿塔板下流，下一塔板上液体将涌到上一塔板，这种现象叫液泛现象。此时的温度称为液泛温度。

6.2 精馏的含义

精馏是相对粗馏而言的，是一种高精细、高效率的蒸馏。要想了解何为精馏，就应首先搞清什么是蒸馏。

蒸馏是分离、纯化液态混合物的一种常用的方法，因此也有称分馏的。这种方法是将液体混合物部分气化，利用其中各组分挥发度不同的特性以实现分离。它是通过液相和气相间的质量传递来实现的。

各种物质的分子性质各异，加热后产生的蒸气压不一样，其挥发度不同，沸点也就各不相同。蒸馏就是利用物质的这个特性来分离不同物质的。例如：一个由 A、B 两种物质混合成的液体，在 0.1MPa 压力下，A 物质的沸点为 120℃，B 物质的沸点为 50℃。要想把该混合液体中的 A、B 两种物质分开就可以采用蒸馏法。其办法是：首先将混合液体加热至 50℃以上，这时沸点低于此温度的 B 物质(一般称为低沸点物或简称低沸点)就开始沸腾，并逐渐由液体变为蒸气，由于蒸气比重小，因此上升脱离开原来的混合物。然后将该蒸气收集起来，并将其冷却，使之再次凝结为液体。这样一来，B 物质就从原来的混合物中分离出来了。这种利用沸点不同、挥发度不同的特性来分离混合物的方法就是蒸馏，也有被称为分馏的。

很明显，蒸馏可将易挥发和不易挥发的物质分离开来，也可将沸点不同的液体混合物分离开来。蒸馏在化学工业中应用十分广泛，历史也最为悠久，因此它是分离(传质)过程中最重要的单元操作之一。

精馏其实就是蒸馏，只不过，它不是简单的蒸馏，而是一个在蒸馏塔里完成的多次蒸馏或分级蒸馏。精馏是相对粗馏而言的，一般说来，分级蒸馏的前级为粗馏，后级为精馏，完成精馏的设备——蒸馏塔被称为精馏塔。

上述蒸馏获得的 B 物质不可能绝对纯，肯定还含有少量的 A 物质。如果将 B 物质再次蒸馏，又会有些 A 物质被除去，其纯度就又会有所提高。如此重复地蒸馏，每蒸馏一次，纯度提高一点，这样，最终就会使 B 物质纯度达到理想的要求。所谓的精馏就是上述这种一次又一次地重复蒸馏，而且是在同一装置（精馏塔）里完成的蒸馏。

6.3　精馏塔简介

6.3.1　精馏塔的种类

精馏塔有如下几种。

（1）以塔的结构形式分：

1）空塔：如单管塔。

2）填料塔：单管填料塔、多管填料塔。其填料种类繁多，主要有：单环、多环、螺旋丝、三角丝、短管、碎片、颗粒、网式、布式等。填料用的材料主要有：陶瓷、石英、塑料、聚四氟塑料、不锈钢等。

3）板式塔：板式塔的板上有很多孔，其孔的形状也有多种：圆孔、长方形孔、半圆孔、椭圆孔、半椭圆孔、三角形孔等，其中圆孔形板式塔被称为筛板塔。板式塔进一步发展，出现了槽式板、波纹板、盆形板以及舌形板、单流浮动板等定向液流塔板。泡罩塔以及由它衍生出的浮阀塔、旋转式泡罩塔、S 形泡罩塔、泡罩筛板塔和带有活动组件的塔板等，都属于板式塔之列。

（2）按气液流体力学分：

1）穿流塔：如无降液管板式塔。

2）溢流塔：如有降液管板式塔。

3）定向喷射塔：如舌形板塔、S 形泡罩塔。

4）膜式塔：如排管降膜塔、填料塔。

5）乳化塔：如填料乳化塔。

6）卧式塔。

（3）按塔体的材料分：

不锈钢塔、石英塔、碳钢塔、玻璃塔、塑料塔等多种。

6.3.2　筛板塔和填料塔的构造简介

精馏塔虽种类繁多，但在提纯四氯化硅方面常用的只有筛板塔和填料塔两种，而且以筛板塔为多。

6.3.2.1　填料塔

图 6-1 是填料塔的构造简图。从图中可以看出，填料塔主要是由塔釜、塔柱和塔头组成。

塔釜是一个密闭的罐状体，它的功能是承装精馏所需的原料，也就是从合成炉出来的需要精馏的四氯化硅，而且还是加热原料使之蒸发的场所。塔釜里装有加热器，釜壁上设有温度计套管、加料管、残液放出管和液面计，并开有连接口与塔柱相接。

塔柱是一个管状体，上部开有回流口，里面装有填料。填料的作用主要是为了设置障碍，留住下降的液体，让下降液体与上升蒸气充分接触、进行不断地能量交换，使之由热量的不平衡到平衡，从而完成了多次蒸馏。

塔柱是精馏塔的核心，物料由不平衡到平衡螺旋上升的分离过程就发生于此，通俗地讲，塔釜只是为物料提供了足够的能量（热量），使其中沸点较低的物质发生相变（蒸发），完成第一次蒸馏，而后的多次反复蒸馏的分离过程全都是在塔柱中进行的。

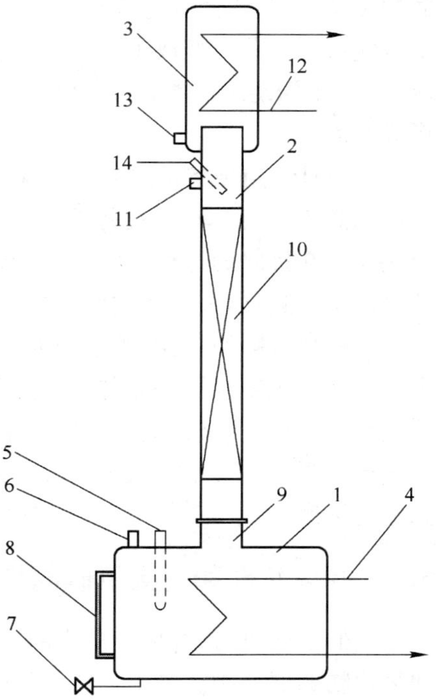

图 6-1 填料塔的构造简图

1—塔釜；2—塔柱；3—塔头；4—加热器；5—温度计套管；6—加料管；7—残液放出管；8—液面计；9—连接口；10—填料；11—回流口；12—水冷管；13—出料口；14—塔头温度计套管

塔头是一个带有水冷管的冷凝器，下部有温度计套管和出料口，它的主要功能是将经过多次反复蒸馏后得到的蒸气重新冷凝为液体。

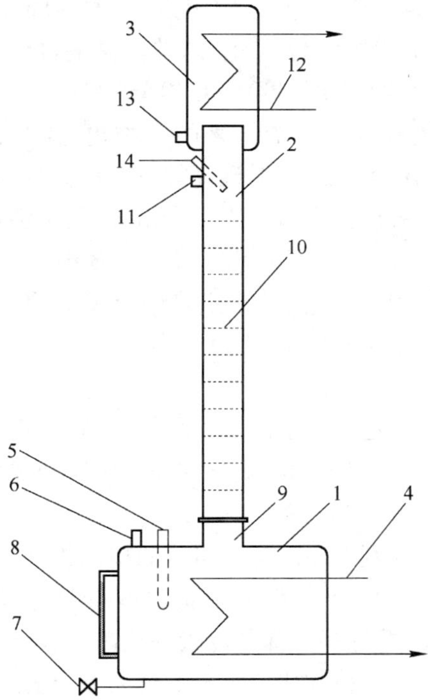

图 6-2 筛板塔的构造简图

1—塔釜；2—塔柱；3—塔头；4—加热器；5—温度计套管；6—加料管；7—残液放出管；8—液面计；9—连接口；10—筛板；11—回流口；12—水冷管；13—出料口；14—塔头温度计套管

6.3.2.2 筛板塔

图 6-2 是筛板塔的构造简图。从图中可以看出，筛板塔也是由塔釜、塔柱和塔头组成。

塔釜和塔头的形状、构造和功能与填料塔相同，只是塔柱的构造与填料塔不同，里面装的不是填料，而是一层层的筛板。

所谓筛板是布满许多小圆孔的板。筛板的作用与填料塔里的填料相同，主要是为了设置障碍，留住下降的液体，让下降液体与上升蒸气充分接触、进行不断地能量交换，使之由热量的不平衡到平衡。

塔柱内被一层层的筛板隔成许多层空间，很像一个直径相同，层高相同的圆形的多层塔楼，只不过，楼板是布满许多小圆孔的筛板。在使用时，塔釜产生的蒸气上升穿过一层层的筛板。这上升的蒸气里大部分是沸点低的物质，但也会有一些沸点稍微高一点的物质因受热不均、碰撞、夹带或处于液体表面的优越位置，或因其他原因而混在其中。蒸气在上升过程中消耗了一些自身的能量（热量），使得部分蒸气变成了液体。这些液体像是空中凝成的雨，下降落在筛板上，在筛板上形成了一个雨水层（液体层），然后再经过小圆孔，一滴一滴地落向下一层筛板，与上升的蒸气形成对流。

在塔柱中凝成的液体绝大部分是那些沸点稍微高一点的物质，但也有些是沸点低的物质混在其中。上升的蒸气穿过小圆孔，在筛板上的雨水层（液体层）中穿过，鼓泡，与液体充分接触。在接触的过程中气液之间进行能量（热量）交换，那些混在液体中的沸点低的物质获得能量（热量），重新蒸发变成蒸气，脱离液面，继续上升，而穿过雨水层（液体层）的蒸气失去部分能量（热量），混在其中的大部分沸点稍微高一点的物质都被凝成为液体。这样一来，上升的蒸气里就少了一大部分沸点稍微高一点的物质，使得自身的纯度得到了提高。换句话说，上升的物质又完成了一次蒸馏提纯。就这样，上升的蒸气每穿过一层筛板，就完成了一次蒸馏提纯。一个塔柱中有多少筛板，上升蒸气的纯度就被提高多少次，最终使其纯度达到使用标准。

6.4　四氯化硅和三氯氢硅的精馏

我们前面讲过，合成炉出来的产物不是单一的四氯化硅或三氯氢硅，而是伴随有很多其他氯化物的混合物。在生产四氯化硅合成炉出来的产物里，这些伴随物的沸点，有比四氯化硅高的，也有比四氯化硅低的，提纯时，我们把它看成为三个组分，其中沸点低的（$SiHCl_3$、SiH_2Cl_2、SiH_3Cl、BCl_3、SiH_4等）为 B 组分，四氯化硅的沸点居中为 A 组分，沸点高的（PCl_3、CCl_4、$AlCl_3$、$SbCl_3$、$FeCl_3$、$InCl_3$、$PbCl_2$、$NiCl_2$、CuCl、$MgCl_2$、AgCl 等）为 C 组分。

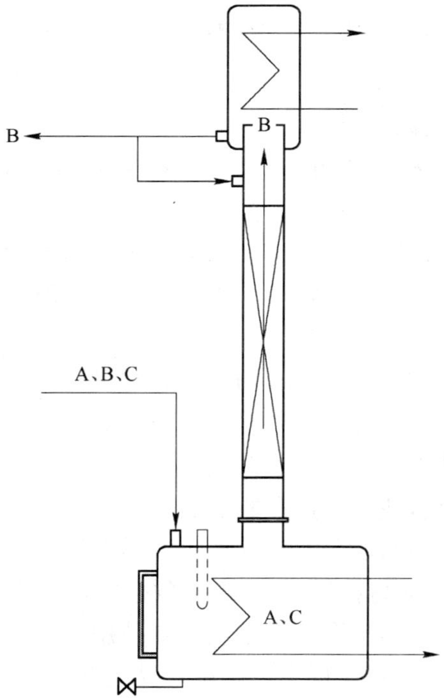

图 6-3　间断法除低沸点示意图

在生产三氯氢硅合成炉出来的产物里，这些伴随物的沸点也同样有比三氯氢硅高的，也有比三氯氢硅低的，提纯时，我们把它看成为三个组分，其中沸点低的（SiH_2Cl_2、SiH_3Cl、BCl_3、SiH_4等）为 B 组分，三氯氢硅的沸点居中为 A 组分，沸点高的（$SiCl_4$、PCl_3、CCl_4、$AlCl_3$、$SbCl_3$、$FeCl_3$、$InCl_3$、$PbCl_2$、$NiCl_2$、CuCl、$MgCl_2$、AgCl 等）为 C 组分。

我们前面介绍过，蒸馏中混合物是由 A、B 双组分组成，而从合成炉出来的四氯化硅和三氯氢硅都是由 A、B、C 三组分组成的。

三组分的精馏基本原理与双组分的精馏相同，也是根据混合物中各组分的沸点和挥发度不同采用液体多次部分汽化，蒸气多次部分冷凝的蒸馏法来分离的，只不过，三组分的精馏比双组分的精馏更为复杂，其方法分间断和连续两种。

6.4.1　间断法

间断法精馏是分两次蒸馏。

第一次蒸馏，如图 6-3 所示，首先把从合成炉出来的由 A、B、C 三组分组成的四氯化硅或三氯氢硅装入精馏塔下部的塔釜里，然后给塔釜加温，开始蒸馏。这时，我们需要先把三组分看成为两组分。三组分怎么来看成两组分呢？其做法就是把三组分中的两个组分合并为一个组分，一般是把 A、C 组分合并为一个组分，我们简称为混合组分，这样一来，原来的三个组分就成了混合和 B 两个组分了。这样就可以按双组分来蒸馏了。首先使塔釜温度升高至 B 组分的沸点以上，这时沸点低于此温度的 B 组分的所有物质就会开始沸腾，并逐渐由液体变为蒸气，上升经过塔柱，进行多次蒸馏提纯后进入塔头。进入塔头的 B 组分蒸气经冷却，凝结为液体，从塔头排出。这样一来，B 组分的物质就分离出来了，塔釜中的四氯化硅或三氯氢硅就只含有 A、C 混合组分了。

值得注意的是，从塔头排出的液体不是全部都取出，还有一部分从回流口进入了塔柱中，重新参加蒸馏提纯。这等于增加了这部分液体的蒸馏次数，对提高产品的质量非常有利。回流液量与馏出液量之比称为回流比。回流比越大，对提高产品的质量越有利。

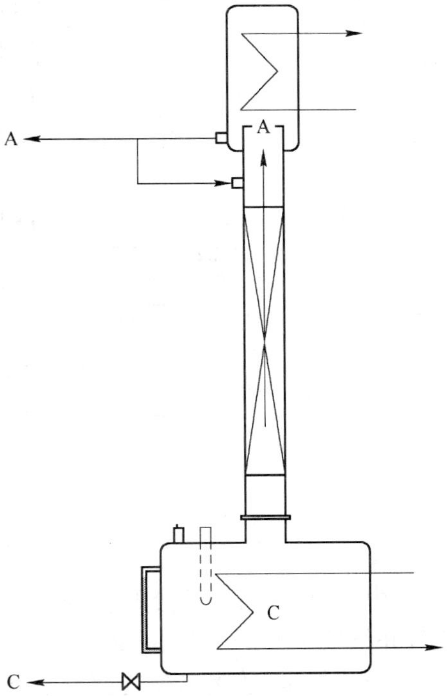

图 6-4　间断法除高沸点示意图

第二次蒸馏，如图 6-4 所示，再继续为塔釜加温，使温度升高至 A 组分的沸点之上。同理，A 组分也会逐渐由液体变为蒸气，并上升脱离开原来的混合物。上升的蒸气经过塔柱，进行多次蒸馏提纯后进入塔头凝结为液体，然后从塔头排出。把从塔头排出的 A 组分收集起来，就得到了所要的四氯化硅或三氯氢硅了。这时塔釜中留下的只有 C 组分了，把塔釜中的 C 组分放掉，再重新加入由 A、B、C 三组分组成的四氯化硅，就可以进行下一轮的蒸馏了。

6.4.2　连续法

连续法精馏也是分两次蒸馏，不同的是，连续法精馏要用两个塔，每个塔负责完成一次蒸馏。连续法所用的两个塔是串联的。如图 6-5 所示，首先把从合成炉出来的由 A、B、C 三组分组成的四氯化硅或三氯氢硅连续不断地装入蒸发器里。蒸发器里有加热器，加热器把温度升高，使液态的四氯化硅或三氯氢硅（由 A、B、C 三组分组成）蒸发，变为气态，并上升，从第一个塔柱的中部充入第一个塔中。该塔柱的中上部温度保持在 A 组分的沸点左右。因为 C 组分的沸点高于塔柱中上部的温度，所以，C 组分在塔柱中逐渐凝结为液体下降落于下层的填料或筛板上，形成液面层或雨水层（液体层）。这些凝结为液体的 C 组分中也混有少量的 A、B 两个组分的物质。物质从气态凝结为液体时要放出潜热。混在 C 组分中凝结为液体 A、B 两个组分的物质在与液体接触中就会获得一部分能量（热量），从而蒸发变为上升的蒸气。而液体会继续下降，落于下层的填料或下一层筛板上。这些下降的液体中还会混有极少部分的 A、B 两个组分的物质。这些 A、B 两个组分的液体同样会在下层的填料或下一层筛板上获得一部分能量（热量），从而蒸发变为上升的蒸气。就这样，下降的 C 组分一步步地被提纯，最终下降进入第一个塔釜，成为废液（高沸点）并连续不断地被排出。

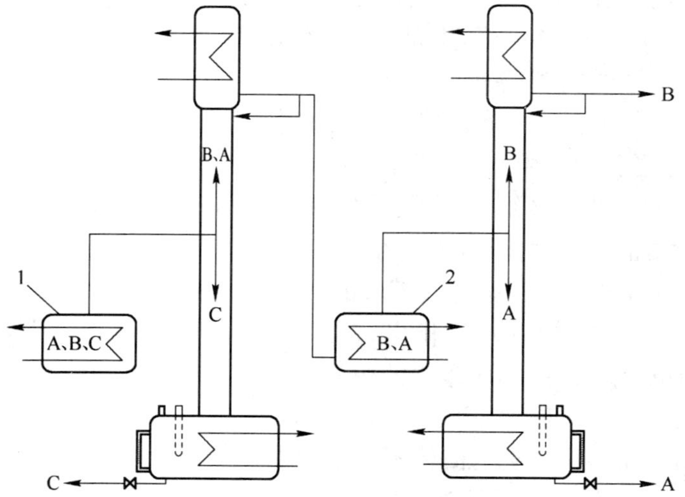

图 6-5　连续法示意图

1—蒸发器；2—再蒸器

由于 A、B 两个组分的沸点都低于塔柱中上部的温度，因此，A、B 两个组分仍然为气态，并继续上升。上升的 A、B 两个组分也混有少量的 C 组分蒸气，在上升过程中消耗了一些自身的能量（热量），使得部分蒸气变成了下降的液体。这些液体像是空中凝成的雨，下降落在填料或筛板上形成了液面层或雨水层（液体层）。然后再顺填料表面或经过筛板上的小圆孔，一滴一滴地落向下一层筛板，与上升的蒸气形成对流。混在 A、B 两个组分中的 C 组分蒸气在与液体接触交换中失去能量（热量），重新凝结变成下降的液体。而填料或筛板上液体中的 A、B 两个组分物质获得能量（热量），重新变成上升的蒸气脱离液面，从而又完成了一次蒸馏。蒸气继续上升，A、B 两个组分的物质再继续完成下一次蒸馏。就这样，使 A、B 两个组分的物质一步步地被提纯。最终被提纯合格后的 A、B 两个组分的蒸气进入塔头凝结为液体，然后从塔头排出。从塔头排出的 A、B 两组分的液体，向下流入再蒸器中。

该液体被再蒸器加热，重新蒸发变为蒸气，并上升从第二个塔柱的中部充入第二个塔中。第二个塔的中上部温度保持在 A 组分的沸点左右。由于 B 组分的沸点低于塔柱中上部的温度，因此，B 组分在第二个塔的中上部仍然为蒸气，并继续上升。上升的蒸气中不仅有 B 组分，而且也含有少量的 A 组分。这上升的蒸气经过塔柱里的填料或一层层筛板的帮助下，完成一次次蒸馏提纯后，进入塔头凝结为液体，该液体为废液（低沸点）并连续不断地从塔头排出。

因 A 组分的沸点高于塔柱中上部的温度，所以，A 组分在塔柱中凝结为下降的液体。这下降的液体，经过塔柱里的填料或一层层筛板的帮助下，完成一次次蒸馏提纯后，下降进入到第二个塔釜中，成为纯度合格的四氯化硅或三氯氢硅，并连续不断地被排出，作为原料送往氢还原工序，供制备多晶硅使用。

6.4.3 回流比的选择与控制

6.4.3.1 回流比的选择

回流比 R 是精馏过程设计和操作的重要参数。回流比 R 直接影响精馏塔的分离能力和系统的能耗，同时也影响设备的结构尺寸，因此，回流比 R 的选择与控制，对于精馏来说，是相当重要的。

所谓回流比 R 是指单位时间内，精馏塔塔头冷凝液返回塔内的量与流出量之比，可用下式表示：

$$R = Q_h / Q_c \tag{6-1}$$

式中 R——回流比；

Q_h——塔头冷凝液的返回量，kg/h；

Q_c——塔头冷凝液的流出量，kg/h。

回流比 R 的大小直接关系到精馏过程的经济性和产品的提纯效果。

当回流比 R 适当增大时，精馏塔的各板分离能力提高。因此，完成相同分离要求，所需的理论板数将会减少。需要的理论板数的减少，可降低塔的高度。因此，当回流比 R 适当提高时，设备费用会减少，但能耗会随之增大，而且操作费用也将迅速增加。另外，回流比 R 越大，产品的提纯效果越好，纯度越高，但产量越小。反之，回流比 R 越小，产品的提纯效果越差，纯度越低，但产量越大。

从上述方面可以看出，回流比 R 的变化对精馏同时存在正、负两方面的影响，因此，回流比 R 存在一个优化的问题。要想获得最优的回流比 R，就需要对精馏提纯的质量、成本、耗能等多方面综合考虑。

最优回流比 R 的选取，通常是先选取最小回流比 R_{min}，然后再根据经验增加几倍，甚至几十倍的经验系数。在多晶硅和石英玻璃生产中，适宜的回流比 R 通常就是根据经验选取的，一般在 10∶1～30∶1 之间。

6.4.3.2 回流比的控制

回流比 R 是通过控制装置实现的。一般常用的控制装置有下面三种：一种是悬锤回流分配器；另一种是计量瓶计量后由阀门控制；再一种是用转子流量计。

在以上三种中，计量瓶计量后由阀门控制回流比 R 最为准确，但设备太原始、太简陋，而且操作麻烦，因此很少被采用；悬锤回流分配器一般是用于小型的塔上；转子流量计控制回流比 R 不仅准确，而且方便调节，但它仅适用于较大的不锈钢塔，因为石英玻璃小塔的馏出液流量很少，无法采用转子流量计计量，除非研制出微型的转子流量计。因此，石英玻璃小塔只可采用悬锤回流分配器来控制回流比。

目前国产的转子流量计有两种刻度值，分别是用 20℃的水和 20℃的空气标定的，所以不能直接用于精馏塔回流比 R 的控制，因此使用前应重新标定或者采用公式来换算。

换算公式为：

$$Q = Q_s \sqrt{\frac{\rho_s(\rho_f - \rho)}{\rho(\rho_f - \rho_s)}} \tag{6-2}$$

式中 Q——被测物（四氯化硅或三氯氢硅）的流量，kg/h；

Q_s——流量计用水标定时的流量值，kg/h；

ρ_s——水的密度，kg/m^3；

ρ_f——浮子材料的密度，kg/m^3；

ρ——被测物的密度，kg/m^3。

由此可得：

对于四氯化硅

$$Q=0.816Q_s \tag{6-3}$$

对于三氯氢硅

$$Q=0.85Q_s \tag{6-4}$$

当采用转子流量计控制回流比时，就可以直接用式 6-3 或式 6-4 来换算所测得的四氯化硅或三氯氢硅的实际流量值。

7　多晶硅的传统制备方法

前面已经介绍多晶硅的传统生产方法有多种，但目前世界上最常见的方法有三种：四氯化硅氢还原法、三氯氢硅氢还原法和硅烷裂解法。三氯氢硅氢还原法是德国西门子公司发明的，因此又被称为西门子法。由于西门子法诞生的时间较早，后来有人又进行了一些新的改良，因此又有人将其称为改良西门子法。其实，改良西门子法还是西门子法，它的主体工艺流程基本没有变，还是利用氢气还原三氯氢硅来生产多晶硅。因此，为简单起见，我们还称它为西门子法。

上述这三种多晶硅的制备方法各有千秋。从制备的难度及投资额的多少来看，四氯化硅氢还原法生产设备最少，最简单，四氯化硅的合成和提纯不需要冷冻系统，普通水冷即可将四氯化硅气体冷凝为液态的四氯化硅，而且无需将工业硅加工成硅粉，只需是合格的硅块就可以了。因此，四氯化硅氢还原法的投资额最少，最容易上马。硅烷沸点太低，为 $-112℃$，要想用精馏法提纯硅烷，不仅要有极深度的制冷机，而且设备也极其复杂。因此，硅烷裂解法的投资额最大，最难。从沉积硅的直接回收率上看，硅烷裂解法最高，几乎是 100%，最低是四氯化硅氢还原法，不足 20%，西门子法高于四氯化硅氢还原法，约为 25%左右。从安全性上看，硅烷最危险，最容易爆炸，三氯氢硅次之，也容易爆炸，四氯化硅最安全，根本就不会发生爆炸。

从上面的介绍可以看出，硅烷裂解法最难，投资额最大，特别是，硅烷本身是易燃易爆物，容易发生剧烈的爆炸，一旦爆炸，将造成不可挽回的经济损失。20 世纪 60、70 年代我国曾有人研究过硅烷裂解法，而且也曾生产出品质很高的多晶硅，但由于事故频繁，损失惨重，最终还是停产下马。目前我国已经很少再有人采用此法来生产多晶硅了。虽然如此，也要清楚硅烷裂解法是具有许多优势的，只要解决好防爆问题，它还是非常有前途的。

当前常采用的是四氯化硅氢还原法和三氯氢硅氢还原法（西门子法），而且这两种方法与多晶硅和石英玻璃的联合制备法密切相关。

四氯化硅氢还原法是以四氯化硅和氢气为原料，在还原炉内发生化学反应来生成多晶硅的方法；三氯氢硅氢还原法是以三氯氢硅和氢气为原料，在还原炉内发生化学反应来生成多晶硅的方法。这两种方法基本相同，不同之处只是，一个是以四氯化硅和氢气为原料，另一个是以三氯氢硅和氢气为原料。

四氯化硅氢还原法和三氯氢硅氢还原法的工艺流程可以共同参考图 7-1。从图 7-1 中可以发现，此工艺流程又可分成四氯化硅或三氯氢硅提纯、氢气净化、还原、尾气回收四大部分。为了清楚起见，下面的介绍也分四部分。

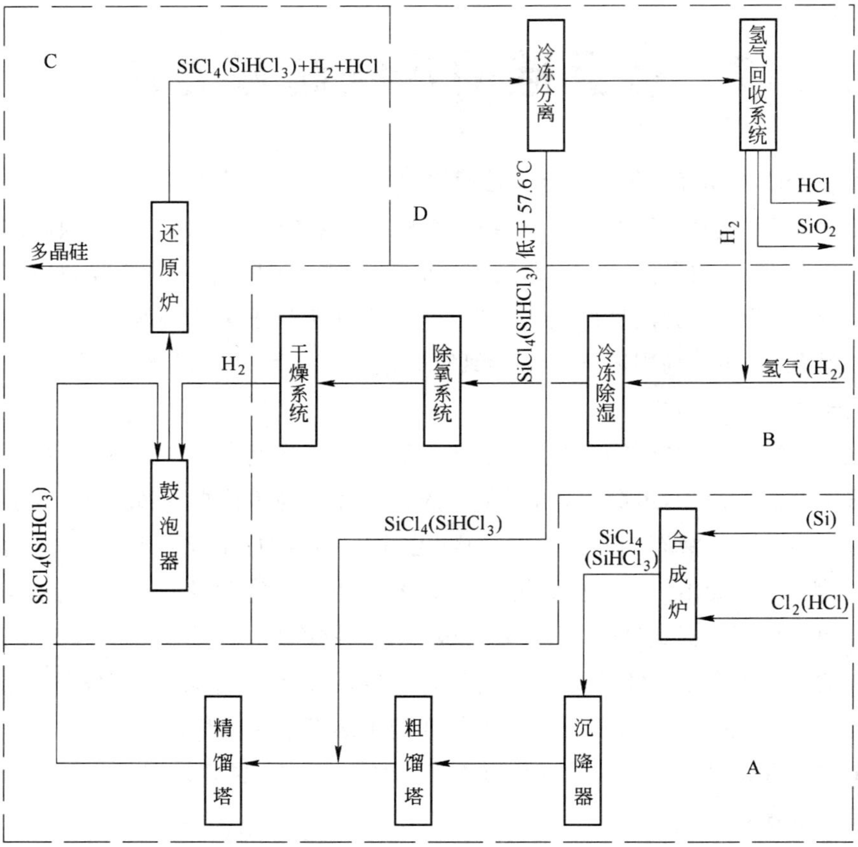

图 7-1　氢还原法的工艺流程简图

A—四氯化硅或三氯氢硅的合成及提纯；B—氢气净化；C—还原；D—尾气回收

7.1　四氯化硅和三氯氢硅的提纯

7.1.1　四氯化硅和三氯氢硅中的伴随物

合成炉出来的产物不是单一的四氯化硅或单一的三氯氢硅，而是伴随有很多其他氯化物的混合物。这些氯化物被称为四氯化硅或三氯氢硅的伴随物，有硅和非硅两类。

7.1.1.1　*四氯化硅和三氯氢硅中的硅伴随物*

四氯化硅和三氯氢硅中硅氯化物的基本特性见表 7-1。

表 7-1　硅氯化物的基本特性

硅氯化物	相对分子质量	熔点/℃	沸点/℃	密度/g·cm⁻³
$SiHCl_3$	135.44	−128.2	31.8	1.33
SiH_2Cl_2	101.02	−122	12	
SiH_3Cl	66.54	−188	−10	1.145
$SiCl_4$	169.22	−70	57.6	1.483
SiH_4	32.09	−185	−122	0.68

四氯化硅和三氯氢硅中的硅氯化物主要有：$SiHCl_3$、SiH_2Cl_2、SiH_3Cl、SiH。一般认为，这些硅氯化物对多晶硅的质量影响不大，因为它们也都是硅，而且都可以在高温下还原或分解成高质量的多晶硅。

7.1.1.2 四氯化硅和三氯氢硅中的非硅伴随物

合成炉生成的四氯化硅和三氯氢硅里除了混有上述硅氯化物组成的伴随物外，还会混有一些非硅氯化物组成的伴随物，如 BCl_3、PCl_3、CCl_4、$SbCl_5$、$POCl_3$、$SnCl_4$、CrO_2Cl_2、$VOCl_3$、$AsCl_3$、$TiCl_4$、PCl_5、$AlCl_3$、$SbCl_3$、$FeCl_3$、$InCl_3$、$ZnCl_2$、$PbCl_2$、$NiCl_2$、CuCl、$MgCl_2$、AgCl 等。

上述这些伴随物都是四氯化硅和三氯氢硅的杂质，都会直接影响四氯化硅和三氯氢硅的质量。前面讲过，四氯化硅和三氯氢硅质量的优劣，很大程度上取决于它的纯度。合成的四氯化硅和三氯氢硅，是一个多成分的混合物，是不能直接用于电子工业的，需要进一步精制提纯，将杂质除去后才可使用。

四氯化硅和三氯氢硅中非硅氯化物的基本特性见表 7-2。

表 7-2 非硅氯化物的基本特性

非硅氯化物	相对分子质量	熔点/℃	沸点/℃	密度/g·cm^{-3}
BCl_3	117.2	−107	12.5	1.43
PCl_3	137.4	−91	75.5	1.57
CCl_4	153.8	−23	77	1.59
$SbCl_5$	299.1	2.8	92	2.33
$POCl_3$	153.4		105.3	
$SnCl_4$	260.5		113	
CrO_2Cl_2	154.9		116.7	
$VOCl_3$	173.3		127	
$AsCl_3$	181.3	−18	130.2	2.16
$TiCl_4$	189.7		136	
PCl_5	208.3		160	
$AlCl_3$	133.7	192.5	182	2.44
$SbCl_3$	228.1	73.4	223	3.14
$FeCl_3$	162.2	282	315	2.80
$InCl_3$	185.7	235	560	3.66
$ZnCl_2$	136.34		732.4	
$PbCl_2$	278.1	501	954	5.85
$NiCl_2$	129.6	1001	973(升华)	3.55
CuCl	99.0	422	1366	3.53
$MgCl_2$	95.2		1418	
AgCl	143.3	455	1550	5.56

7.1.2 四氯化硅和三氯氢硅的提纯

四氯化硅和三氯氢硅的纯度对多晶硅质量至关重要，要想生产出高质量的多晶硅，就必须首先搞好四氯化硅和三氯氢硅的提纯。

在多晶硅的传统生产中，四氯化硅和三氯氢硅的提纯一般都是采用单一的精馏法（简称精馏法）。精馏法的组合也不一样，常见的组合有如下几种：

7.1.2.1 间断加连续精馏法

仅靠一组间断法的单塔或连续法的双塔的蒸馏，还是很难使四氯化硅和三氯氢硅的纯度达到六个“9”以上的。要想使四氯化硅和三氯氢硅的纯度达到六个“9”以上，就必须经过一个完整的提纯系统提纯。不管是一组间断法的单塔，还是一组连续法的双塔都不是完整的提纯系统。见图7-1中的A，完整的提纯系统应该是由沉降器、粗馏塔和精馏塔三个主要部分组成。一般合成炉出来的四氯化硅和三氯氢硅纯度很低，要经过沉降器沉降，将四氯化硅和三氯氢硅中的大部分高沸点物和混入其中的固态污物除去，使四氯化硅和三氯氢硅的纯度达到一至两个“9”。

经沉降器沉降除污后的四氯化硅和三氯氢硅先经粗馏塔蒸馏提纯，除去所含的大部分杂质，一般应该使四氯化硅和三氯氢硅的纯度达到三至四个“9”以上，争取达到五个“9”。

粗馏后的四氯化硅和三氯氢硅再送入精馏塔，只有经过精馏塔的蒸馏提纯，才有可能使四氯化硅和三氯氢硅的纯度达到六个“9”以上。

粗馏塔和精馏塔基本相似，蒸馏方法可以是间断法，也可以是连续法。其粗馏塔的构造可以是填料塔，也可以是筛板塔；组合方式可以是单塔，也可以是双塔，这要根据四氯化硅和三氯氢硅所需提纯的纯度而定。

所谓间断加连续精馏法（见图7-2），就是将由沉降器送来的四氯化硅和三氯氢硅先采用间断蒸馏法进行一遍提纯（也被称为粗馏），所得的料再送连续精馏系统蒸馏提纯一遍（被称为精馏），最后获得纯度合格的四氯化硅或三氯氢硅精馏料。

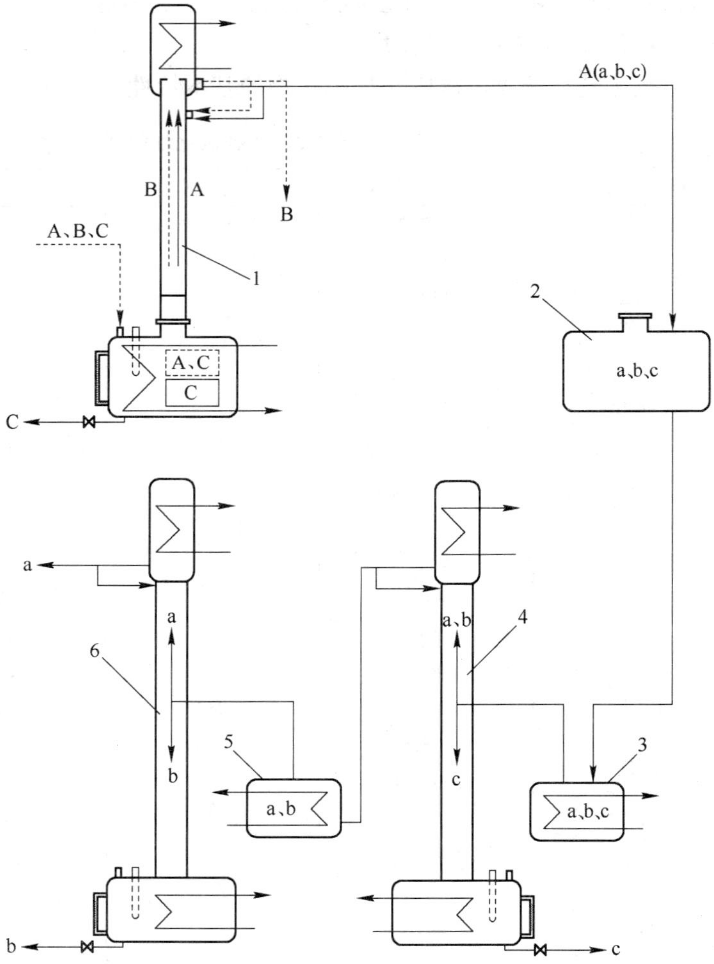

图7-2 间断加连续法示意图

1—粗馏塔；2—储料罐；3—蒸发器；4—前精馏塔；5—再蒸器；6—后精馏塔

A—合成料中的粗馏料；B—合成料中的低沸点物；C—合成料中的高沸点物

a—精馏料；b—粗馏料中的低沸点物；c—粗馏料中的高沸点物

----间断法精馏的第一次蒸馏（去除低沸点物）路线；

——间断法精馏的第二次蒸馏（去除高沸点物）路线和连续法精馏的蒸馏路线

7.1.2.2 间断加间断精馏法

所谓间断加间断精馏法（见图7-3），就是把由沉降器送来的四氯化硅或三氯氢硅先采用间断蒸馏法进行一遍提纯（也被称为粗馏），所得之料再采用间断蒸馏法进行一遍提纯（被称为精馏），最后就可获得纯度合格的四氯化硅或三氯氢硅精馏料。

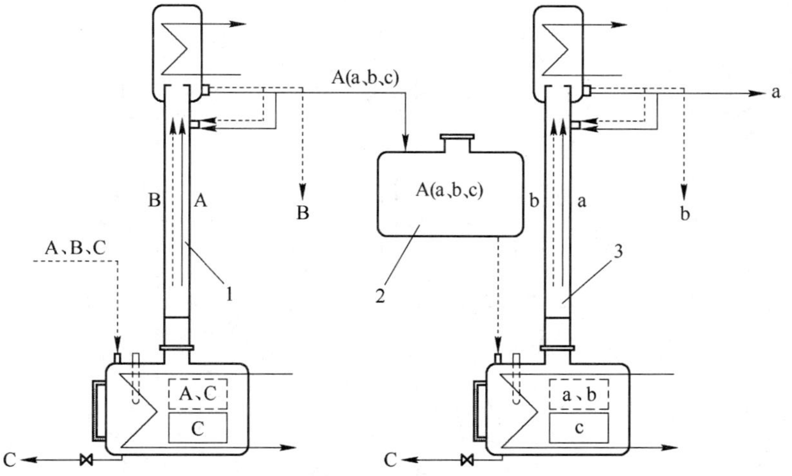

图7-3 间断加间断法示意图

1—粗馏塔；2—储料罐；3—精馏塔

A—合成料中的粗馏料；B—合成料中的低沸点物；C—合成料中的高沸点物

a—精馏料；b—粗馏料中的低沸点物；c—粗馏料中的高沸点物

----间断法精馏第一次蒸馏（去除低沸点物）路线；

——间断法精馏第二次蒸馏（去除高沸点物）路线和连续法精馏的蒸馏路线

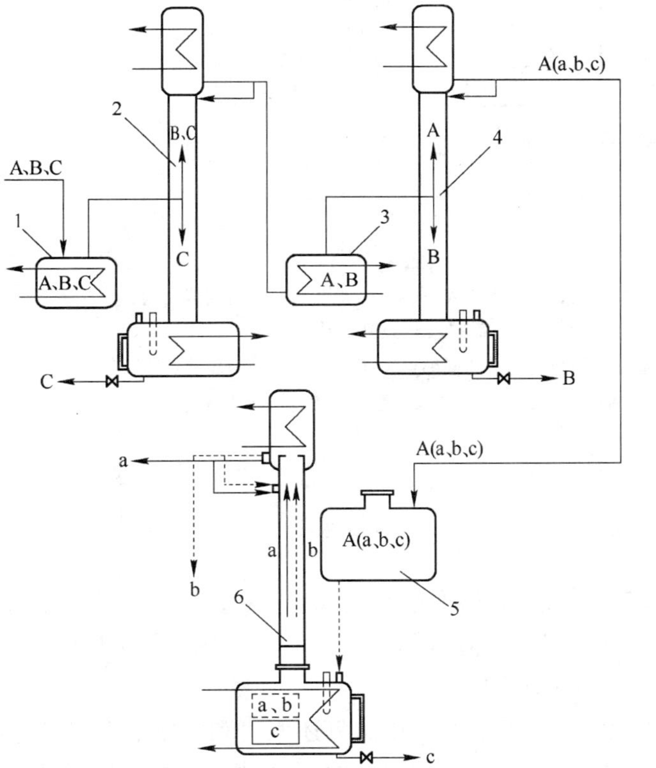

图7-4 连续加间断法示意图

1—蒸发器；2—前粗馏塔；3—再蒸器；4—后粗馏塔；5—储料罐；6—精馏塔

A—合成料中的粗馏料；B—合成料中的低沸点物；C—合成料中的高沸点物

a—精馏料；b—粗馏料中的低沸点物；c—粗馏料中的高沸点物

----间断法精馏的第一次蒸馏（去除低沸点物）路线；

——间断法精馏的第二次蒸馏（去除高沸点物）路线和连续法精馏的蒸馏路线

7.1.2.3 连续加间断精馏法

所谓连续加间断精馏法（见图7-4），就是将由沉降器送来的四氯化硅和三氯氢硅先采用连续蒸馏法进行一遍提纯（也被称为粗馏），所得的料再送间断精馏系统蒸馏提纯一遍（被称为精馏），最后获得纯度合格的四氯化硅或三氯氢硅精馏料。

7.1.2.4 连续加连续精馏法

所谓连续加连续精馏法（见图7-5），就是由沉降器送来的四氯化硅和三氯氢硅先送连续蒸馏系统进行一遍提纯（也被称为粗馏），所得之料再送下一连续精馏系统再蒸馏提纯一遍（被称为精馏），最后就可获得纯度合格的四氯化硅或三氯氢硅精馏料。

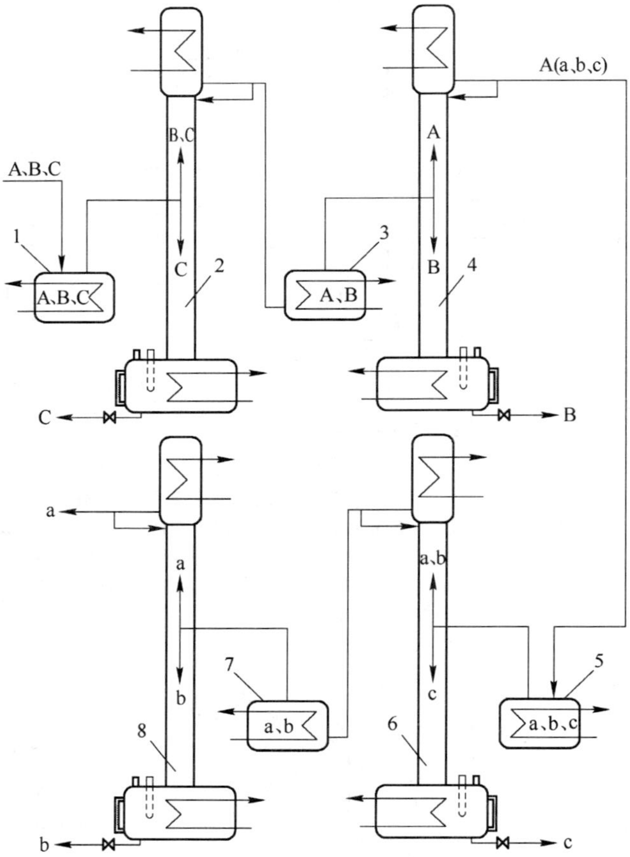

图 7-5　连续加连续法示意图

1—粗馏蒸发器；2—前粗馏塔；3—粗馏再蒸器；4—后粗馏塔；5—精馏蒸发器；
6—前精馏塔；7—精馏蒸发器；8—后精馏塔
A—合成料中的粗馏料；B—合成料中的低沸点物；C—合成料中的高沸点物
a—精馏料；b—粗馏料中的低沸点物；c—粗馏料中的高沸点物

7.2　氢气净化

图 7-1 的 B 为氢气净化部分。

由于在四氯化硅氢还原法和三氯氢硅氢还原法（西门子法）中氢气是参加还原的原料，所以氢气纯度将直接关系到多晶硅的质量。因此，作为还原所用氢气，对其纯度要求很高。其露点温度要低于 −50℃，含氧量要少于 $5\times10^{-4}\%$。

前面介绍过，氢气的制备方法很多，但用于四氯化硅氢还原法和三氯氢硅氢还原法（西门子法）制备多晶硅所用的氢气大多是由电解水制备的。这种方法制得的氢气最纯，其纯度可达 99.9%。虽然如此，电解水制备的氢气的纯度还不能满足还原的需要，还要经过净化处理，达到使用标准才可使用。

在图 7-1 中可以看出，氢气净化包括冷冻除湿、除氧和干燥。下面就来简单介绍氢气的净化工序。

7.2.1 氢气的冷冻除湿

氢气的冷冻除湿系统见图 7-6,主要是由列管冷凝器和旋风分离器组成。

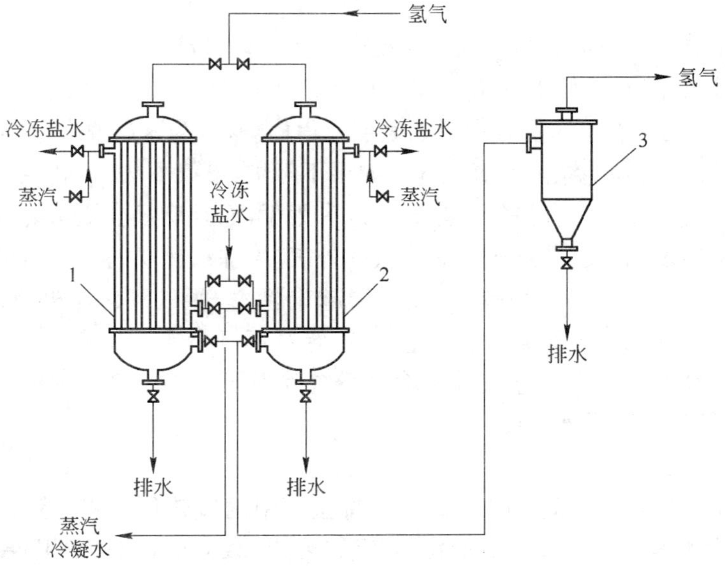

图 7-6 氢气的冷冻除湿系统简图
1—第一列管冷凝器;2—第二列管冷凝器;3—旋风分离器

列管冷凝器有两个物料通道,一个通道是从下面进入,先进入下封头腔,然后经过列管内部进入上封头腔内,再从上封头腔出去,为叙述方便,把这条通道简称为内通道;另一个通道是从上下封头腔之间的筒身外壳的下部进入列管外部空腔,然后向上从筒身外壳的上部出去,这条通道简称为外通道。

使用时,首先向外通道里不断地通入 -5～10℃左右的冷冻盐水,将列管的温度降下来,然后再从上面向一个列管冷凝器的内通道通入氢气。氢气在列管里被降温,同时氢气里的大部分的水分被凝结为水雾。凝结的水雾与冰凉的列管接触后继续被降温,降温后的水雾在列管壁上冻结为冰或凝为水滴降落到位于下部的下封头腔内。当下封头腔内的凝结水渐多时,下封头腔最下面的排水阀自动打开排除凝结水。氢气顺列管继续下降进入下封头腔内,再从下封头腔的侧面出去,再进入旋风分离器。

在列管冷凝器里,氢气中的水分不断地被冻结在列管的内壁上,使得列管内壁上的冰越长越大,越来越多。这些冰慢慢地侵占列管内的空间,使列管内的过流空间越来越小,最终堵塞列管,使氢气无法通过。为防止结冰堵塞列管,冷冻除湿系统有两个列管冷凝器(第一列管冷凝器和第二列管冷凝器)。两个列管冷凝器之间并联,使用时靠阀门控制,一个使用,另一个化冰。列管冷凝器的化冰是靠蒸汽。化冰时,往外通道里不断地通入蒸汽,蒸汽在外通道里遇冷,不断地凝结成水,并不断地放出大量的热。列管内的冰受热,渐渐地融化为水,向下落入下封头腔内,然后再从下封头腔最下面的排水口排出。

氢气在列管里被降温,氢气中所含的大部分的水分被凝结为水雾,并在列管壁上冻结为冰或凝为水滴降落到位于下部的下封头腔内。但也还有一部分水雾或水滴没有机会被冻结为冰,也没能降落到位于下部的下封头腔内,而被氢气带出了列管冷凝器。因此,进入旋风分离器里的氢气里还含有水雾或水滴。氢气里的这些水雾或水滴在旋风分离器里被除去，使氢气完成了冷冻除湿。

7.2.2 氢气的除氧

氧是氢气中有害的杂质。当参加还原反应的氢气含氧量大于 $1\times10^{-3}\%$时，还原沉积的多晶硅就容易被氧化，在硅棒上形成一层发白色的表层（氧化层），因此，合格的氢气含氧量要少于 $0.5\times10^{-3}\%$。有了这层发白色的表层就得停炉，因为这层发白色的表层不是具有半导体性质的多晶硅，而是绝缘体的氧化硅。如果不停炉，继续下去，氧化层会越来越厚，即使再通入合格的氢气还原出了合格的多晶硅也没有用了，而且麻烦会更大。其原因很简单，因为再还原出合格的多晶硅也是沉积在氧化层的外表，去除氧化层时，氧化层外表沉积物也将被一同除去。氧化层外表沉积物越多，氧化层越难除去，所以氧化层外表沉积的多晶硅越多，麻烦会越大。因此，氢气除氧是非常重要的，绝对不可小视。

氢气完成了冷冻除湿后就应该进入除氧系统除氧了。如图 7-7 所示，除氧系统主要由除毒器、除氧器及列管冷凝器组成。

7.2.2.1 除氧

氢气除氧器里装有除氧剂。除氧剂可以将氢气中的氧转化成水，然后再将水除去。主要的除氧剂有：活性铜、钯石棉、105 催化剂、镍铬触媒、载铂催化剂、钯黑催化剂、海绵钛、钯锆石和钯铝石等多种，但最常见的是活性铜。下面就对活性铜作一简单介绍。

用于氢气净化的活性铜，是一种红棕色短圆柱固体或固体粉末。它是由碱式碳酸铜与硅藻土及膨润土共同构成，碱式碳酸铜黏附在硅藻土的表面。上述的三种物质各有其用：硅藻土起成型作用；膨润土为黏合剂；碱式碳酸铜起除氧作用。硅藻土成型后，其自身有许多微孔。这些微孔的表面也黏附了碱式碳酸铜。这些微孔加大了硅藻土表面积，同时也加大了碱式碳酸铜的表面积。使之与氢气中氧的接触机会增多，接触机会多了，除氧的效果就会更好。

活性铜是怎样去氧的呢？

活性铜中的碱式碳酸铜特别容易氧化，尤其是在 270℃以上的温度下，反应更为激烈。在 270℃以上的温度下，当含氧的氢气与活性铜接触时，活性铜迅速被氧化，其反应方程式为：

$$2Cu + O_2 = 2CuO$$

或

$$4Cu + O_2 = 2Cu_2O$$

$$2Cu_2O + O_2 = 4CuO$$

被氧化了的活性铜在氢气气氛中，很快就与氢气发生反应生成了水，又被还原成活性铜，其反应方程式为：

$$CuO + H_2 = Cu + H_2O$$

或

$$2CuO + H_2 = Cu_2O + H_2O$$

就这样，含氧的氢气经活性铜作用，使氢气中的氧被转化为水，然后在后面的干燥系统被去掉，完成了除氧。

7.2.2.2 除毒

活性铜除氧效果显著，但它也有被硫化物、砷化物、氯化物中毒的弱点。活性铜中毒后，性能急剧下降，以致失效，而使用得当，则可以长期反复进行工作。因此，在使用活性铜除氧时，应在除氧前面加装除硫化物、砷化物、氯化物的净化剂，避免活性铜中毒。常见的净化剂是活性炭。装有净化剂的器具称除毒器。

活性炭是一种吸附剂，它可吸附氢气中的水和其他杂质，如硫化物、砷化物、氯化物等。

活性炭使用中需要活化。所谓的活性炭就是炭经过活性活化制成的。活性炭制备的重要问题是炭化温度，最好不超过 700℃，温度再高不易、甚至不能活化。在制备与使用过程中，总有一些杂质、油质被吸入炭微孔中，不仅占据了吸附表面，还可以使孔径堵塞，从而失去吸附作用，因此需要活化与再生。活化与再生可用高温下通入空气(蒸汽、氯气)，其目的是利用这些气体将杂质除去而露出干净的表面及微孔。活化与再生时应严格控制其活化条件：温度、时间、活化气体用量及活化气体的流速。

7.2.2.3 降温

利用活性铜除氧需要 270℃以上的高温，也就是说，从除氧器出来的是高温氢气。在氢气的整个净化流程中，除氧之后是干燥。干燥剂需要在常温或低温下工作。如果从除氧器出来的高温氢气直接送入干燥器，干燥剂就无法正常工作，为此，从除氧器出来的高温氢气先进入列管冷凝器中降温，之后再送入干燥器进行干燥处理。

7.2.2.4 完整的氢气除氧系统

如图 7-7 所示，一个完整的氢气除氧系统是由除毒器、除氧器及列管冷凝器组成。使用

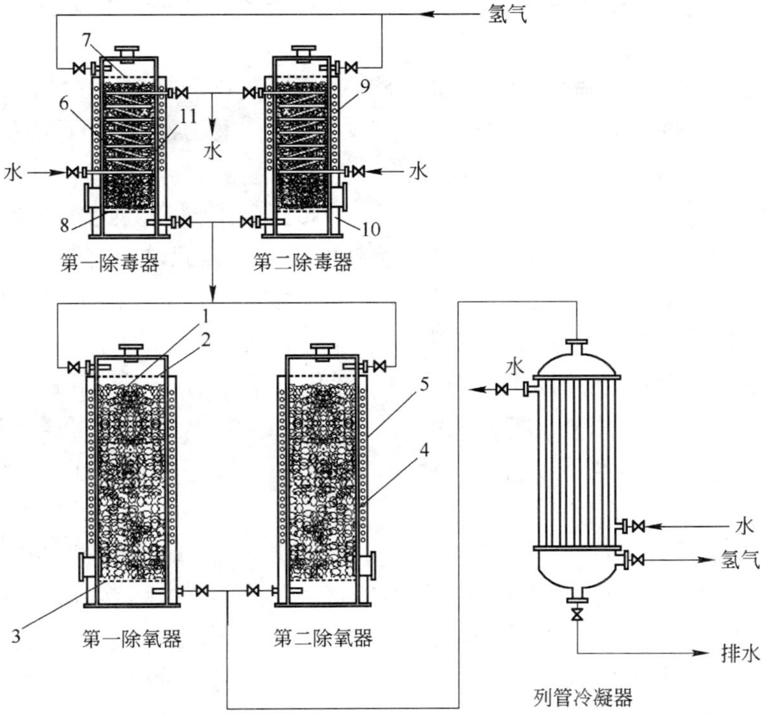

图 7-7 氢气的除氧简图

1—除氧剂；2—上筛板；3—下筛板；4—加热器；5—保温层；6—上筛板；7—活性炭；8—下筛板；9—加热器；10—保温层；11—水冷盘管

时，含有微量氧的氢气从上部进入一个除毒器内。该除毒器内装的是活化好的活性炭，含有微量氧的氢气充分地与活性炭接触，氢气中的许多杂质，特别是硫、砷、氯等一些有毒物质被活性炭吸附。氢气经过活性炭的吸附，脱掉有毒物质后从除毒器的下部出来。然后从上部进入一个除氧器内。进入除氧器的氢气在270℃以上的高温环境中与活性铜充分接触，氢气中的氧被转化为了水。除氧后的氢气从除氧器的下部出来后被送入列管冷凝器中降温。至此，氢气完成了除氧，接下来就是干燥了。

氢气除氧系统中有两个互为并联的除毒器。使用时，一个除毒，另一个活化再生。活化再生时靠加热器9供热，活化再生后靠水冷盘管11中的水冷却降温。

氢气除氧系统中的除氧器也是两个，而且也是互为并联，使用时同样也是一个使用，另一个备用。

7.2.3　氢气的干燥

氢气除完氧后就应该进入干燥器干燥了。氢气的干燥剂有多种，但常用的是硅胶和分子筛。下面介绍的氢气干燥系统就是由硅胶干燥器、分子筛干燥器及加热炉共同组成。

7.2.3.1　硅胶的性质

硅胶是一种具有许多微孔的物质，有很高的吸附能力，它的主要成分是SiO_2，其分子式可用$SiO_2 \cdot nH_2O$表示。硅胶的制备是将硫酸或盐酸与硅酸钠（水玻璃）起作用，使混合物凝结成水化胶，再用水洗净，在110～120℃时干燥脱水而得。硅胶多为不定型颗粒物，它的外表酷似一些浅蓝色的半透明玻璃渣。

硅胶最大的用途是吸附水汽。氢气净化就是利用硅胶的这一特性除去水分达到干燥的目的。

新的硅胶与大气接触，吸附了空气中的水分，处于吸附饱和状态，失去了吸附能力，所以在第一次使用前需要进行活化再生，即加热至300℃左右，采用抽真空的方法或用干净的热空气赶除其中的水分和其他杂质，使其重新获得吸附的能力。

硅胶是在常温下使用的，使用一段时间之后，会接近吸附饱和。此时硅胶的吸附能力会下降，氢气的露点温度会上升，从而会影响多晶硅的质量。因此，硅胶使用一段时间之后也要进行活化再生。活化再生的方法可以同上，采用抽真空的方法或用干净的热空气赶除其中的水分和其他杂质。但因干燥系统使用中，系统里充满氢气，不能直接通入空气，如果通入空气会发生爆炸。为此，在采用干净的热空气活化再生之前必须先用氮气把系统中的氢气除净，活化再生之后还要用氮气把系统中的空气完全置换掉，然后才可通入氢气使用。为了避免用氮气置换的麻烦，也可以直接采用氢气来再生。图7-8中的氢气干燥系统就是采用氢气再生的。

7.2.3.2　分子筛的性质

分子筛是一种人工合成的泡沸石，这种泡沸石内部有大量的水，当加热到一定温度脱除其中的水分后，其晶体结构仍保持不变，同时形成许多与外部相通的均一微孔，比微孔小的分子可以进入孔内通道，从而使某些大小不同的物质分开，起到筛分分子的作用。

分子筛按其表面积大小可分成为A型（表面积为$800m^2/g$）和X型（表面积为$1000m^2/g$）等。按其孔径又可分为3A、4A、5A等许多种类，通常选用5A分子筛作为氢气净化的干燥剂。

5A 分子筛在第一次使用前和使用中也需要进行活化再生，其活化再生的方法同硅胶，即加热至 300℃左右，用干净的热空气赶除其中的水分和其他杂质（通入空气之前必须先用氮气把系统中的氢气赶净）。除此之外，也可以直接采用氢气来再生。

7.2.3.3 完整的氢气干燥系统

一个完整的氢气干燥系统是由硅胶干燥器和分子筛干燥器，以及加热炉组成。如图 7-8 所示，此氢气干燥系统分为两组：第一组由硅胶干燥器 1、第一分子筛干燥器 2 和第二分子筛干燥器 3 组成；第二组由硅胶干燥器 4、第一分子筛干燥器 5 和第二分子筛干燥器 6 组成。两组互为并联，使用时，一组干燥，另一组活化再生。在该系统中，每一台加热炉负责两台干燥器的活化再生加热：加热炉 7 负责硅胶干燥器 1 和硅胶干燥器 4 的活化再生加热；加热炉 8 负责分子筛干燥器 2 和分子筛干燥器 5 的活化再生加热；加热炉 9 负责分子筛干燥器 3 和分子筛干燥器 6 的活化再生加热。

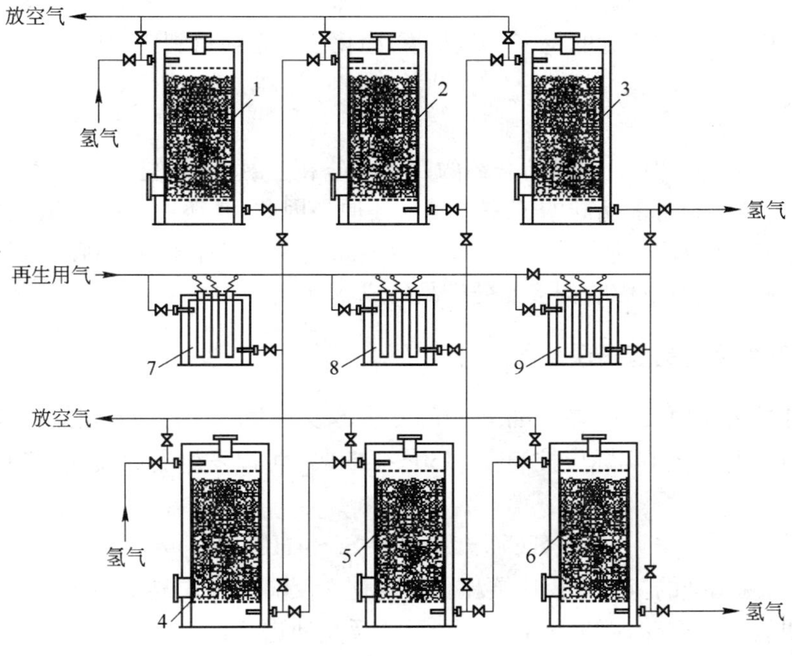

图 7-8 氢气的干燥简图

使用时，氢气先进入上部一个硅胶干燥器里，与硅胶充分接触后，从硅胶干燥器的下部出来。氢气经过与硅胶的充分接触，氢气中的一些水分及其他杂质被硅胶吸附，留在硅胶里。从硅胶干燥器下部出来的氢气再从上部进入第一分子筛干燥器里，与分子筛充分接触后，从分子筛干燥器的下部出来。从该硅胶干燥器下部出来的氢气再一次向上，进入第二分子筛干燥器里，从上向下穿过分子筛，与分子筛充分接触后，从第二分子筛干燥器的下部出来。此时氢气因经分子筛吸附，得到了充分的干燥，已符合使用标准，可以送还原使用了。

活化再生时，先用阀门将需要活化再生的硅胶干燥器、第一分子筛干燥器和第二分子筛干燥器分开，使之互不相通，之后再分别用阀门与各自的加热炉连通，并为加热炉送电加热，同时将活化再生用的氢气从上方送入加热炉（如果再生用气是空气的话，就必须先用氮气将氢气赶净之后再往加热炉中送活化再生用的空气)。空气在加热炉里加热至300℃左右后,从加热炉的下部出来,之后再顺管道从下面进入干燥器。300℃左右的高温气在干燥器里与硅胶或分子筛充分接触,将硅胶或分子筛中吸附的水分和其他杂质赶出,并带走,使硅胶或分子筛重新获得吸附的能力。活化再生完,关断与加热炉连接的阀门,再打开各干燥器之间连接管道上的阀门,让硅胶干燥器、第一分子筛干燥器和第二分子筛干燥器重新恢复串联状态,同时从第二分子筛干燥器下部通入常温氢气帮助系统降温,以备使用。

7.2.4　氢气的钯管(膜)净化法

钯管(膜)净化是氢气净化的一种先进新方法。这种净化设备中除钯合金管(膜)之外,不用任何其他试剂,而且结构极其简单,体积特别小。别看设备简单又小,净化效果却特别好,其净化后的氢气纯度可达八个“9”以上,露点温度可低至-80℃以下。

钯管(膜)净化法好,但钯管(膜)的材料昂贵,而且稀少难得,所以至今该法还没有得到广泛应用。可以相信,在不远的将来,钯管(膜)净化法一定会得到广泛应用的。

7.3　氢还原

氢还原部分见图7-1C。前面所介绍的四氯化硅和三氯氢硅的提纯、氢气净化都是为氢还原做准备的,真正制备多晶硅的工序还是氢还原。因此,氢还原才是四氯化硅氢还原法、三氯氢硅氢还原法(西门子法)的核心工序。氢还原工序的好坏不仅直接关系到多晶硅产品的质量、产量,而且还可以影响到多晶硅产品的成本。

7.3.1　四氯化硅的氢还原

四氯化硅的氢还原反应是在还原炉中的发热体表面上进行的。当四氯化硅和氢气的混合气体在1000℃以上时(实际应控制在1150～1250℃)可以发生还原反应,其基本反应方程式为:

$$SiCl_4 + 2H_2 = Si + 4HCl \tag{7-1}$$

实际上,四氯化硅的氢还原反应要比上面的化学反应方程式复杂得多。一般认为,氢不能直接还原四氯化硅成硅,而是经下面两个反应反复地进行:

$$SiCl_4 + H_2 = SiCl_2 + 2HCl \tag{7-2}$$

$$2SiCl_2 = Si + SiCl_4 \tag{7-3}$$

还会产生如下的化学反应:

$$SiCl_2 + H_2 = Si + 2HCl \tag{7-4}$$

而且,在氢气过量的情况下,反应式7-4要比反应式7-3反应易于进行。

从反应后生成的尾气中,证实有三氯氢硅的存在,因此,四氯化硅的氢还原反应中,还可发生如下的化学反应:

$$SiCl_4 + H_2 = SiHCl_3 + HCl \tag{7-5}$$

$$SiCl_2 + HCl = SiHCl_3 \tag{7-6}$$

有三氯氢硅的存在,就会有三氯氢硅的氢还原反应,其反应方程式见下面所介绍的三氯氢硅的氢还原。

在相同的条件下,四氯化硅氢还原反应的尾气循环使用时,其反应速度显快,这与三氯氢硅的存在可能有关系。

以上反应都是可逆的，而且还原后的多晶硅也能与氯化氢等作用，其反应方程式为：

$$Si + 3HCl = SiHCl_3 + H_2 \tag{7-7}$$

此外，在四氯化硅的氢还原反应中，硅与四氯化硅或反应中某些生成物接触时，还可能发生一些反应，生成高氯硅烷一类的化合物。尤其是在反应温度较低和氢气量不足的情况下，这一类副产物可能更容易形成。因此，在氢还原反应过程中，应该严格控制反应条件，尽可能避免副反应发生，使四氯化硅的氢还原反应占优势，让反应向有利于生产多晶硅方面进行。

7.3.2 三氯氢硅的氢还原

三氯氢硅的氢还原反应也是在还原炉中的发热体表面上进行的。当三氯氢硅和氢气的混合气体在900℃以上时（实际应控制在1050～1150℃）可以发生还原反应，其基本反应方程式为：

$$SiHCl_3 + H_2 = Si + 3HCl \tag{7-8}$$

但实际上，三氯氢硅的氢还原反应也比上面的化学反应方程式复杂得多。在三氯氢硅的氢还原反应过程中，同时还发生三氯氢硅的热分解，其反应方程式为：

$$5SiHCl_3 = 5Si + 3HCl + H_2 \tag{7-9}$$

当氢气充足时，多半产生反应式7-8，氢气不充足时，以反应式7-9为主。

除上述反应外，同时三氯氢硅还会有产生四氯化硅的热分解反应，其反应方程式为：

$$4SiHCl_3 = Si + 3SiCl_4 + 2H_2 \tag{7-10}$$

而且，分解的产物四氯化硅还会发生四氯化硅的氢还原反应，其反应同方程式7-1的反应。

此外还会产生许多副反应和不均化反应，其反应极为复杂。

7.3.3 四氯化硅和三氯氢硅氢还原的工艺流程

四氯化硅或三氯氢硅氢还原的工艺流程参见图7-9，将经过粗馏和精馏提纯，达到六个“9”以上纯度的四氯化硅或三氯氢硅料通入鼓泡器中，并通过流量计及液面计控制好鼓泡器内四氯化硅或三氯氢硅料的液面高度；再将经过冷冻除湿、除氧、干燥处理过并达到标准的氢气通入鼓泡器鼓泡，并通过流量计控制好氢气流量，该路氢气被称为主路氢气。

氢气通过在鼓泡器里鼓泡，而混进了四氯化硅或三氯氢硅，使本来纯净的氢气成了氢气和四氯化硅或氢气和三氯氢硅的混合物。这混合物被称为还原料。还原料通过进气管被送进还原炉。还原料在还原炉里与载体（发热体）接触，被加热。氢气和四氯化硅被加热的温度为1150～1250℃的高温，氢气和三氯氢硅被加热的温度为1050～1150℃的高温。在上述高温环境中，氢气和四氯化硅或氢气和三氯氢硅组成的还原料，在载体（发热体）的表面上发生氢还原反应，并生成了多晶硅。生成的硅（多晶硅）就沉积在载体（发热体）的表面上。随着时间的推进，载体（发热体）的表面上沉积的多晶硅越来越多，载体（发热体）的直径也越来越大。当载体（发热体）的直径大到一定程度，就可以停电降温，然后出炉了。载体（发热体）表面上沉积的多晶硅经过处理、包装后就成了成品的多晶硅。

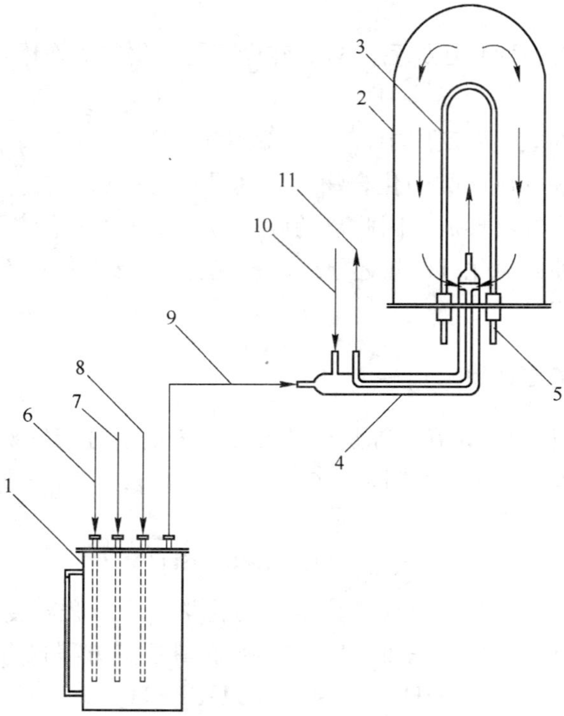

图 7-9　四氯化硅或三氯氢硅氢还原简图

1—鼓泡器；2—还原炉；3—载体（发热体）；4—进气管；5—电极；6—四氯化硅或三氯氢硅氢料；
7—主路氢气；8—回收料；9—氢气和四氯化硅或氢气和三氯氢硅的混合物（还原料）；
10—旁路氢气；11—尾气

7.4　尾气回收

尾气回收部分见图 7-1D。为了确保多晶硅的质量，也为了让氢还原反应占优势，促使反应向有利于生产多晶硅方面进行，需要向还原炉内通入过量的还原料，特别是氢气。这样一来，进入还原炉的还原料一部分参加反应，生成了多晶硅；另一部分被当作尾气放了出来。参加反应的只有少数，而绝大多数没有参加反应，都被当作了尾气。

最初，这些尾气被当成废气放掉了。我们知道，这些尾气里有大量纯净的氢气、四氯化硅、三氯氢硅。获得这样多高质量的氢气、四氯化硅、三氯氢硅是需要付出很大代价的，这是极大的浪费。

为避免浪费，人们把还原尾气接入冷冻分离器和氢气回收系统，将尾气中的氢气、四氯化硅、三氯氢硅回收，经净化提纯后再利用。

下面就来简单介绍一下冷冻分离和氢气回收。

7.4.1　冷冻分离

还原炉出来的尾气主要有氢气、四氯化硅、三氯氢硅及氯化氢等气体。在尾气里，除氯化氢外，剩下的氢气、四氯化硅和三氯氢硅都是可以回收重新利用的气体。其回收的方法如图 7-10 所示，冷冻分离器是一个螺旋管冷热交换器。螺旋管的外侧通有 - 80℃左右的冷冻液，螺旋管里面通的是尾气。尾气进入螺旋管之前是具有1000℃左右高温的气体，换句话说，尾气顺螺旋管由上向下，充分地与螺旋管接触，不断地被螺旋管外侧的冷冻液冷冻降温，最终由1000℃左右高温降至四氯化硅和三氯氢硅的沸点之下（30～20℃）。这时，四氯化硅和三氯氢硅气体就会凝结为液体。液体比重大，就会下落到底部，从最下面流出，成为回收料，被送入鼓泡器，重新参加氢还原反应；尾气里的氢气和氯化氢气仍然保持为气态，气态比重小，因此在冷冻分离器里往上升，最后从最上面出来，成为去除了四氯化硅或三氯氢硅氢的尾气。

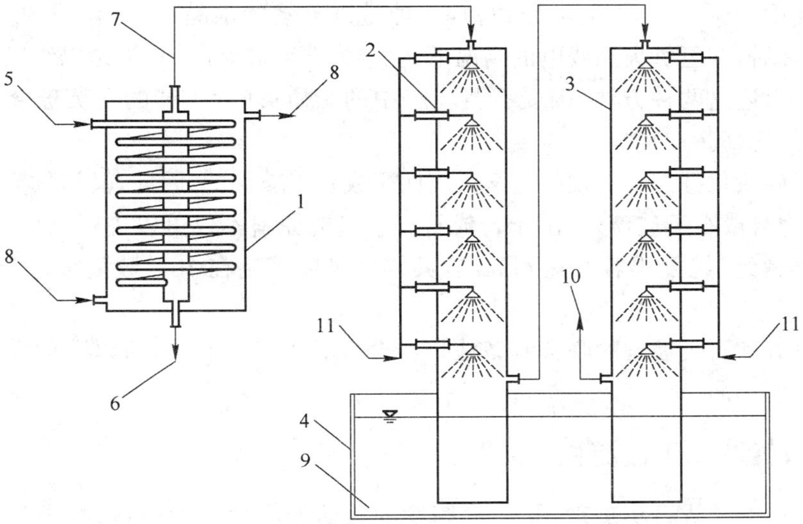

图7-10 尾气回收系统简图

1—冷冻分离器；2—第一淋洗塔；3—第二淋洗塔；4—水封池；5—尾气；6—四氯化硅或三氯氢硅；7—去除了四氯化硅或三氯氢硅氢的尾气；8—冷冻液；9—液封水；10—氢气；11—水

7.4.2 氢气回收

所谓氢气回收，就是要从冷冻分离器出来的尾气，也就是从去除了四氯化硅或三氯氢硅氢的尾气里回收氢气。该尾气里主要是氢气和氯化氢气，但也有少量的四氯化硅和三氯氢硅存在。实际上，从上述的尾气里回收氢气，就是让尾气中只留氢气，就是把尾气中，除氢气之外的其他物质都去掉。

一般的做法如图7-10所示，将尾气从上部送入第一淋洗塔中，尾气从上往下，由第一淋洗塔的下部出来。由下部出来的尾气向上，从上部送入第二淋洗塔中。第一淋洗塔和第二淋洗塔中都有多个喷水的喷头，不断地喷出水雾。尾气在淋洗塔中不断地与水雾接触，尾气中的氯化氢气遇水变成了盐酸，落入水封池中的液封水中。冷冻分离后，残留于尾气中四氯化硅或三氯氢硅遇水后，被水解，变成了二氧化硅粉末，也降入了水封池中的液封水中。经过第一淋洗塔和第二淋洗塔的淋洗，尾气中，除氢气之外的其他物质就都被去掉了。这时，尾气就只有氢气了，该氢气从第二淋洗塔的下部出来成了回收获得的氢气。氢气再送入氢气净化系统，经再次净化处理，就可以重新参加氢还原反应，去制备多晶硅了。

8 石英玻璃的传统制备方法

石英玻璃的传统生产方法有两大类:一类是用天然石英粉料(二氧化硅粉)为原料,在氢氧火焰或电的高温下,烧结为石英玻璃;另一类是以提纯后的四氯化硅为原料,在氢氧火焰的高温下,与氧气发生化学反应,生成石英玻璃。

前者因使用的原料不同,又可分两种:一种是以天然的水晶(二氧化硅的结晶体)为原料,经粉碎处理后,在氢氧火焰或电的高温下,烧结为石英玻璃;另一类是以纯净的二氧化硅石粉为原料。上述这两种方法,因受石英粉料中的杂质影响,生产的石英玻璃质量受到限制,其纯度不易提高。

后者是以四氯化硅与氧气发生化学反应而生成石英玻璃的,因此,又被称为人造合成石英玻璃(简称为合成石英玻璃)。由于合成石英玻璃的原料不仅可以进行物理提纯,而且还可以进行化学提纯,纯度很容易达到高纯,其纯度可以控制在 10^{-6} 数量级,甚至 10^{-9} 数量级。

由于多晶硅和石英玻璃的联合制备法仅与合成石英玻璃有关,所以我们在这里仅对合成石英玻璃工艺作简单介绍。

8.1 合成石英玻璃工艺流程

我们这里讲的合成石英玻璃,是以易挥发的液体四氯化硅为原料,在带料气体的带动下,进入氢气与氧气燃烧的燃烧气中,与水蒸气反应生成不定型二氧化硅,并沉积在高温旋转的靶材上,形成一个石英玻璃砣。因此,这种合成石英玻璃的方法又被俗称为制砣,合成石英玻璃的设备就被称为制砣机。

因为上述制砣合成的石英玻璃是四氯化硅在氢氧火焰中被水解,而生成的,因此又被称为氢氧焰水解沉积法,我国在 20 世纪 60 年代末,就是采用这种方法成功地制成了毛主席的水晶棺。它是一种化学气相沉积法,也就是国际上所称的 CVD 法。

制砣合成石英玻璃在具体工艺上还有不同,从带料方式上分,制砣合成石英玻璃的工艺有两种:一种是氢气带料,另一种是氧气带料。

8.1.1 氢气带料法的工艺流程

氢气带料法的工艺流程如图 8-1 所示。从图中可以看到,工艺流程分四氯化硅的合成及提纯、氢气净化、制砣、尾气治理四个部分。

8.1.1.1 *四氯化硅*

四氯化硅的合成及提纯部分见图 8-1 中的 A。合成石英玻璃所用四氯化硅的制备、提纯方法与多晶硅制备时的四氯化硅的制备、提纯方法是一样的。参见图 7-1 中的 A。在该部分,粗硅(工业硅)与氯气在合成炉里发生反应,生成四氯化硅。合成炉生成的四氯化硅也是首先由沉降器除污,之后进粗馏塔和精馏塔提纯。其操作工艺也完全相同,只是对于四氯

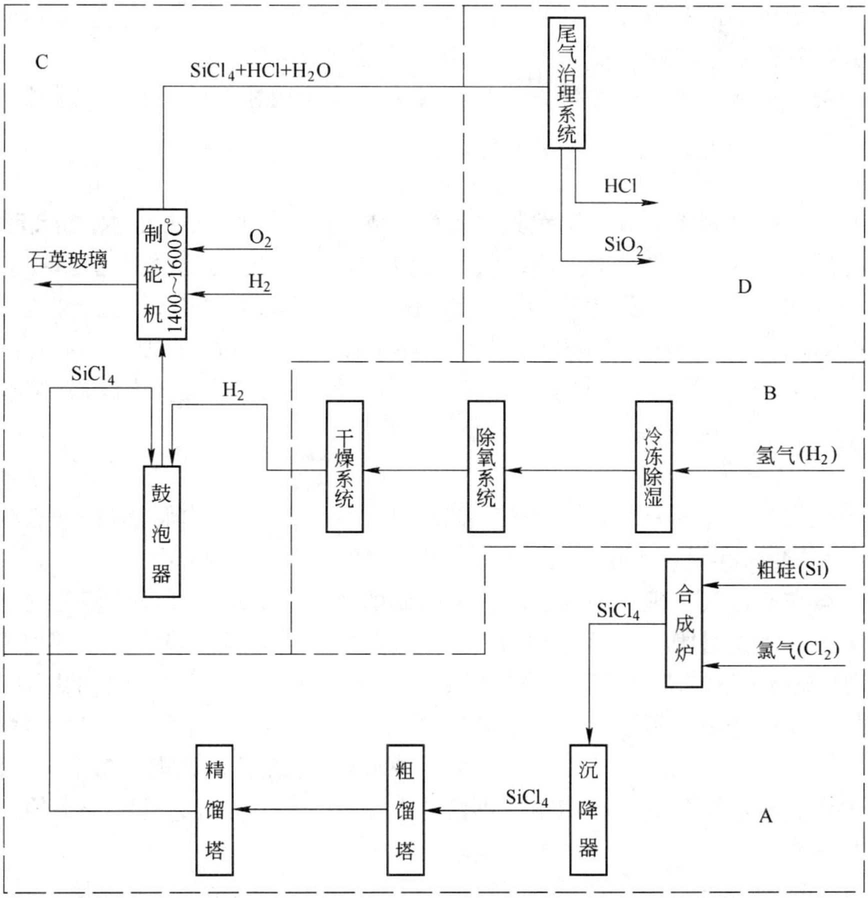

图 8-1 合成石英玻璃工艺(氢气带料法)流程简图

A—四氯化硅的合成及提纯;B—氢气净化;C—制砣;D—尾气治理

化硅的纯度标准有些不同。前面讲过,制备多晶硅所用的四氯化硅的纯度应达到六个“9”以上,而合成石英玻璃就没有必要了,但用于电子方面的石英玻璃除外。合成石英玻璃所用的四氯化硅的纯度具体需要多少,还应根据石英玻璃的具体用途来定。如果合成的石英玻璃要在高温下工作,那四氯化硅中的某些有助于石英玻璃承受高温的杂质就不应除掉。如果合成的石英玻璃要用于制作光学透镜或天文望远镜,就应该把影响光学性能的杂质除净,对不影响光学性能的杂质就可以无要求,甚至可以保留。不仅如此,有时为了让合成的石英玻璃用于特殊的场合,如用于截紫外线、截红外线的石英玻璃时,还要往四氯化硅里添加一些微量的杂质。

由于这里的四氯化硅提纯方法与多晶硅制备时的四氯化硅提纯方法一样,我们就不在此重复介绍了,其具体的四氯化硅提纯方法,请参见前面的有关介绍。

8.1.1.2 氢气的净化

图 8-1 中的 B 为氢气的净化部分。采用氢气带料时,氢气有两种用途,一种是直接进入反应区作为燃料,为合成石英玻璃提供能源(高温),另一种是先进入鼓泡器,在鼓泡器与四氯化硅接触、鼓泡后,将四氯化硅带入合成反应区。一般作为合成石英玻璃所用的氢气,只要不含有其他有害杂质,就可直接使用,不必净化。但考虑到氢气中的水分会造成四氯化硅

在鼓泡器和管道中提前水解，其水解物会堵塞管道，影响生产，因此一般作为燃料的氢气不净化，作为带料的氢气简单净化。

合成石英玻璃所用氢气的净化方法与制备多晶硅所用氢气的净化方法相同，这里就不再介绍了。

8.1.1.3　制砣

图 8-1 中的 C 是制砣部分。制砣其实就是合成，先将纯度合格的四氯化硅充入鼓泡器，再将达到标准的氢气通入鼓泡器鼓泡。氢气通过在鼓泡器里鼓泡，而混进了四氯化硅，使本来纯净的氢气成了氢气和四氯化硅的混合物，这种混合物被称为合成料。合成料被送进制砣机，制砣机处有 1400～1600℃的氢氧火焰。在制砣机处，合成料中的四氯化硅经 1400～1600℃的高温，与氢氧火焰产生的水蒸气发生反应，生成不定型二氧化硅，并沉积在高温旋转的靶材上，形成一个石英玻璃砣。

8.1.1.4　尾气治理

尾气治理部分见图 8-1D。合成石英玻璃的尾气中主要是氯化氢，但也含有少部分的水蒸气、二氧化硅及一些没有来得及参加反应的四氯化硅。

合成石英玻璃尾气治理的一般做法与多晶硅的相似，如图 8-2 所示，将尾气通过尾气管从上部送入第一淋洗塔中，尾气由上至下，由第一淋洗塔的下部出来。由下部出来的尾气向上，从上部送入第二淋洗塔中。第一淋洗塔和第二淋洗塔中都有多个喷水的喷头，不断地喷出水雾。尾气在淋洗塔中不断地与水雾接触，其中的氯化氢气遇水变成了盐酸，落入水封池中的液封水中。残留于尾气中四氯化硅遇水后被水解，变成了二氧化硅粉末，也降入了水封池的液封水中。经过第一淋洗塔和第二淋洗塔的淋洗，尾气从制砣机中带出的二氧化硅也降入了水封池中。除去上述杂物的尾气就可放空了。

在尾气治理中，水封池中的液封水的酸度被不断加浓，为防止污染环境，一般做法是将

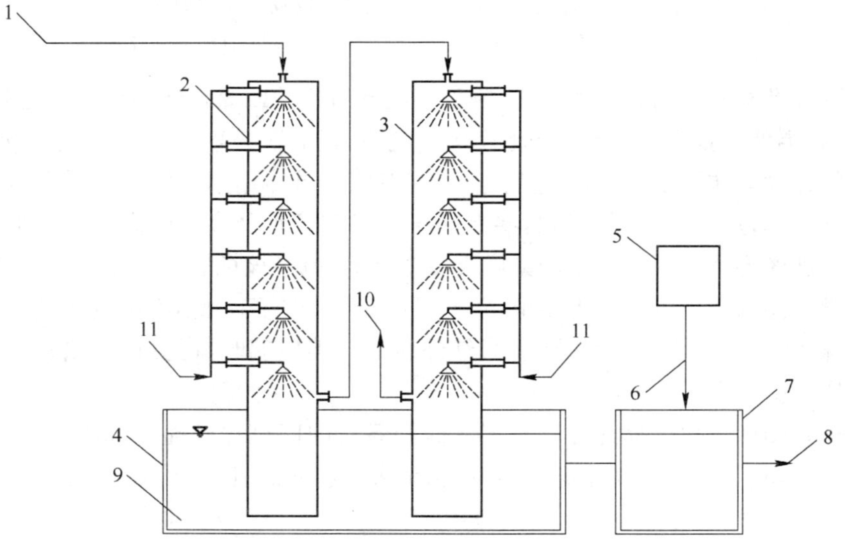

图 8-2　尾气回收系统简图

1—尾气管；2—第一淋洗塔；3—第二淋洗塔；4—水封池；5—碱液罐；6—碱液；7—中和池；8—处理后的废液；9—液封水；10—放空；11—水

此水与碱中和后再排出。具体的做法是:将水封池中和的液封水通入中和池。中和池的上方设有一个碱液罐,使用时,将碱液罐中的碱液按中和所需的量加入到中和池。液封水与碱液在中和池中发生反应,被中和。为加快反应速度,可在中和池中加个搅拌器。经中和池处理后的废液就可以排入排水系统了。

8.1.2 氧气带料法的工艺流程

氧气带料法的工艺流程如图 8-3 所示。从图中可以看到,氧气带料法的工艺流程与氢气带料法的基本相同,也分四氯化硅的合成及提纯、气体净化、制砣、尾气回收四个部分,其不同的仅是净化部分。氢气带料法的净化部分是氢气净化,而氧气带料法的净化部分是氧气净化。

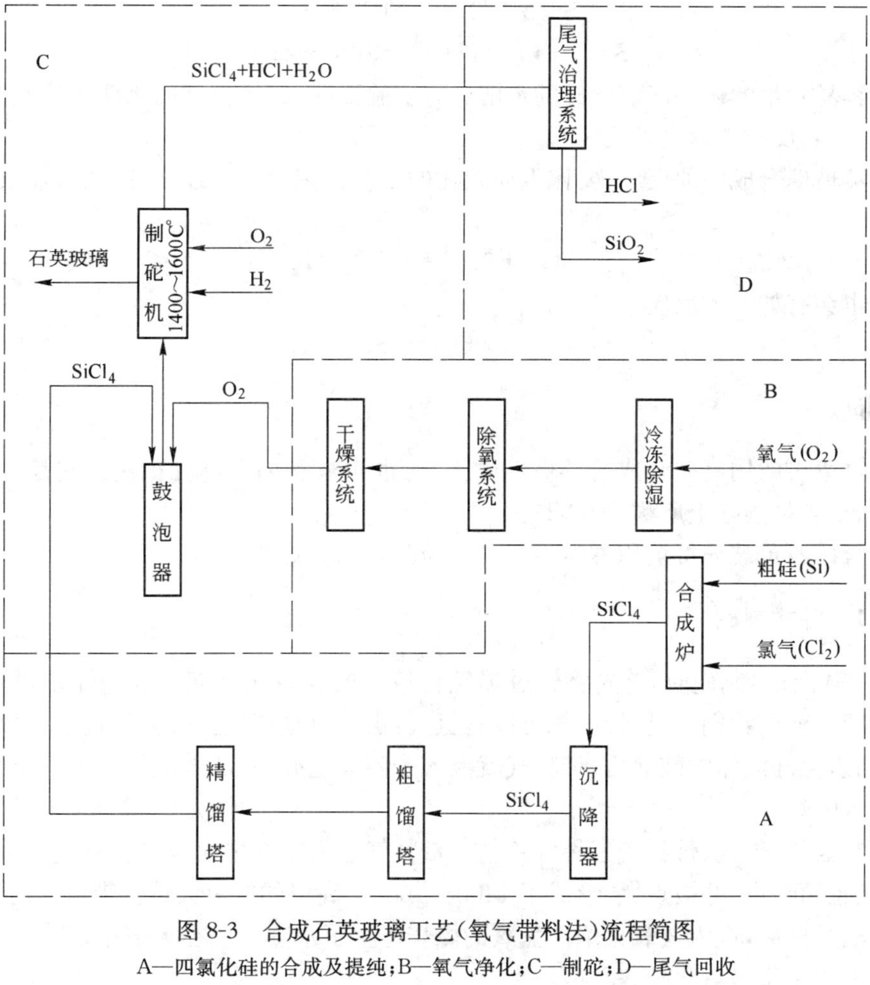

图 8-3 合成石英玻璃工艺(氧气带料法)流程简图

A—四氯化硅的合成及提纯;B—氧气净化;C—制砣;D—尾气回收

氧气带料法的 B 部分。合成石英玻璃如采用氧气带料时,氧气有两种用途,一种是直接进入反应区作为助燃剂,帮助氢气提高温度,另一种是先进入鼓泡器,在鼓泡器与四氯化硅接触、鼓泡后,将四氯化硅带入合成反应区。如采用氢气带料时,氧气只有一种用途,就是作为助燃剂。作为助燃剂的氧气一般可以直接使用,不用净化。

一般用的氧气是液氧,纯度很高,氧气作为助燃剂时,一般可以不净化,而直接使用。作为带料的氧气，如果产品质量没有特殊的要求也可以不净化。一般只有在产品质量要求高时才净化。氧气的净化与氢气的净化方法基本相同，完全可以参考氢气的净化方法，这里就不再介绍了。

8.2 合成石英玻璃的基本反应

（1）氢气带料法合成石英玻璃的基本反应。采用氢气带料时，在1400～1600℃的高温情况下，四氯化硅在制砣机中的基本反应是：

$$SiCl_4 + 2H_2O = SiO_2 + 4HCl \tag{8-1}$$

（2）氧气带料法合成石英玻璃的基本反应。采用氧气带料时，在1400～1600℃的高温情况下，四氯化硅在制砣机中的基本反应是：

$$SiCl_4 + O_2 = SiO_2 + 4Cl \tag{8-2}$$

$$SiCl_4 + O_2 + 2H_2 = SiO_2 + 4HCl \tag{8-3}$$

但最容易发生的还是四氯化硅的水解。有实验证明，四氯化硅的水解速度相当快，尤其是在高温下，其反应方程式见式8-1。

在石英玻璃合成中的反应，要比上面叙述的复杂得多。除上述之外，还可能发生如下的反应：

$$SiCl_4 + 2H_2 = Si + 4HCl$$

因此也会有如下的反应：

$$Si + O_2 = SiO_2$$

8.3 制砣

我们这里讲的用制砣合成石英玻璃的工艺，也叫氢氧焰水解沉积法。它是一种化学气相沉积法，也就是国际上所称的CVD法。

制砣合成石英玻璃按沉积方向不同可分为卧式和立式两种。

8.3.1 卧式制砣

如图8-4所示，制砣时，首先将经过提纯合格后的四氯化硅充入鼓泡器中，然后打开带料气的阀门。前面我们说过，带料气可以是氢气，也可以是氧气。带料气进入四氯化硅液体底部，在四氯化硅液体中鼓泡后，带料气就混入了四氯化硅，并从鼓泡器的上部出来，从喷灯的背部进入喷灯中。

喷灯有氢气、氧气、带料气三种气路。在带料气进入喷灯之前，氢气、氧气已从喷灯的背部进入，从正面喷出，并被点燃，形成了1400～1600℃高温的氢氧火焰。带料气的气路居中，从喷灯正面喷出后，进入氢氧火焰。氢氧的燃烧产生了水蒸气。在火焰中，四氯化硅与水蒸气反应生成不定型二氧化硅。

喷灯正面喷出的火焰喷向位于前面的靶材上。靶材安装在制砣机的转轴上，被转轴带动不断地旋转着。火焰喷向靶材的同时，二氧化硅也被喷向靶材，并沉积在高温旋转的靶材上，形成一个石英玻璃砣。

为了节能，石英玻璃砣被放在保温罩内。保温罩内有保温层。保温罩除了保温节能，还有防止尾气四散的作用。制砣时产生的尾气从保温罩上部的排风道排除，可以避免尾气污

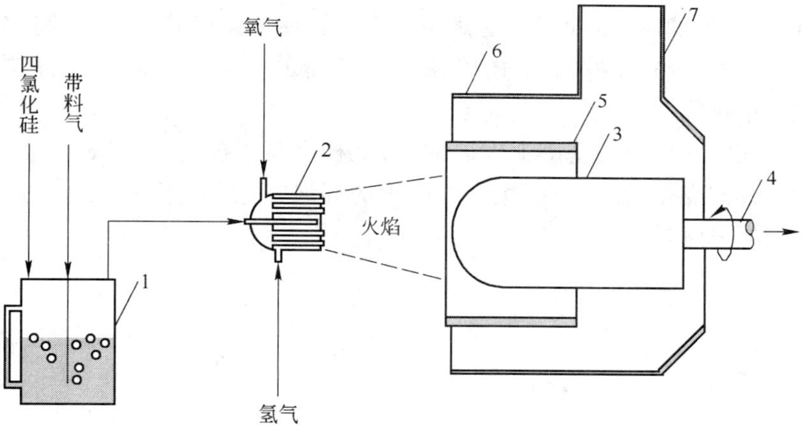

图 8-4　卧式制砣机示意图

1—鼓泡器；2—喷灯；3—石英玻璃砣；4—制砣机的转轴；5—保温层；6—保温罩；7—排风道

染环境。

卧式制砣是在原天然粉料石英玻璃的基础上发展的，其操作方式还是沿用天然粉料石英玻璃方式。如砣面上产生的气泡、污点还是采用揪点处理的方法。这种方式虽原始，但操作简单，而且可靠。

8.3.2　立式制砣

如图 8-5 所示，立式制砣与卧式制砣基本相同，它也是由带料气在鼓泡器内的四氯化硅中鼓泡后，携带四氯化硅进入喷灯内，然后从喷灯喷出，进入氢氧火焰中。在火焰中，四氯化硅与氢氧火焰产生的水蒸气反应生成不定型二氧化硅，并沉积在高温旋转的靶材上，形成一

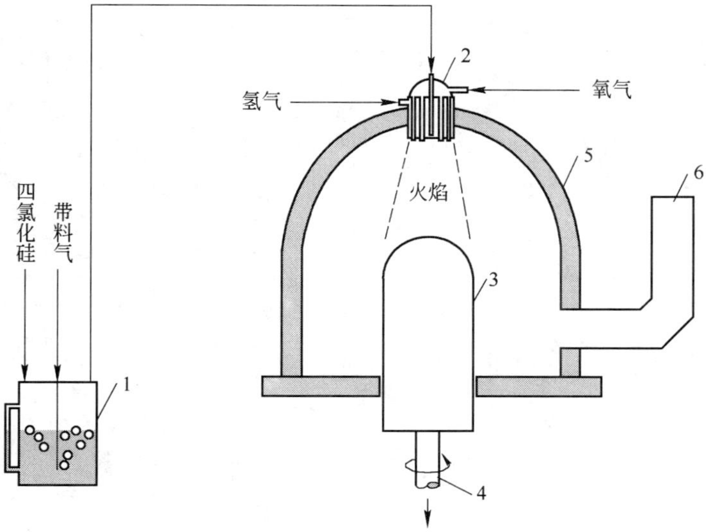

图 8-5　立式制砣机示意图

1—鼓泡器；2—喷灯；3—石英玻璃砣；4—制砣机的转轴；5—保温罩；6—排风道

个石英玻璃砣。不同的是，卧式制砣的石英玻璃砣水平放置，立式制砣的石英玻璃砣竖直放置；卧式制砣的石英玻璃砣向后退砣，也就是向喷灯的反方向退砣，而立式制砣的石英玻璃砣是向下退砣。另外，卧式制砣的尾气是从保温罩上部的排风道排除，而立式制砣是从保温罩下部的排风道中排除。

立式制砣是在卧式制砣的基础上发展的，其沉积率有所提高，而且石英玻璃砣的直径、高度都可加大。其缺点是，石英玻璃砣面上产生的气泡、污点不易采用揪点方法处理，而只能采取高温气熔的方法排除。

9 多晶硅和石英玻璃的联合制备法

多晶硅和石英玻璃的联合制备法的生产工艺是连续的，其生产设备是单独的，也就是说，每一种产品都有各自的生产设备。这些设备是串联关系，从生产四氯化硅设备里出来的产品被直接送入生产多晶硅的设备里；从生产多晶硅设备里放出来的尾气被直接送入生产石英玻璃的设备里，工艺流程参见图 9-1。

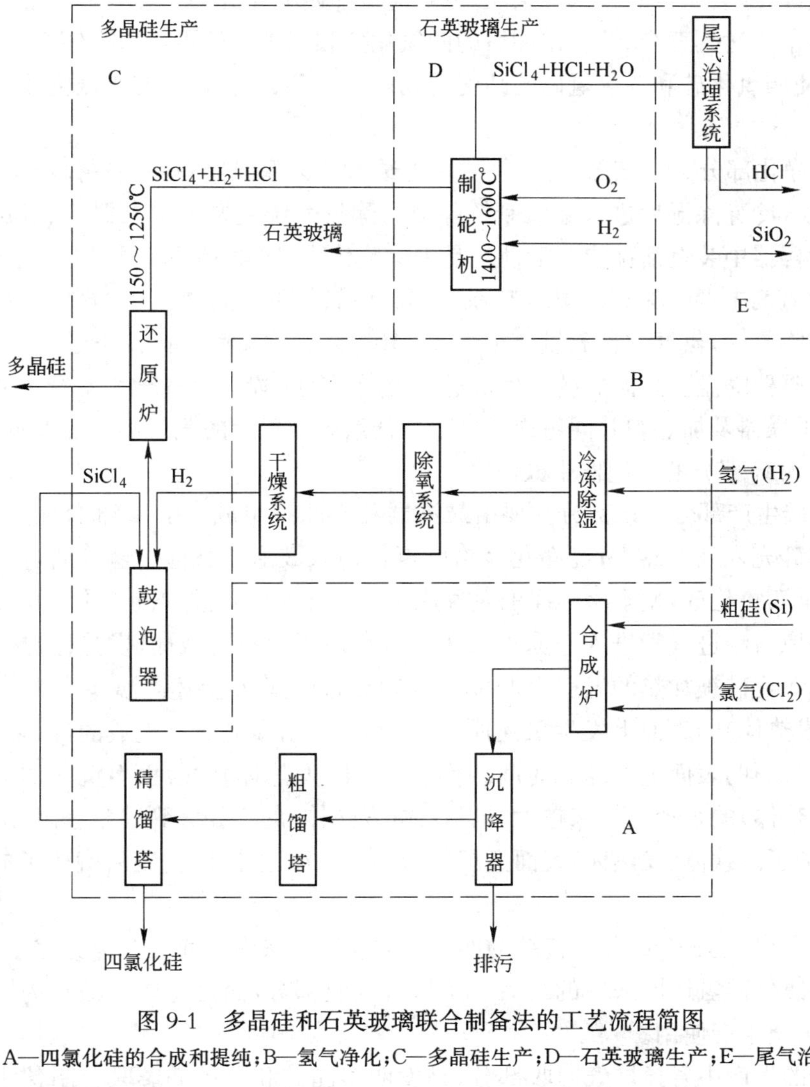

图 9-1 多晶硅和石英玻璃联合制备法的工艺流程简图

A—四氯化硅的合成和提纯；B—氢气净化；C—多晶硅生产；D—石英玻璃生产；E—尾气治理

从图中可以看到，多晶硅和石英玻璃联合制备法的工艺流程分四氯化硅的合成和提纯、氢气净化、多晶硅生产、石英玻璃生产、尾气治理五个部分。

9.1 多晶硅和石英玻璃的联合制备法的基本流程

9.1.1 多晶硅生产

从图 9-1 中可以看到，联合制备法的多晶硅生产分 A、B、C 三个部分。

A 是四氯化硅的合成和提纯部分。在该部分，粗硅（工业硅）与氯气在合成炉中发生化学反应，生产出四氯化硅。合成炉中产出的四氯化硅先经沉降器除污，将混入四氯化硅中的一些固体杂质及高沸点氯化物沉降除去。经沉降器沉降除污后的四氯化硅和三氯氢硅先经粗馏塔蒸馏提纯，除去所含的大部分杂质，一般应该使四氯化硅和三氯氢硅的纯度达到三至四个“9”以上，争取达到五个“9”。粗馏后的四氯化硅和三氯氢硅再送入精馏塔，经过精馏塔的蒸馏提纯，使四氯化硅和三氯氢硅的纯度达到六个“9”以上。合格的四氯化硅送入 C 部分的鼓泡器中。

B 是氢气净化部分。在该部分，氢气被首先送入冷冻除湿器中除湿，将氢气中的大部分水分除去。氢气冷冻除湿后进入除氧系统除氧。除氧系统主要由除毒器、除氧器及列管冷凝器组成。除毒器中装有活性炭。活性炭是去除硫化物、砷化物、氯化物的净化剂。装活性炭可以避免除氧剂中毒。除氧器里装有除氧剂。除氧剂可以将氢气中的氧转化成水，然后再将水除去。除氧后，氢气的含氧量要小于 $5\times10^{-4}\%$。除氧是在高温下进行，氢气除氧之后进入列管冷凝器降温。降温后的氢气被送入干燥系统干燥。氢气干燥系统主要由硅胶干燥器、分子筛干燥器及加热炉共同组成。经干燥器系统处理后的氢气的露点要低于 $-50℃$。合格的氢气送入 C 部分的鼓泡器中鼓泡。

C 是多晶硅生产部分。该部分主要由鼓泡器和还原炉组成。由 A 部分而来的，经提纯合格的四氯化硅充入鼓泡器中；经净化合格的氢气通入鼓泡器鼓泡。氢气通过在鼓泡器里鼓泡，而混进了四氯化硅，使本来纯净的氢气成了氢气和四氯化硅的混合物。这混合物被称为还原料。还原料经进气管进入还原炉。还原料在还原炉里与载体（发热体）接触，并被加热。氢气和四氯化硅被加热的温度为 1150～1250℃的高温，在上述高温环境中，氢气和四氯化硅在载体（发热体）的表面上发生氢还原反应，并生成了多晶硅。生成的硅（多晶硅）就沉积在载体（发热体）的表面上。随着时间的推进，载体（发热体）的表面上沉积的多晶硅越来越多，载体（发热体）的直径也越来越大。当载体（发热体）的直径大到一定程度，就可以停电降温，然后出炉了。载体（发热体）表面上沉积的多晶硅经过处理、包装后就成了成品的多晶硅。

从中可以看出，这三个部分与传统的四氯化硅氢还原法中的前三个部分完全相同，但它没有传统的四氯化硅氢还原法中的最后一个尾气回收部分，而是将尾气被作为原料送入 D 部分，供石英玻璃生产使用。

在多晶硅的生产中省掉尾气回收部分，是发明多晶硅和石英玻璃联合制备法的主要目的，同时也是多晶硅和石英玻璃联合制备法的优势所在。省掉的这部分，是设备昂贵的一部分，是导致能源浪费和多晶硅造价居高不下的一个部分，也是导致多晶硅生产系统投资过多、入门的门槛过高，让人望而却步的一个部分。省掉尾气回收部分的优势详见第一章概述。

9.1.2 石英玻璃生产

从图 9-1 中可以看到，多晶硅生产部分的尾气被直接送入制砣机。

在多晶硅生产中，反应气体配比(指氢气与四氯化硅之间的配比)是决定还原反应的重要因素之一。对还原率和产品的纯度都有很大影响。为了满足化学反应，一般都是按相对分子质量来配比，也就是按化学反应式来计算原料配比。可按相对分子质量配比，对于制备多晶硅的氢还原反应行不通。不管是以三氯氢硅，还是以四氯化硅为原料，如果按相对分子质量来配比进行反应，则还原率很低，甚至看不到硅的沉积。其根本原因是氢气量不足。实践证明，氢气必须比相对分子质量值过量若干倍。氢气过量，不仅还原率会提高，而且产品的结晶的质量也好。因此，在多晶硅实际生产中，氢气是过量的。

在多晶硅生产中，反应气体的流量也是决定还原反应的重要因素之一。在实际生产中，通入还原炉中的原料气只有很少的一部分参加反应，被还原成多晶硅，大部分原料气都没有机会参加反应，而被从还原炉中赶了出来，变成尾气。因此，为了满足还原反应的要求，就要加大反应气体的流量，向还原炉通入大量的反应气体。这些尾气中含有纯净的四氯化硅和氢气，直接放空不仅太可惜，而且会污染环境。传统的方法是将尾气降温冷冻，使反应气体中的四氯化硅变成液体，并被分离出来送入鼓泡器，重新供多晶硅生产使用。

尾气中含有纯净的四氯化硅和氢气，而四氯化硅和氢气正是制砣生产石英玻璃的原料。本书所讲的多晶硅和石英玻璃的联合制备法就是把这尾气当作原料的。

尾气进入制砣机后被氢氧火焰继续加温至 1400～1600℃高温，并与水蒸气反应生成不定型二氧化硅，沉积在高温旋转的靶材上，形成一个石英玻璃砣。此石英玻璃砣就是所生产的产品。

由此可以看出，这里的石英玻璃生产与传统的方法完全相同，就是传统的氢气带料法。

9.1.3 尾气治理

图 9-1 的 E 为尾气治理部分。合成石英玻璃的尾气中主要是氯化氢，但也含有少部分的水蒸气、二氧化硅及一些没有来得及参加反应的四氯化硅。该尾气的治理方法与传统的氢气带料法的尾气治理一样，具体的治理方法详见图 8-3 的 D 部分及第 8 章的 8.1.1.4 尾气治理。

9.2 多晶硅和石英玻璃联合制备法的灵活组合

我们知道，两种以上产品的综合生产，特别是像多晶硅和石英玻璃的联合制备法这样的生产，它的两种产品必须要达到平衡，而且是一种动态平衡。也就是说，生产多晶硅产生的尾气不多不少，正好够石英玻璃的需要。多或少都会有问题，尾气多，石英玻璃的生产无法把所有生产多晶硅产生的尾气消耗掉，必然会有部分尾气被放空，污染环境；尾气少，无法满足石英玻璃的生产需求，必然会影响石英玻璃的生产。

这个平衡要求两种产品固定的产量比例，也就是说，生产多少多晶硅，就必须按比例生产多少石英玻璃。如果进入还原炉的还原料，只有 10%参加反应生成了多晶硅，那么，就必须有 80%～90%的还原料去生产石英玻璃。问题是，这种比例无法迎合市场的需求。按当前市场的需求来说，多晶硅市场需求量大，而石英玻璃需求量相对较小。按上述的生产比例关系，正好相反，石英玻璃的生产量大，多晶硅的生产量小。

上述所介绍的多晶硅和石英玻璃的联合制备法的工艺流程只是它的基本流程，实际上，多晶硅和石英玻璃的实际生产组合是很灵活，是可以调整的，可以按照市场需求改变。

9.2.1　串联还原炉

串联还原炉可以改变两种产品的产量比例。要想按当前市场的需求来调整多晶硅与石英玻璃的产量比例，就需要增加多晶硅的生产能力。增加还原炉是增加多晶硅的生产能力的最有效的途径。然而，简单地增加还原炉必然会增加还原的尾气，使多晶硅与石英玻璃的产量比例失衡。如果将增加的还原炉与原有的还原炉串联起来，如图 9-2 所示，将第一台还原炉产生的尾气送入第二台还原炉，作为原料气供第二台还原炉使用，然后再将第二台还原炉产生的尾气送入第三台还原炉，作为原料气供第三台还原炉使用，最后再将第三台还原炉产生的尾气送入制砣机制备石英玻璃，就可以成倍地改变两种产品的产量比例。

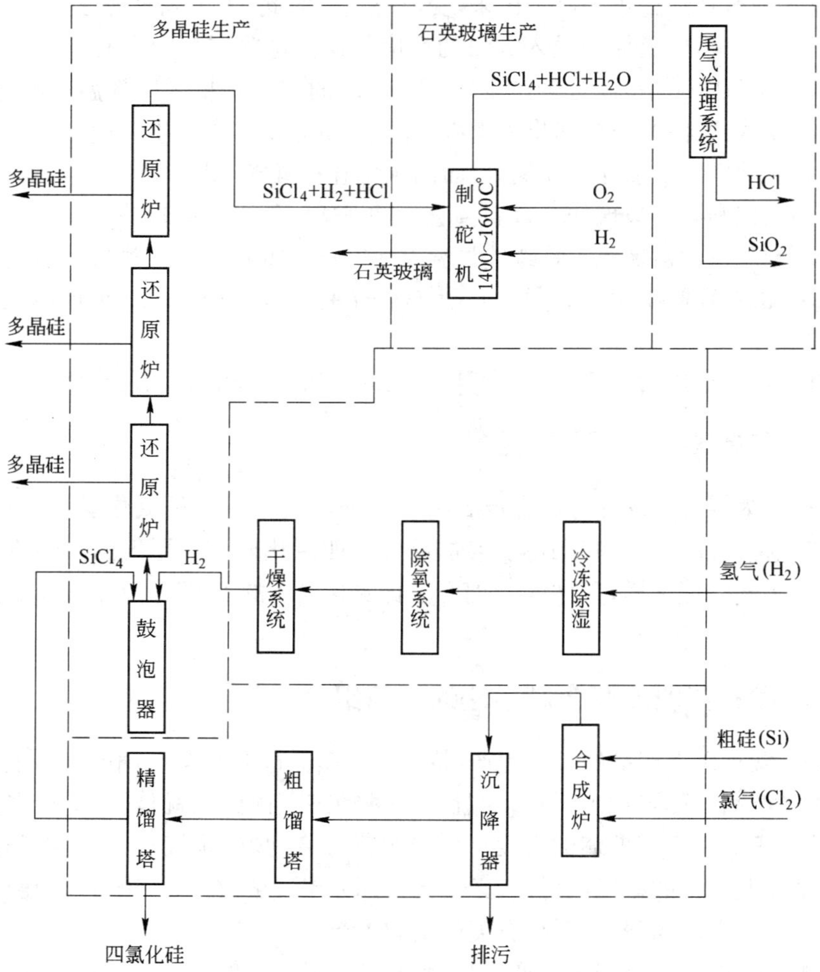

图 9-2　串联还原炉的工艺流程简图

串联还原炉的做法是可行的。有人做过实验，他们将三台还原炉串联，结果不仅可行，而且第二台、第三台还原炉生产出的多晶硅比第一台还原炉生产出的多晶硅质量还好。这也很好理解。原料气中的比硅易于还原的杂质，大多数在第一台还原炉被还原，并沉积在硅棒中，进入第二台、第三台还原炉的原料气（尾气）已不含有上述杂质。因此，其多晶硅的质量必然会好些。另外，进入第二台、第三台还原炉的原料气（尾气）含有大量的氯化氢。这些氯化氢相当于"添加剂"而具有限制硼还原的作用。此外，对于以四氯化硅为原料的还原炉来说，这些氯化氢还可以提高还原的沉积率。

9.2.2 回收系统的增加

虽说，进入第二台、第三台的氯化氢相当于"添加剂"具有限制硼还原的作用，而且对于以四氯化硅为原料的还原炉来说还可以提高还原的沉积率，但这些氯化氢也不能太多，因为过多的氯化氢在还原炉中还有副作用，它会促进硅棒产生还原的逆反应，使还原的沉积率下降。

控制第二台、第三台还原炉中氯化氢的有效方法是增加回收系统，将第一台、第二台还原炉尾气中的部分氯化氢分离出去，再将氢气和四氯化硅或三氯氢硅送入第二台、第三台还原炉中。

图 9-3 是串联还原炉增加了回收系统后多晶硅生产部分的工艺流程图。从图中可以看出，提纯合格的四氯化硅或三氯氢硅充入第一台还原炉的鼓泡器中；经净化合格的氢气通入第一台还原炉的鼓泡器鼓泡。氢气通过在鼓泡器里鼓泡，而混进了四氯化硅或三氯氢硅，使本来纯净的氢气成了氢气和四氯化硅的混合物。这种混合物被称为还原料。还原料经第一台还原炉的进出气管进入第一台还原炉中。还原料在第一台还原炉中发生还原反应，生成多晶硅沉积在载体（发热体）的表面上，而尾气（没有参加还原反应的原料气与反应产生的氯化氢气）从第一台还原炉中被排出。上述尾气顺管道进入第一台还原炉的初级分离器中。尾气中密度小的氢气和一部分密度居中的氯化氢气体浮向上方，从初级分离器的上端排出，而密度大的四氯化硅或三氯氢硅和一部分密度居中的氯化氢气体沉落向下方，从初级分离器的下端排出。

由初级分离器下端排出的气体进入第一台还原炉的下分离器中。在下分离器中，密度小的氯化氢气上浮，从下分离器的上端排出，进入第一台还原炉的吸收器中，被水吸收，变成了盐酸，存放在第一台还原炉的盐酸储罐中。而密度大的四氯化硅或三氯氢硅下沉，从下分离器的下端排出，被送入第二台还原炉的鼓泡器中。

由初级分离器上端排出的气体进入第一台还原炉的上分离器中。在上分离器中，氯化氢气下沉，从上分离器的下端排出，进入第一台还原炉的吸收器中，被水吸收，变成了盐酸，存放在第一台还原炉的盐酸储罐中。而氢气上浮，从上分离器的上端排出，顺管道送进第二台还原炉的鼓泡器中鼓泡。

鼓泡后形成的还原料气进入第二台还原炉中参加还原反应。第二台还原炉产生的尾气被送入第二台还原炉的初级分离器、第二台还原炉的上分离器和第二台还原炉的下分离器中。分离出来的氯化氢送入第二台还原炉的吸收器中，被水吸收，变成了盐酸，存放在第二台还原炉的盐酸储罐中。分离出来的四氯化硅或三氯氢硅被送入第三台还原炉的鼓泡器中。分离出来的氢气在第三台还原炉的鼓泡器中鼓泡。鼓泡后形成的还原料气进入第三台还原炉中参加还原反应。最后，第三台还原炉产生的尾气再被送入制砣机制备石英玻璃。

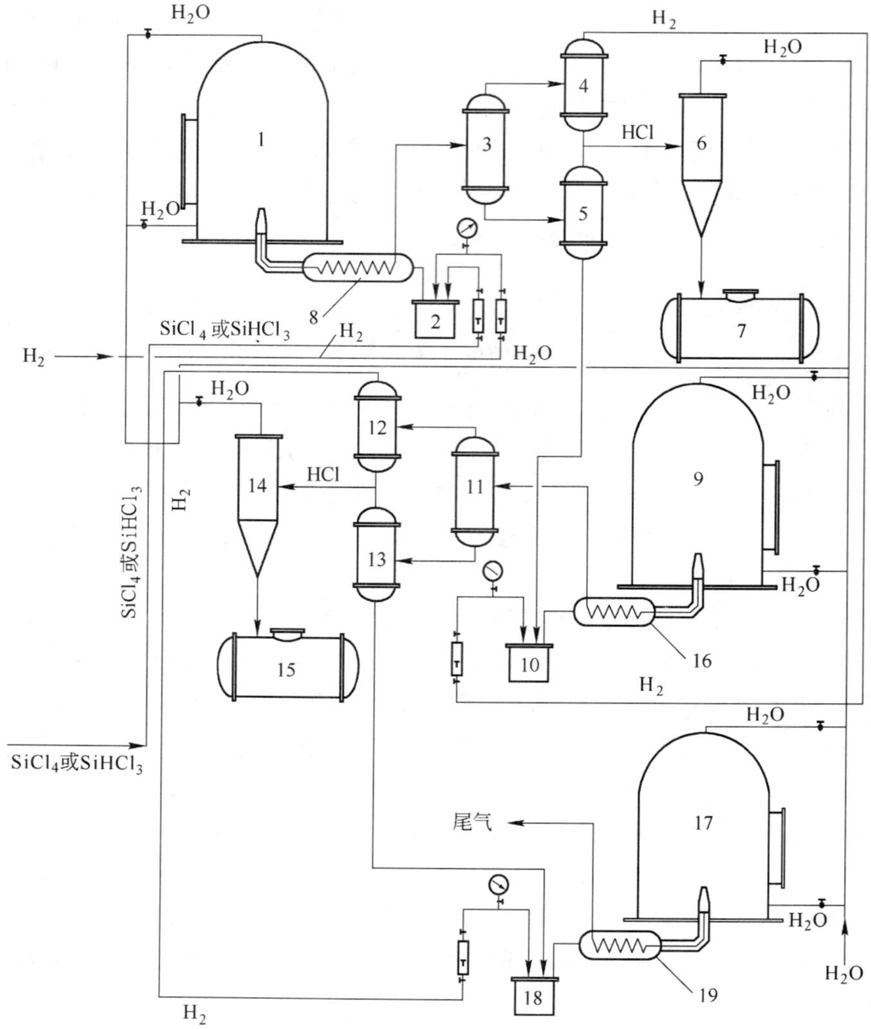

图 9-3 串联还原炉并增加了回收系统后多晶硅生产部分的工艺流程图

1—第一台还原炉；2—第一台还原炉的鼓泡器；3—第一台还原炉的初级分离器；4—第一台还原炉的上分离器；5—第一台还原炉的下分离器；6—第一台还原炉的吸收器；7—第一台还原炉的盐酸储罐；8—第一台还原炉的进出气管；9—第二台还原炉；10—第二台还原炉的鼓泡器；11—第二台还原炉的初级分离器；12—第二台还原炉的上分离器；13—第二台还原炉的下分离器；14—第二台还原炉的吸收器；15—第二台还原炉的盐酸储罐；16—第二台还原炉的进出气管；17—第三台还原炉；18—第三台还原炉的鼓泡器；19—第三台还原炉的进出气管

9.2.3 补料和加压设施的增加

图 9-3 所示的流程虽可行，但它只是调整了多晶硅与石英玻璃的产品产量的比例，使多晶硅占的比例大，迎合了当前市场的需求，它还须保持两种产品的动态平衡，也就是说，它并没有彻底摆脱两种产品产量的比例限制。要想多生产多晶硅还必须要增加石英玻璃的产量。此外还有一点不足，即上述的串联还原炉必然会增加氢气管道的阻力，使氢气的压力降加大，从而影响到后两台还原炉的沉积率。

增加补料和加压设施可以解决上述问题。图 9-4 就是带有回收系统的串联还原炉，并增加了补料和加压设施后的多晶硅生产部分的工艺流程图。

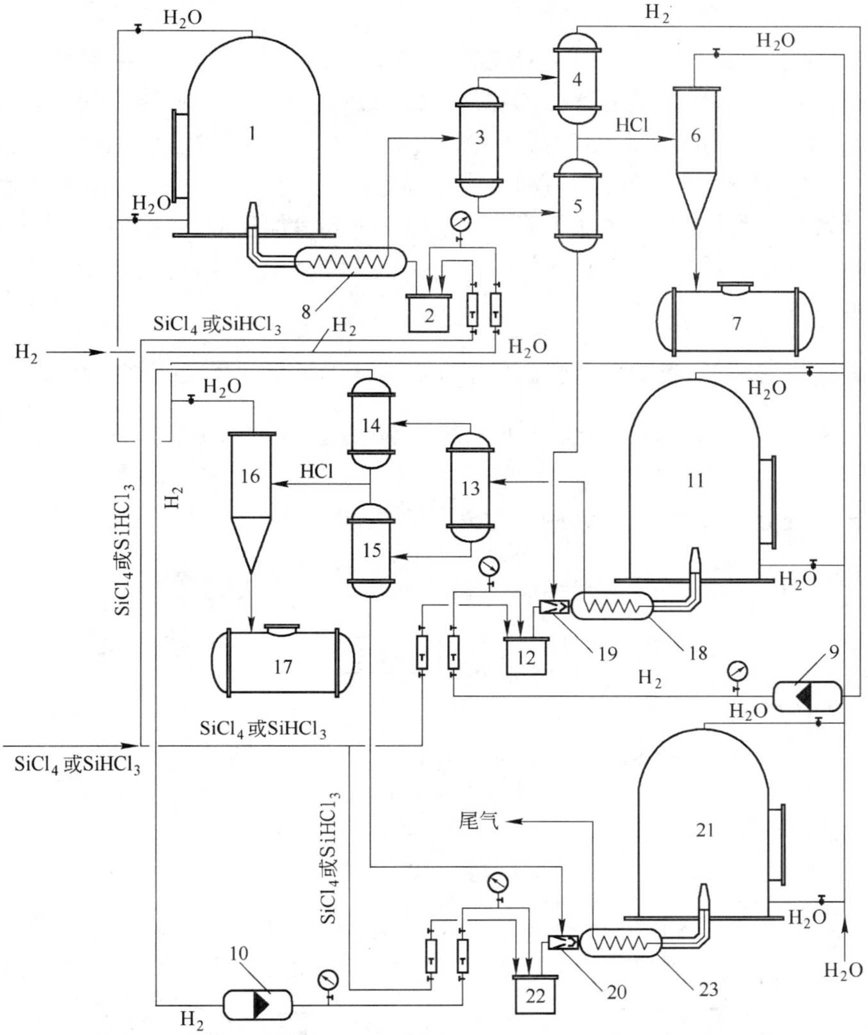

图 9-4　串联还原炉并增加了回收系统、补料和加压设施后多晶硅生产部分的工艺流程图

1—第一台还原炉；2—第一台还原炉的鼓泡器；3—第一台还原炉的初级分离器；4—第一台还原炉的上分离器；5—第一台还原炉的下分离器；6—第一台还原炉的吸收器；7—第一台还原炉的盐酸储罐；8—第一台还原炉的进出气管；9—加压泵；10—加压泵；11—第二台还原炉；12—第二台还原炉的鼓泡器；13—第二台还原炉的初级分离器；14—第二台还原炉的上分离器；15—第二台还原炉的下分离器；16—第二台还原炉的吸收器；17—第二台还原炉的盐酸储罐；18—第二台还原炉的进出气管；19—喷射器；20—喷射器；21—第三台还原炉；22—第三台还原炉的鼓泡器；23—第三台还原炉的进出气管

此流程是在增加了回收系统后的串联还原炉的基础上，又在第二台还原炉的鼓泡器和第三台还原炉的鼓泡器上增加补料管。这样一来，当两种产品产量的比例失衡，特别是第二台还原炉的鼓泡器和第三台还原炉的鼓泡器里的四氯化硅或三氯氢硅较少时，就可以用补料管补加四氯化硅或三氯氢硅，使生产照样正常进行。

在第二台还原炉的鼓泡器和第三台还原炉的鼓泡器前的氢气管道上增加加压泵。这样一来，就不用再因氢气的压力降过大，影响后两台还原炉的沉积率。而且，要增加多晶硅产品比例时，就可通过增加串联的还原炉的台数来解决。

从上述情况可以看出，增加补料和加压设施就可以摆脱两种产品产量的比例限制，从而就可以按照市场的需求来安排生产。

最好的方法是：在第二台还原炉的鼓泡器和第三台还原炉的鼓泡器的出口上，各安装一个喷射器，让由第一台还原炉的下分离器送来的四氯化硅或三氯氢硅不进入第二台还原炉的鼓泡器里，而进入喷射器，被喷射器混合后再送入第二台还原炉里去参加反应。同时，由第二台还原炉的下分离器送来的四氯化硅或三氯氢硅不进入第三台还原炉的鼓泡器里，而进入喷射器，被喷射器混合后再送入第三台还原炉里去参加反应。这样一来，不仅可以满足还原炉的进气有足够的压力，而且还可以保证原料气混合均匀，这些对还原的质量和速度都是有好处的。

9.2.4　多晶硅和石英玻璃联合制备法专利申请中举出的最佳实施方案

多晶硅和石英玻璃联合制备法专利申请中举出了最佳实施方案。图 9-5 是本专利说明书的附图。

其工艺流程分五个部分：A 为四氯化硅的合成部分；B 为多晶硅的氢还原部分；C 为石

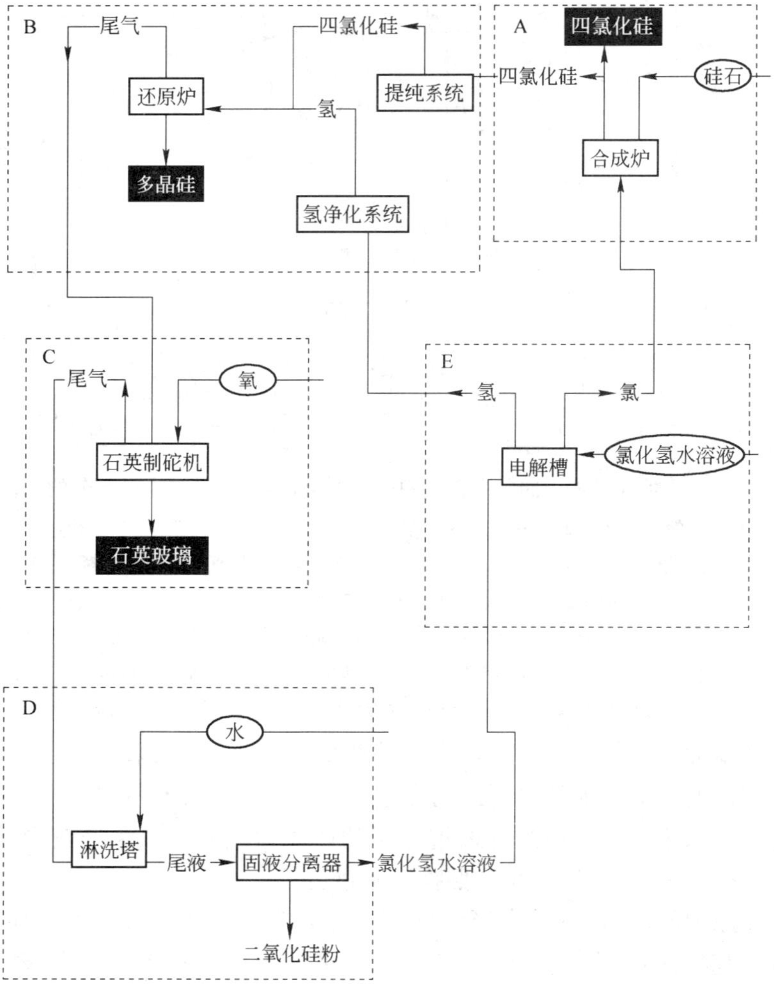

图 9-5　多晶硅和石英玻璃联合制备法最佳实施方案图

英制砣部分;D为淋洗部分(也就是尾气治理系统);E为电解部分(氯碱工业中的一部分,是成熟的现有技术)。本图中,椭圆内的文字是所加进的原料名;黑色方块里写的是产品名。也就是说,除了电能之外,仅需在A部分加进硅石(工业硅),C部分加进氧,D部分加进水,E部分加进氯化氢水溶液(盐酸),就可生产出四氯化硅、多晶硅和石英玻璃三种产品。不仅如此,D部分产生的二氧化硅粉是颗粒相当小,接近纳米级的粉末。如果再经清洗、干燥等工序处理,还会有很好的用途。

从图中可以看出,这五个部分形成了一个密闭循环,正好符合当前我国政府提倡的循环经济的精神,不仅可以节约资源、保护环境,而且还可以降低产品成本。

9.2.5 多晶硅和石英玻璃联合制备法与氯碱工业的组合

人们习惯上把电解饱和食盐水的工业生产称为氯碱工业。在氯碱工业中,食盐水通过预热,进入隔膜电解槽。由整流装置送出的直流电通过每个电解槽进行电化学反应,使电能转化为化学能生产出烧碱、氯气和氢气(一般氢气是被当成副产品或作为废气放空),其反应方程式为

$$2NaCl + 2H_2O \xlongequal{} 2NaOH + H_2\uparrow + Cl_2\uparrow$$

上式的氯气和氢气都是生产多晶硅和石英玻璃的重要原料,如果与氯碱工业组合,不仅可使被当成副产品或作为废气放空的氢气得到了综合利用,而且还可以利用氯碱工业的部分氯气,使氯与碱平衡问题得到一些缓解。

具体方法如下:电解槽产生的氯气部分取出,经彻底干燥处理后,送入合成炉生产四氯化硅;将电解槽产生的氢气由各电解槽的氢气支管进入氢气总管,送入氢气净化系统,净化合格后再送入还原炉生产多晶硅;再将还原炉产生的尾气送入制砣机生产石英玻璃。

这样的组合,不仅可以实现多晶硅和石英玻璃的联合制备,而且也不影响现有氯碱工业的生产。

9.2.6 以生产多晶硅为主的工艺流程

从以上的介绍,我们可以得知,多晶硅和石英玻璃联合制备法的组合是灵活的,它可以根据市场的需求来组合,也可以搞综合利用,与氯碱工业组合,甚至还可以与农药工业组合,利用它们的氯和氢,或者直接把它们的一些副产品当成原料(湖北省就有农药厂把四氯化硅当成副产品)。这需要做好调查,根据当地的实际情况来选择组合方式。

当前多晶硅市场短缺,供不应求,而石英玻璃市场需求正常。为了适应当前市场情况,作者设计出一个以生产多晶硅为主,以生产石英玻璃为辅的工艺流程,如图9-6所示。

流程包括由氯气供应系统,四氯化硅合成系统,四氯化硅提纯系统,氢气系统,氢气冷冻除水系统,还原系统,石英玻璃制砣机,尾气处理塔。

在氯气供应系统中,氯气从液氯罐中放出,经氯气干燥器干燥过滤处理后送入四氯化硅合成系统。在四氯化硅合成炉里与工业硅发生反应,生成四氯化硅。生成的四氯化硅气体经沉降器沉降,将大部分杂质去掉,再经四氯化硅冷凝器降温,变成液态的四氯化硅,存放在中间储料罐里。使用时,再将存放在中间储料罐里的四氯化硅送入四氯化硅提纯系统。该提纯系统是由可以连续操作的粗馏系统和可以连续操作的精馏系统组成。在该系统中,四氯化硅料经粗馏塔蒸发加料器加热,由液体变成气体,然后上升进入粗馏塔柱中。在粗馏塔柱中,四氯化硅的高沸点物下降进入粗馏塔釜,最终从粗馏塔釜里排出,进入废料罐中,等

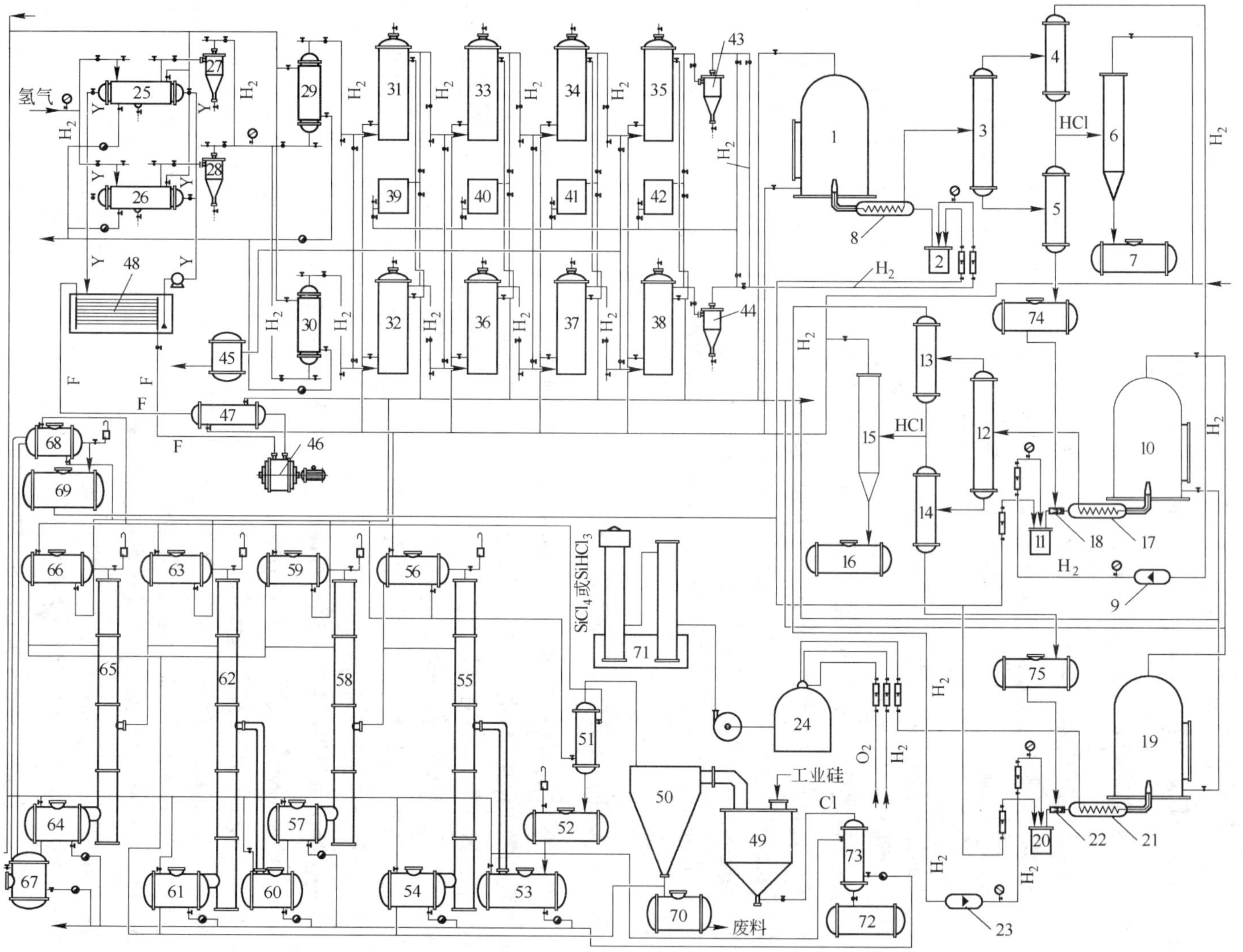

图 9-6　以生产多晶硅为主的工艺流程图

1—第一台还原炉；2—第一台还原炉的鼓泡器；3—第一台还原炉的初级分离器；4—第一台还原炉的上分离器；5—第一台还原炉的下分离器；6—第一台还原炉的吸收器；7—第一台还原炉的盐酸储罐；8—第一台还原炉的进出气管；9—加压泵；10—第二台还原炉；11—第二台还原炉的鼓泡器；12—第二台还原炉的初级分离器；13—第二台还原炉的上分离器；14—第二台还原炉的下分离器；15—第二台还原炉的吸收器；16—第二台还原炉的盐酸储罐；17—第二台还原炉的进出气管；18—喷射器；19—第三台还原炉；20—第三台还原炉的鼓泡器；21—第三台还原炉的进出气管；22—喷射器；23—加压泵；24—石英玻璃制砣机；25—列管冷凝器；26—列管冷凝器；27—旋风分离器；28—旋风分离器；29—去氧塔；30—去氧塔；31—硅胶干燥塔；32—硅胶干燥塔；33—分子筛干燥塔；34—分子筛干燥塔；35—分子筛干燥塔；36—分子筛干燥塔；37—分子筛干燥塔；38—分子筛干燥塔；39—再生加热器；40—再生加热器；41—再生加热器；42—再生加热器；43—旋风分离过滤器；44—旋风分离过滤器；45—再生气降温缓冲罐；46—冷冻压缩机；47—冷凝器；48—蒸发器；49—四氯化硅合成炉；50—沉降器；51—四氯化硅冷凝器；52—中间储料罐；53—粗馏塔蒸发加料器；54—粗馏塔釜；55—粗馏塔柱；56—粗馏塔头；57—粗馏塔釜；58—粗馏塔柱；59—粗馏塔头；60—精馏塔蒸发加料器；61—精馏塔釜；62—精馏塔柱；63—精馏塔头；64—精馏塔釜；65—精馏塔柱；66—精馏塔头；67—低位储料罐；68—高位储料罐；69—高位储料罐；70—废料罐；71—尾气处理塔；72—液氯罐；73—氯气干燥器；74—回收料罐；75—回收料罐

待处理；四氯化硅及低沸点物一起上升进入粗馏塔头，经冷凝变成液体，一部分回流塔中，一部分向下流入粗馏塔柱中。在粗馏塔柱中，四氯化硅中的低沸点物上升进入粗馏塔头，被冷凝变成液体，最终从粗馏塔头里排出。一部分回流塔中，一部分向下流入废料罐中，等待处理；经过粗馏处理的四氯化硅向下进入粗馏塔釜里，完成了粗馏提纯，成为了合格的粗馏四氯化硅，简称粗馏料。

粗馏料再流进精馏塔蒸发加料器里，经加热由液体变成气体，然后上升进入精馏塔柱中。在精馏塔柱中，四氯化硅中经粗馏后残留的高沸点物下降进入精馏塔釜，最终从精馏塔釜里排出，进入废料罐中，等待处理；四氯化硅和粗馏后残留的低沸点物一起上升进入精馏塔头里，经冷凝变成液体，一部分回流塔中，一部分向下流入精馏塔柱里。在精馏塔柱里，四氯化硅中经粗馏后残留的低沸点物上升进入精馏塔头，被冷凝变成液体，最终从精馏塔头里排出。一部分回流塔中，一部分向下流入废料罐中，等待处理；纯净的四氯化硅向下进入精馏塔釜里。

进入精馏塔釜后，四氯化硅就完成了全部提纯，成为合格的高纯四氯化硅，简称精馏料。精馏料的纯度一般都在6“N”以上。

在氢气冷冻除水系统中，25和26是两个互为备用的列管冷凝器，该冷凝器的列管内是由冷冻组供给冷冻盐水。使用时，氢气进入上述被使用的列管冷凝器，在外壳与列管之间的空间穿行，氢气中的水汽被降温发生相变，由气态变为液态水，一部分冻结，被留在外壳和列管管壁上，一部分随氢气一同进入旋风分离器中，经旋风分离，大部分水分与氢气分离，向下排出系统，但还有残留的水分随氢气一起从上口出了旋风分离器。

在使用中，氢气里的水分不断地冻结在外壳和列管上，使外壳与列管之间的空间越来越小，当空间小到一定程度，关闭此列管冷凝器，让氢气进入另一个列管冷凝器。关闭的列管冷凝器应通水或蒸汽化冰，等待下次再用。

氢气净化系统是两套互为备用的系统。即一套使用，另一套进行再生备用。

再生时，如果采用热氢气再生，需将氢气分别送入再生加热器里加热。经加热后的氢气被分别送入需要再生的硅胶干燥塔中和由分子筛干燥塔组成的分子筛干燥器中。热氢气不断地迫使硅胶和分子筛将所吸附的水分吐出，并带走。硅胶和分子筛吐出所吸附的水分后就会重新恢复吸附的活力。当干燥器中绝大多数的硅胶和分子筛都恢复吸附的活力，再生工作就算完成了。

如果采用热空气再生的话，就需要首先用氮气将系统的氢气除净（就是所说的用氮气置换），然后再通入热空气再生，其再生的方法与热氢气再生相同，只不过，再生工作完成后，需要再次用氮气将系统的空气除净，通入氢气等待备用。

使用时，从旋风分离器出来的氢气先进入去氧塔中脱氧。脱氧后的氢气进入再生好的硅胶干燥塔中，经硅胶吸附使氢气除去残留水分，达到干燥的目的。经硅胶吸附干燥后的氢气再送入再生好的、由分子筛干燥塔组成的分子筛干燥器中。氢气在分子筛干燥器中，经分子筛的吸附，将微量水分除去，再经旋风分离过滤器过滤，将残余在氢气中的微量固体杂质除去，成为了极为纯净的氢气，其含氧量小于$5\times10^{-4}\%$，露点温度低于-60℃。

提纯合格的高纯四氯化硅下流入低位储料罐，然后再被加热蒸发向上进入高位储料罐中，最后被送进高位储料罐中等待备用。

生产多晶硅时，将高位储料罐中的四氯化硅分别送入第一台还原炉的鼓泡器、第二台还原炉的鼓泡器和第三台还原炉的鼓泡器里，并通过流量计控制好流量。

当第一台还原炉的鼓泡器里的四氯化硅液面达到一定高度后，就可以将净化后合格的氢气送进鼓泡器鼓泡了。鼓泡生成的氢和四氯化硅混合气（原料气），通过第一台还原炉的进出气管喷进第一台还原炉里，在还原炉里生产出多晶硅。还原反应生成的尾气进入进出气管中，并在进出气管里与氢和四氯化硅的混合气进行热量交换。经过热量交换后的尾气通过第一台还原炉的初级分离器、第一台还原炉的上分离器和第一台还原炉的下分离器的分离，使尾气中的四氯化硅下沉，并从下分离器的下部流入回收料罐中备用；氯化氢居中，从上分离器和下分离器之间连通管中部排出，进入第一台还原炉的吸收器里，经水吸收制成盐酸后存放进第一台还原炉的盐酸储罐；氢气从第一台还原炉的上分离器里排出，以备再用。

从第一台还原炉的上分离器里排出的氢气经加压泵加压后进第二台还原炉的鼓泡器。该鼓泡器出来的原料气进入喷射器，在喷射器里与回收料罐送来的四氯化硅混合。混合后进入第二台还原炉的进出气管里，通过进出气管喷进第二台还原炉里，在还原炉里生产出多晶硅。第二台还原炉里还原反应生成的尾气进入进出气管中，并在进出气管里与氢和四氯化硅的混合气进行热量交换。经过热量交换后的尾气通过第二台还原炉的初级分离器、第二台还原炉的上分离器和第二台还原炉的下分离器的分离，使尾气中的四氯化硅下沉，并从下分离器的下部流入回收料罐中备用；氯化氢居中，从上分离器和下分离器之间连通管中部排出，进入第二台还原炉的吸收器里，经水吸收制成盐酸后存放进第二台还原炉的盐酸储罐；氢气从第二台还原炉的上分离器里排出，以备再用。

从第二台还原炉的上分离器里排出的氢气经加压泵加压后进入第三台还原炉的鼓泡器。该鼓泡器出来的原料气进入喷射器，在喷射器里与回收料罐送来的四氯化硅混合。混合后进入第三台还原炉的进出气管里，通过进出气管喷进第三台还原炉里，在还原炉里生产出多晶硅。第三台还原炉里还原反应生成的尾气进入进出气管中，并在进出气管里与氢和四氯化硅的混合气进行热量交换。

经过热量交换后的尾气被送入石英玻璃制砣机生产石英玻璃。制砣产生的尾气被送进尾气处理塔里淋洗。经淋洗，尾气中的氯化氢被水吸收变成稀盐酸，再经浓缩后就可成为试剂纯的盐酸产品；尾气中经水解生成的二氧化硅，经干燥处理后也可备作他用。

10　主要设备

10.1　精馏塔

精馏塔是四氯化硅、三氯氢硅提纯的主要设备。在四氯化硅或三氯氢硅精馏所用的各种类型的精馏塔中，以填料塔和筛板塔最常见。因此，本章仅对填料塔和筛板塔作简单介绍，而对其他类型的精馏塔就不再提及了。

10.1.1　筛板塔的构造

筛板塔分离效果好，塔本身与四氯化硅或三氯氢硅的接触面积最小，因此，塔的阻力小，而且来自设备的污染也少。筛板塔有石英玻璃和不锈钢两种。

10.1.1.1　*石英玻璃筛板塔的构造*

石英玻璃筛板塔，顾名思义，它是采用石英玻璃材料制成的筛板塔。石英玻璃的耐腐蚀性能好，采用石英玻璃筛板塔精馏提纯四氯化硅或三氯氢硅，设备的沾污少，可获得较纯的产品。因此，在我国电子材料生产中石英玻璃筛板塔被广泛地采用。

图 10-1 是石英玻璃筛板塔示意图。从图中可以看出，筛板塔是由塔釜、塔柱和塔头三部分组成。

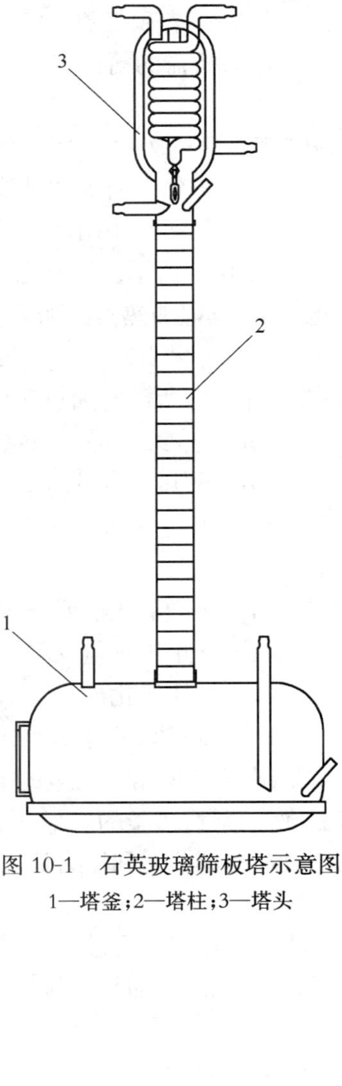

图 10-1　石英玻璃筛板塔示意图
1—塔釜；2—塔柱；3—塔头

石英玻璃筛板塔的塔柱和塔头全部都是用石英玻璃制成，塔釜有两种，一种是石英玻璃制成的，另一种是不锈钢制成的。一般的石英玻璃筛板塔的塔釜都是石英玻璃制成的，这样可减少污染，但由于现实的石英玻璃生产技术的限制，采用石英玻璃制作大的塔釜还是有难度的，因此，一般对于单产大的石英玻璃筛板塔，还是采用不锈钢塔釜。如果精馏产品的质量要求过高，不锈钢塔釜不能满足要求，也可采用一塔多釜的办法来解决。

A　塔釜

塔釜有卧式、立式两种，但石英玻璃筛板塔大多都是卧式，一般卧式蒸发面积大。从塔釜放置位置来分，又可分成直接装于塔柱下和位于塔柱旁两种，但石英玻璃筛板塔一般都是直接装于塔柱下。

如图 10-2 所示，塔釜是由塔釜壳构成一个密闭的罐状体，它的功能是承装精馏所需的原料，也就是从合成炉出来的需要精馏的四氯化硅或三氯氢硅，而且还是加热原料使之蒸发的场所。塔釜的容积可由生产需要而定，但应注意与塔柱相配称。

卧式塔釜的加料量不要超过塔釜容积的2/3，为增加气液分离效果，最好为50%～60%。

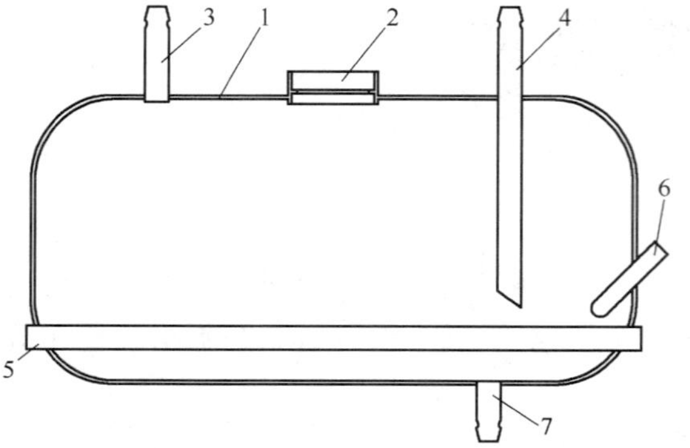

图 10-2　石英玻璃筛板塔的塔釜示意图

1—塔釜壳；2—塔柱联通口；3—加料用短管；4—加料用长管；5—加热器；6—温度计套管；7—残液放出管

塔釜内的四氯化硅或三氯氢硅的蒸发量会影响精馏产品的产量和质量，其大小不仅与筛板塔内的压力有关，还与加热器的加热功率和塔釜的容积有关。电加热功率大，蒸发量就大，反之，蒸发量就小。同样形状的塔釜容积越大（在合理的加料量情况下）其塔釜中形成的液面面积就越大，在同样温度、压力的情况下，蒸发量就大。因此，塔釜的容积应认真选择。

卧式塔釜的容积可由下面的经验公式求得：

$$R_F = P_S \times K_1 / 1000 \qquad (10\text{-}1)$$

式中　R_F——塔釜的容积，m^3；

P_S——每小时所需的精馏产品量，kg/h，取值请见式10-2；

K_1——容积系数。间断法精馏时 $K_1 = 50 \sim 80$；连续法精馏时 $K_1 = 30 \sim 60$。

每小时所需的精馏产品（四氯化硅或三氯氢硅）量可由下式求得：

$$P_S = P_a / t \qquad (10\text{-}2)$$

式中　P_S——每小时所需的精馏产品量，kg/h；

P_a——每年所需的精馏产品量，kg/a；

t——每年中出产品的时间，h/a。

如图10-2所示。塔釜壳里的底部装有加热器。石英玻璃筛板塔塔釜的加热器一般都是电加热，其电加热器的加热功率可由下式近似计算而得：

$$N_D = (q_1 + q_2) / 205.4 \qquad (10\text{-}3)$$

式中　N_D——所需电加热功率，kW；

q_1——参加蒸发物料（四氯化硅或三氯氢硅）的汽化潜热，kJ，取值请见式10-4；

q_2——热损失，kJ，q_2 值的大小与塔釜保温情况和所处的环境温度有关。一般取 $q_2 = (0.1 \sim 0.2) q_1$。

$$q_1 = Q_z q_3 \qquad (10\text{-}4)$$

式中　Q_z——四氯化硅或三氯氢硅的蒸发量，kg/h；

q_3——单位重量物料的汽化潜热，kJ/kg，

四氯化硅 $q_3 = 172.08$kJ/kg，

三氯氢硅 $q_3 = 195.94$kJ/kg。

如图10-2所示。塔釜的上边开有加料用短管、加料用长管和塔柱联通口，塔釜的中部有温度计套管，塔釜的底部开有残液放出管。此外，为了有效地控制塔釜的蒸发量，最好安装蒸发速率调节器和压力计。

B　塔柱

塔柱的作用是为进入塔柱内的物料（四氯化硅或三氯氢硅）气、液两相提供充分的接触面积，使两相之间的传热与传质过程能充分有效地进行。

用在提纯四氯化硅或三氯氢硅的筛板塔的塔柱有两类，一类是穿流式塔柱，另一类是溢流式塔柱。一般石英玻璃筛板塔常采用穿流式塔柱。下面就来介绍穿流式塔柱的构造。

图 10-3 是石英玻璃筛板塔的塔柱示意图。从图中可以发现，塔柱主要是由塔柱外壁和筛板组成。

塔柱的具体构造：

(1) 外壁。塔柱外壁是一个圆形管状体，它的里面有多块筛板。筛板上布满了小孔，很像筛片，因此被称为筛板。从塔釜蒸发上升的蒸气(物料气体)，遇到筛板后，会直接穿过小孔进入上一层；凝结的液体(物料液体)会穿过小孔，形成降落的液滴，掉进下一层。因此，这类塔柱被称为穿流式塔柱。

一般常见的石英玻璃筛板塔的塔柱直径为 100～200mm，外壁的厚度为 2～5mm。

(2) 筛板。筛板是开有许多小孔的圆形板片。

1) 筛板厚度：石英玻璃筛板塔的筛板厚度一般为 2～3mm。

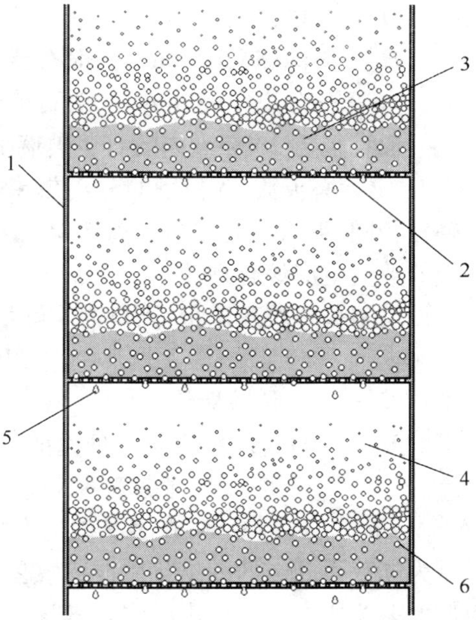

图 10-3 石英玻璃筛板塔的塔柱示意图

1—塔柱外壁；2—筛板；
3—物料(四氯化硅或三氯氢硅)液体；
4—物料(四氯化硅或三氯氢硅)气体；
5—降落的液滴；6—上升的气泡

2) 孔径：筛板是筛板塔的关键所在，可筛板的好坏又取决于该筛板上的筛孔。筛孔的形状、大小、数目、间距与筛孔的排列都会直接影响分离效果和分离量。在同一块筛板上，如想布置满筛孔，孔径越小，孔数会越多。孔径小，筛板上的液体被上升的气体粉碎的程度越高，气液交换越充分，分离的效果就越好；但孔径小，阻力大，特别是会影响凝结的液体下漏；孔径大，阻力小，液体下漏顺利，但分离效果差，因此，孔径的大小很关键。实践证明，一般的石英玻璃筛板塔的孔径在 0.8～3mm 为宜。

3) 孔间距：在筛板上，除了孔径之外，孔间距也是影响筛板塔效率的一个重要的因素。孔间距小，每块板上布置的孔就多，阻力就小，产量就高，但孔间距过小，从临近孔上升的小气泡就容易汇合成大气泡，减少气液交换的接触面，使分离效率下降。实践证明，一般的石英玻璃筛板塔的孔间距为孔径的 3.6～3.8 倍为宜，孔的排列多采用三角形错列。

4) 开孔率：要想让筛板塔具有较好的分离效果，除了筛板的孔径要适当，孔间距要适宜之外，筛板的开孔率也应该合适。一般认为，对于穿流式筛板塔来说，最适宜的筛板开孔率应为 18%～20%。

5) 筛板水平度：由于筛板表面不平，会引起塔板效率降低，所以对筛板的水平度有很高的要求。一般石英玻璃筛板塔筛板表面的不平度，允许误差在 1/1000 以内。

6) 塔板间距：筛板塔的塔柱里有多块筛板。筛板被焊接在塔柱外壁上，将塔柱内部分隔成多个大小相等的小室。如图 10-3 所示，两块筛板之间的距离可以决定小室的大小，小室的大小也可以决定该塔柱分离效果的好坏，因此，塔板间距也是影响筛板塔效率的一个重要因素。塔板间距与物料(四氯化硅或三氯氢硅)的性质和塔径等因素有关，增大塔板间距，可以减少泡沫夹带量，从而提高塔板的效率，但塔板间距过大，则使塔的高度增加，投资增大。所以，应该选取合理的塔板间距。

塔板间距可以由下式求得：

$$H_1 = H_2 + S \tag{10-5}$$

式中　H_1——塔板间距，mm；

H_2——泡沫高度，mm，一般石英玻璃筛板塔，取 $H_2 = 20 \sim 50$mm；

S——分离空间，mm，一般石英玻璃筛板塔，取 $S = 50 \sim 80$mm；

一般直径在 200mm 内的石英玻璃筛板塔的塔板间距 H_1 为 100mm 左右。

7）实际塔板数：筛板塔的分离效果不仅取决于筛板的好坏，还取决于筛板的多少。如果筛板相同，那么，筛板多，分离效果要好，但筛板多，塔的高度增加，投资也会增大。因此，塔板的数量也应该合理。

设塔釜为一块理论板，则塔内实际塔板数可以由下式求得：

$$N_1 = (N_2 - 1)/\eta \tag{10-6}$$

式中　N_1——实际塔板数，块；

N_2——理论塔板数，块（理论塔板数可由逐板计算法或图解法求得，参见大连理工大学的《化工原理》一书）；

η——塔板效率，在多晶硅生产中，一般 $\eta = 0.3 \sim 0.6$；石英玻璃筛板塔，取 $\eta = 0.3$。

为能获得高纯的四氯化硅或三氯氢硅，多晶硅生产中所用的石英玻璃筛板塔的实际塔板数大多要比上式所算出的多，一般都在 50～80 块左右，甚至还有超出 100 块的。

C　塔头

从图 10-4 中可以看出，塔头是一个冷凝器，它的主要功能是将经过多次反复蒸馏后得到的蒸气重新冷凝为液体。塔头的水冷部分是由冷凝盘管和水套组成，在冷凝盘管的下端悬挂有一个悬锤。悬锤是内为铁块，外为石英玻璃的锤状物。由于悬锤内有铁块，因此会受电磁铁磁力的影响发生变位。塔头上除了装有冷凝盘管、水套、悬锤、电磁铁之外，还有测温套管，并开有压力平衡管、出料管、进水口和排水口。

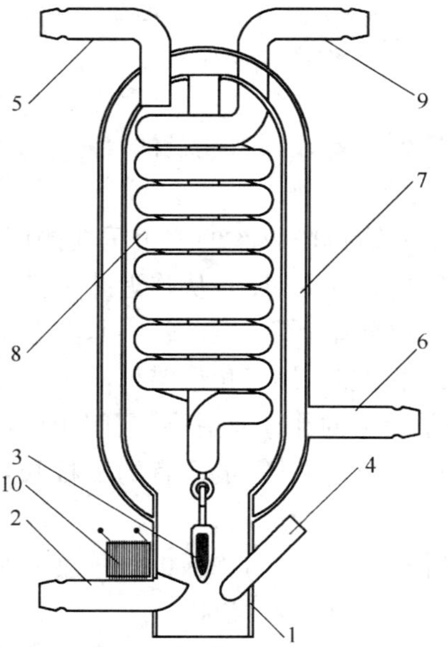

图 10-4　石英玻璃筛板塔的塔头示意图

1—塔柱联通口；2—出料管；3—悬锤；4—测温套管；5—压力平衡管；6—进水口；7—水套；8—冷凝盘管；9—排水口；10—电磁铁

塔头的下部是塔柱联通口，使用时，塔柱联通口与塔柱连接，从塔柱上升的蒸气，进入塔头后，与冷凝盘管和水套中的水进行冷热交换，被冷凝为液体。冷凝的液体有两个归处：一部分（当电磁铁通电时，悬锤被电磁吸引，悬锤下端指向出料管时）排出塔外，另一部分（当电磁铁未通电时，悬锤自然下垂直指向正下方）回流塔内，成为回流料，再次参与蒸馏。

在石英玻璃筛板塔的塔头中，与冷热流体接触的间壁面积有两部分，一部分是水冷盘管的外表面积 F_P，另一部分是水套的内表面积 F_b，因此，塔头

的冷热交换面积 F_T 为：

$$F_T = F_P + F_b \tag{10-7}$$

式中 F_T——塔头的冷热交换面积，m^2；

F_P——水冷盘管的外表面积，m^2；

F_b——水套的内表面积，m^2。

塔头的冷热交换面积可以用下式近似求得：

$$F_T = Q/K \cdot \Delta t_m \tag{10-8}$$

式中 Q——热交换量，W，取值请见式 10-9、10-10；

K——总传热系数，$W/(m^2 \cdot K)$，取值请见式 10-11；

Δt_m——冷热流体的对数平均温差，℃，取值请见式 10-12。

热交换量 Q 可以由下式求得：

$$Q = (R+1)D(I_1 - I_2) \tag{10-9}$$

式中 R——回流比；

D——塔顶的产品量，kg/h；

I_1——塔顶的蒸气焓，J/kg；

I_2——离开塔头液态产品焓，J/kg。

热交换量 Q 也可以由下式近似求得：

$$Q = Q_3 \cdot q_3 \tag{10-10}$$

式中 Q_3——塔头中冷凝的物料（四氯化硅或三氯氢硅）量，kg/h；

q_3——单位重量物料的汽化潜热，kJ/kg，

四氯化硅 $q_3 = 172.08$kJ/kg，

三氯氢硅 $q_3 = 195.94$kJ/kg。

总传热系数 K 可以由下式近似求得：

$$K = \frac{1}{\dfrac{1}{\alpha_2} + \dfrac{b \times d_2}{\lambda \times d_m} + \dfrac{d_2}{\alpha_1 d_1}} \tag{10-11}$$

式中 K——总传热系数，$W/(m^2 \cdot K)$；

λ——冷凝盘管的热导率，$W/(m \cdot K)$，一般石英玻璃 $\lambda = 1.2 \sim 1.5 W/(m \cdot K)$，不锈钢 $\lambda = 15.2 \sim 26.8 W/(m \cdot K)$；

α_1——冷却水的对流传热系数，$W/(m^2 \cdot K)$，取值请见式 10-13；

α_2——物料（四氯化硅或三氯氢硅）对管路的冷凝对流传热系数，$W/(m^2 \cdot K)$，一般 $\alpha_1 = 3000 \sim 5000 W/(m^2 \cdot K)$；

b——冷凝盘管的壁厚，m；

d_1——冷凝盘管的内径，m；

d_2——冷凝盘管的外径，m；

d_m——冷凝盘管的中心直径，m。

冷热流体的对数平均温差 Δt_m 可以由下式求得：

$$\Delta t_m = \frac{(t'_i - t_i) - (t'_o - t_o)}{\ln \dfrac{t'_i - t_i}{t'_o - t_o}} \tag{10-12}$$

式中　Δt_m——冷热流体的对数平均温差，℃；

t'_i——物料（四氯化硅或三氯氢硅）的蒸气温度，℃；

t'_o——物料（四氯化硅或三氯氢硅）的凝结液温度，℃；

t_i——冷却水的进水温度，℃；

t_o——冷却水的出水温度，℃。

冷却水的对流传热系数 α_1 可以由下式求得：

$$\alpha_1 = 0.023\frac{\lambda}{d_1}\left(\frac{d_1 u\rho}{\mu}\right)^{0.8}\left(\frac{\mu c_p}{\lambda}\right)^{0.4} \tag{10-13}$$

式中　α_1——冷却水的对流传热系数，W/(m² · K)；

λ——冷却水的热导率，W/(m · K)，一般水的 $\lambda = 0.618$W/(m · K)；

d_1——冷凝盘管的内径，m；

u——冷却水在管里的流速，m/s；

ρ——冷却水的密度，kg/m³，一般水的 $\rho = 995.7$kg/m³；

μ——冷却水的黏度，Pa · s，一般水的 $\mu = 0.817$Pa · s；

c_p——冷却水的比热容，J/(kg · K)，一般水的 $c_p = 4174$J/(kg · K)。

塔头蒸气冷凝所用的冷却水量 W_C 可由下式计算：

$$W_C = Q/[P_C \cdot (t_o - t_i)] \tag{10-14}$$

式中　W_C——塔头蒸气冷凝所用的冷却水量，kg/h；

Q——热交换量，J/h，取值请见式 10-9；

P_C——冷却水的比热容，kJ/(kg · K)；

t_i——冷却水的进口温度，℃；

t_o——冷却水的出口温度，℃。

10.1.1.2　不锈钢筛板塔

随着电子工业的飞速发展，要求硅材料产量日益增加，给筛板塔的设备材料提出了更高的要求。由于石英玻璃的性质脆弱，仅局限于用来制造小型的筛板塔，所以很难满足大规模工业生产的需要，因此，石英玻璃筛板塔已逐渐由高纯的不锈钢来取代。

如图 10-5 所示，不锈钢筛板塔也是由塔釜、塔柱和塔头共同组成的，其各部分的功能也与石英玻璃筛板塔基本相同，但由于大多数的不锈钢筛板塔比石英玻璃筛板塔体形高大，再加上所用的制造材料不同，所以具体在构造上就有些不同了。

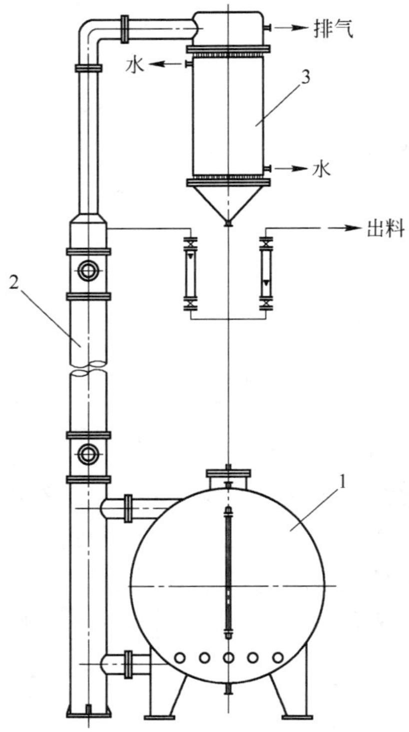

图 10-5　不锈钢筛板塔的示意图

1—塔釜；2—塔柱；3—塔头

A　塔釜

如图 10-5 所示，不锈钢筛板塔的塔釜与石英玻璃筛板塔的塔釜的功能完全一样，其形状、构造也基本相同，仅多了一个液面计和一个塔柱联通口。不锈钢不透明，用它制作塔釜，操作时无法知道塔釜内的物料多少，因此要加一个液面计。一般不锈钢筛板塔的塔柱高大，其质量也大，如果还像石英玻璃筛板塔那样，将塔柱放在塔釜上面，塔釜承受不了，很容易被压坏，为防止塔釜被压坏，一般不锈钢筛板塔的塔柱不放在塔釜上，而是放在塔釜旁边，使塔柱的荷载直接传向地面。因此，一般不锈钢筛板塔塔釜的塔柱通常不在上面，而在侧面。这是对于大型的不锈钢筛板塔来说，但一般小型的不锈钢筛板塔和石英玻璃筛板塔一样，塔柱还是放在塔釜上。

不锈钢筛板塔塔釜的容积、塔釜加热功率等的计算方法与石英玻璃筛板塔基本相同，请参见石英玻璃筛板塔的塔釜的计算方法。但为了节俭，有些大型不锈钢筛板塔塔釜的加热方式例外，不是用电加热，而是用热介质（热水、热油及蒸汽等）加热。热介质的消耗量可以用下式求得：

$$W_h = Q_B/(I_1 - I_2) \tag{10-15}$$

式中 W_h——塔釜所用热介质的消耗量，kg/h；

Q_B——塔釜的热负荷，J/h；

I_1——热介质的入口焓，J/kg；

I_2——热介质的出口焓，J/kg。

根据承压情况，可将容器分为受内压和受外压两种。由于塔釜内部的四氯化硅或三氯氢硅的压力大于外界压力，因此，不锈钢筛板塔的塔釜属于内压容器。

按容器能承受工作压力的大小，又可分为4个压力等级：0.1MPa$\leqslant P<$1.6MPa为低压力容器；1.6MPa$\leqslant P<$10MPa为中压力容器；10MPa$\leqslant P<$100MPa为高压力容器；$P\geqslant$100MPa为超高压力容器。一般情况下，中、低压容器大多都是薄壁容器。

不锈钢筛板塔塔釜里的四氯化硅或三氯氢硅对塔釜的压力大于0.1MPa，但小于1.6MPa，因此，不锈钢筛板塔的塔釜属于内压薄壁壳体，为保证安全，其强度也应经过简单计算，并选取合适的钢板厚度。

对于内压圆筒来说，为了保证圆筒的安全，根据第一强度理论（最大主应力理论），应使筒体上的最大应力，即环向应力 σ_2 小于或等于圆筒材料在设计温度下的许可应力 $[\sigma]^t$，所以，筒体的强度条件为：

$$\sigma_2 = pD_0/2\delta_1 \leqslant [\sigma]^t \tag{10-16}$$

式中 σ_2——环向应力，MPa；

$[\sigma]^t$——许可应力，MPa；

p——设计压力，MPa；

δ_1——圆筒壁的厚度，mm；

D_0——圆筒中径，即圆筒的平均直径，mm，$D_0 = (D_1 + D_2)/2$；

D_1——圆筒内径，mm；

D_2——圆筒外径，mm。

所以，塔釜外壳厚度（圆筒壁的厚度）δ_1 可由下式求得：

$$\delta_1 = pD_0/2\sigma_2 \tag{10-17}$$

塔釜常用的封头有半球形、椭圆形和碟形三种。三种封头的壁厚计算如下：

半球形封头为半个球壳。对于球形内压封头来说，它的壁厚 δ_3 可由下式求得：

$$\delta_3 = pD/(4\cdot[\sigma]^t\varphi - p) \tag{10-18}$$

式中 δ_3——内压封头壁厚，mm；

p——设计压力，MPa；

D——封头内径，mm；

$[\sigma]^t$——许可应力,MPa;

φ——焊接接头系数,$\varphi \leqslant 1$,一般选 $\varphi \leqslant 0.8 \sim 0.9$。

椭圆形封头由半个椭球面和高为 h 的短圆筒,又称为直边所组成。直边段的作用是避免筒体与封头间的环向连接焊缝处出现边缘应力与热应力叠加,以改善焊缝的受力情况,其直边高度 h 的取值可查表 10-1。

表 10-1　椭圆形封头材料、厚度和直边高度的对应关系表

封头材料	碳素钢	不锈钢		
封头厚度 δ_3/mm	4～8	3～9	10～18	≥20
直边高度 h/mm	25	25	40	50

由于封头的椭球部分经线曲率变化平滑连续,故应力分布比较均匀。另外,椭圆形封头深度较半球形封头小得多,易于冲压成型,因此,是目前中、低压容器中应用较为普遍的一种封头形式。

椭圆形内压封头的壁厚 δ_3 可由下式求得:

$$\delta_3 = KPD_1/(2[\sigma]^t\varphi - 0.5P) \tag{10-19}$$

式中　δ_3——椭圆形内压封头的壁厚,mm;

K——椭圆形内压封头的形状系数,其值可按表 10-2 查取;

P——椭圆形内压封头的计算压力,MPa;

D_1——椭圆形内压封头的内径,mm;

$[\sigma]^t$——许可应力,MPa;

φ——焊接接头系数。

表 10-2　椭圆形封头的形状系数 K 值表

$D_1/2h$	2.6	2.5	2.4	2.3	2.2	2.1	2.0	1.9	1.8
K	1.46	1.37	1.29	1.21	1.14	1.07	1.00	0.93	0.87
$D_1/2h$	1.7	1.6	1.5	1.4	1.3	1.2	1.1	1.0	
K	0.81	0.76	0.71	0.66	0.61	0.57	0.53	0.50	

理论分析证明,当 $D_1/2h = 2$ 时,椭圆形封头的应力分布较好,所以规定为标准椭圆形封头,此时 $K = 1$。标准椭圆形封头的壁厚 δ_3 可由下式求得:

$$\delta_3 = PD_1/(2[\sigma]^t\varphi - 0.5P) \tag{10-20}$$

碟形封头又称带折边的球面封头,如图 10-6 所示。

碟形内压封头的壁厚 δ_3 可由下式求得:

$$\delta_3 = MPR/(2[\sigma]^t\varphi - 0.5P) \tag{10-21}$$

式中　δ_3——碟形内压封头的壁厚,mm;

M——碟形内压封头的形状系数,其值可按表 10-3 查取;

P——碟形内压封头的计算压力,MPa;

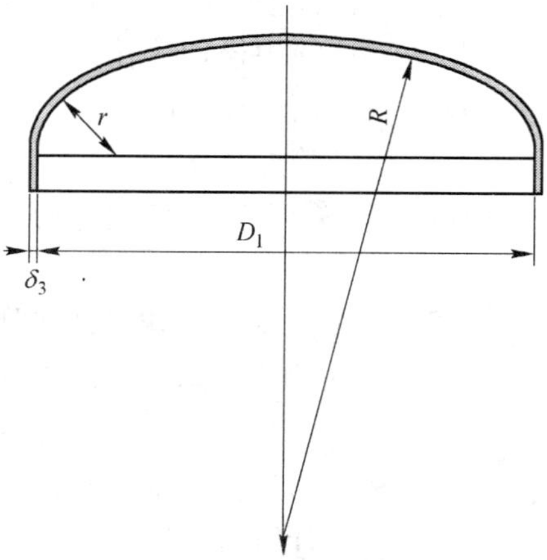

图 10-6　碟形封头简图

R——碟形内压封头球面部分内半径，mm；

$[\sigma]^t$——许可应力，MPa；

φ——焊接接头系数。

表 10-3 碟形封头的形状系数 M 值表

R/r	1.0	1.25	1.5	1.75	2.0	2.25	2.50	2.75
M	1.00	1.03	1.06	1.08	1.10	1.13	1.15	1.17
R/r	3.0	3.25	3.50	4.0	4.5	5.0	5.5	6.0
M	1.18	1.20	1.22	1.25	1.28	1.31	1.34	1.36
R/r	6.5	7.0	7.5	8.0	8.5	9.0	9.5	10.0
M	1.39	1.41	1.44	1.46	1.48	1.50	1.52	1.54

一般在确定钢板选定厚度时，还应考虑到物料的腐蚀作用，因此，钢板的选定厚度应按下式计算：

$$\delta_2 \geqslant \delta_1 + C_1 \tag{10-22}$$

式中 δ_2——钢板的选定厚度，mm；

C_1——腐蚀裕量，mm，在不锈钢筛板塔的设计中，一般腐蚀裕量 C_1 取 δ_1 的 0.2 倍，即：$C_1 = 0.2\delta_1$。

用于提纯四氯化硅和三氯氢硅的筛板塔属于低压容器。对低压容器，若用公式计算壁厚，其值很小，有时不能满足制造、运输和安装过程中的刚度要求。根据工程实践经验，对壁厚规定了一个不包括腐蚀裕量在内的最小厚度，对内径小于 3800mm 的碳素钢或普通低合金钢容器，取最小厚度为内径的 0.002 倍，且不小于 3mm。对不锈钢容器的最小厚度不得小于 2mm。

为了减少计算，可以按公称直径、工作压力及材料在表 10-4 中选取所需容器的壁厚。

表 10-4 内压圆筒体器壁厚度表

材 料	工作压力/MPa	公称直径/mm										
		300	400	500	600	800	1000	1200	1600	2000	2600	3000
		筒体壁厚/mm										
Q235	≤0.3	3	3	3	3	4	5	5	5	6	7	8
	0.4	3	3	3	3	4	5	5	5	6	7	8
	0.6	3	3	3	3	4	5	5	6	8	9	11
	1	3	4	5	6	6	7	8	10	11	14	16
	1.6	5	6	7	8	8	10	11	14	17	21	24
16Mn	≤0.3	3	3	3	3	4	5	5	5	6	7	8
	0.4	3	3	3	3	4	5	5	5	6	7	8
	0.6	3	3	3	3	4	5	5	5	6	7	8
	1	3	3	4	4	5	5	6	7	9	11	12
	1.6	4	4	5	6	7	8	9	11	13	16	18

续表 10-4

材　料	工作压力/MPa	公称直径/mm										
		300	400	500	600	800	1000	1200	1600	2000	2600	3000
		筒体壁厚/mm										
不锈钢	≤0.3	3	3	3	3	3	4	4	4	5	6	7
	0.4	3	3	3	3	3	4	4	4	5	6	7
	0.6	3	3	3	3	3	4	4	5	6	7	8
	1	3	3	4	4	4	5	6	8	9	12	13
	1.6	4	4	5	6	6	8	9	12	14	18	21

不锈钢筛板塔塔釜的封头尽量选取标准的，其标准封头的具体尺寸请详见有关标准。

不锈钢筛板塔塔釜的液面计，可以是图 10-7 中那样，选用化工中常用的普通液面计，也可以采用浮漂式液面计。浮漂式液面计是装在塔釜上面的，因此不会由于液面管被折断，而使塔釜内的四氯化硅或三氯氢硅料外溢，污染环境，但该种液面计不如普通液面计直观。

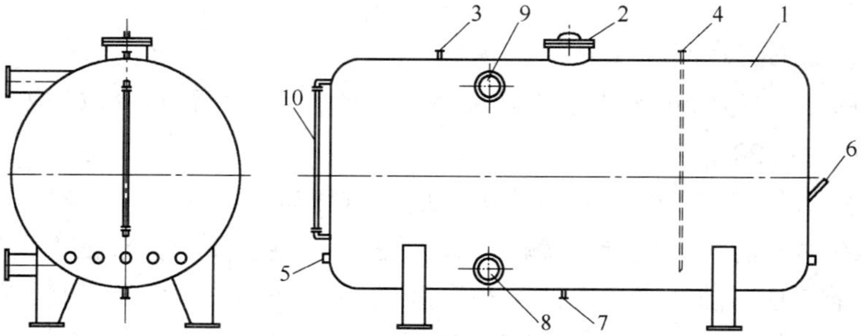

图 10-7　不锈钢筛板塔的塔釜示意图

1—塔釜壳；2—人孔；3—加料用短管；4—加料用长管；5—加热器；6—温度计套管；7—残液放出管；8—塔柱上联通口；9—塔柱下联通口；10—液面计

B　塔柱

用在提纯四氯化硅或三氯氢硅的筛板塔的塔柱有两类，一类是穿流式塔柱，另一类是溢流式塔柱。一般不锈钢筛板塔常采用溢流式塔柱。下面就来介绍溢流式塔柱的结构。

图 10-8 是不锈钢筛板塔的塔柱示意图。塔柱主要是由塔柱外壁、筛板和溢流降液管组成。从图 10-3 与图 10-8 的比较中可以发现，溢流式塔柱与穿流式塔柱的区别是，溢流式塔的筛板上有溢流降液管，而穿流式塔柱没有。

使用时，溢流式塔的筛板上也像穿流式塔一样，都会有一层浮动的物料液体。在液体中有上升的气泡，在物料液体的上面有物料气体。两者的区别是，溢流式塔的筛板上物料液体的下流，不是完全靠穿过筛板上的小孔，形成降落的液滴，而是靠液体流进溢流降液管中，并通过溢流降液管流到下一层筛板上。这样一来，上升的物料气体和下降的液体就可以各行其道，互不妨碍了。

塔柱的具体构造：

(1) 外壁。如图 10-8 所示，不锈钢筛板塔的塔柱外壁与石英玻璃筛板塔的一样，也是一个圆形管状体，不同的是所用的材料，一个是石英玻璃，另一个是不锈钢。塔柱外壁的里面也有多块筛板。

塔柱外壁的直径 D 可以用下式求得：

$$D=\sqrt{\frac{4V_s}{\pi u}} \qquad (10\text{-}23)$$

式中　D——塔柱外壁的直径，m；

u——空塔气速，m/s；

V_s——气相体积流量，m^2/s。

对于提纯四氯化硅或三氯氢硅的不锈钢筛板塔来说，塔柱最好采用现成的无缝不锈钢管来制造，因此，要对由上式求得的塔柱外壁的直径 D 进行调整，使之符合无缝不锈钢管的规格。

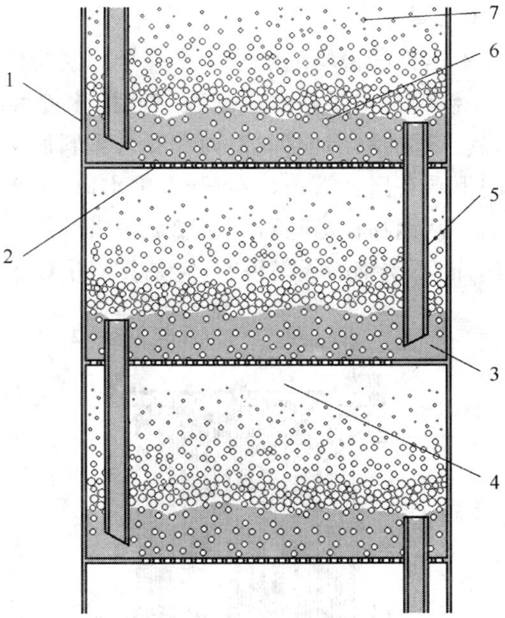

图 10-8　不锈钢筛板塔的塔柱示意图
1—塔柱外壁；2—筛板；3—物料（四氯化硅或三氯氢硅）液体；4—物料（四氯化硅或三氯氢硅）气体；5—溢流降液管；6—上升的气泡；7—降落的液滴

(2) 筛板。如图 10-8 所示，溢流式筛板塔的筛板与穿流式筛板塔的筛板基本相同，也是开有许多小孔的圆形板片，不同的是，溢流式筛板塔的筛板上装有溢流降液管，而穿流式筛板塔的筛板上没有。在使用时，上述两种塔中上升的蒸气（物料气体），遇到筛板后，都是直接穿过小孔进入上一层；而筛板上的液体物料（物料液体）下降时就不同了，在穿流式筛板塔中，凝结的液体（物料液体）会穿过小孔，形成降落的液滴，掉进下一层，也就是说，上升的蒸气和下降的液体都是通过筛板上的小孔，是同路；而在溢流式筛板塔中，凝结的液体（物料液体）不是穿过筛板上小孔，而是通过溢流降液管流向下一层。也就是说，上升的蒸气和下降的液体各行其路，不是同路。

1) 筛板厚度：不锈钢筛板塔的筛板的厚度一般为 3～6mm。为了减少计算，可以根据塔柱外径在表 10-5 中选取所需的筛板厚度。

表 10-5　不同塔柱外径的筛板厚度

塔柱外径/mm	159	219	273	325	377	426
筛板厚度/mm	3	3	5	5	5	6

2) 孔径：实践告知，一般的石英玻璃筛板塔的孔径在 0.8～3mm 为宜。

3) 板间距：以蒸气夹带喷溅液珠的距离为下限，一般认为，对于小直径的塔来说，塔径/板间距 = 1/0.8～1/1.5 为宜，但对于塔径稍微大一些的塔就不太适合了。一般塔的板间距可参见表 10-6。

表 10-6　不同塔径的板间距

塔径/m	0.3～0.5	0.5～0.8	0.8～1.6
板间距/m	200～300	250～350	300～450

C　塔头

不锈钢筛板塔的塔头也是一个冷凝器。可以看出，从图 10-9 中表示的塔头是一个列管式冷凝器，它主要是由分配腔、列管、水冷腔、聚料腔四部分组成。分配腔的外壳装有进料管，其下部通有多根列管；列管通入聚料腔内，并穿过聚料腔后；进入下部的聚料腔内；聚料腔的下端有出料管；水冷腔开有进水口、出水口。

不锈钢筛板塔与石英玻璃筛板塔的塔头还有一个区别，石英玻璃筛板塔的塔头有一个悬锤，而不锈钢筛板塔没有，它是靠流量计来控制回流比。

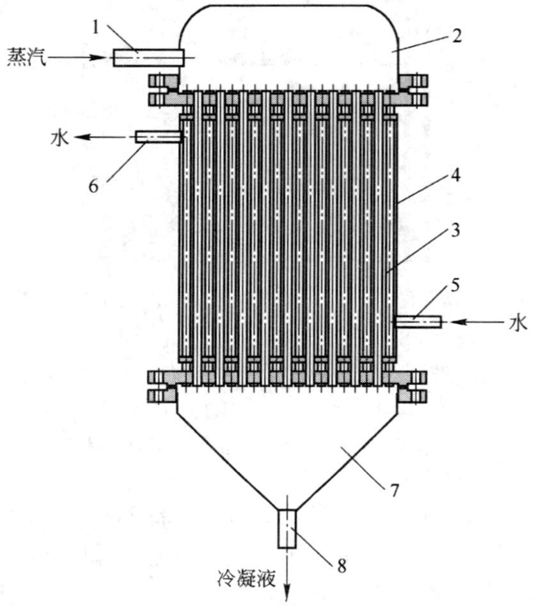

图 10-9　不锈钢筛板塔的塔头示意图

1—进料管；2—分配腔；3—列管；4—水冷腔；5—进水口；6—出水口；7—聚料腔；8—出料管

通常，不锈钢筛板塔的塔头应该是全不锈钢的，但为了节俭也可以是半不锈钢的，也就是说，与物料直接接触的(进料管、分配腔、列管、聚料腔、出料管)一部分是不锈钢的，另与物料不直接接触的(水冷腔、进水口、出水口)一部分可以不用不锈钢，而采用普通碳钢来制造。

塔头的热负荷、传热面积、塔头蒸气冷凝所用的冷却水量的计算可参考式 10-9、式 10-8、式 10-14。

10.1.2　填料塔的构造

填料塔的构造简单，产量大，易于制造，因此在多晶硅和石英玻璃生产中，填料塔常被用于提纯四氯化硅或三氯氢硅。

单指塔体来说，填料塔也有石英玻璃和不锈钢之分，但不管塔体是石英玻璃制的，还是不锈钢制的，它们的填料大多都是不锈钢的。

图 10-10 是不锈钢填料塔的示意图，从中可以发现，它不仅也是由塔釜、塔柱、塔头三部分组成，而且外形也与不锈钢筛板塔一模一样。其实，填料塔不仅外形与筛板塔一样，而且内里的许多构造也与筛板塔相同。特别是塔釜和塔头，填料塔的与筛板塔的没有任何差别，其不同的只是塔柱。筛板塔的塔柱里有许多块筛板塔，而填料塔的塔柱里没有；填料塔的塔柱里装填了许多填料，而筛板塔的塔柱里没有。

由于填料塔的塔釜和塔头与筛板塔的相同，所以就不再重复介绍了，下面仅对塔柱及填料作以简单介绍。

填料塔的塔柱非常简单，石英玻璃填料塔的塔柱就是一个用石英玻璃制成的管状体，只是为防止填料掉进塔釜，而在塔柱的最下端有一筛板，筛板以上装填料。

不锈钢填料塔的塔柱稍微复杂些，(见图 10-10)在不锈钢制成的管状体上还有两个观察窗，该管状体的两端还有连接用的法兰。直径较小(≤ϕ100mm)的填料塔的塔柱，一般是每对法兰之间都夹有一块筛板，筛板之上装填料。直径较大(≥ϕ100mm)的填料塔的塔柱最下端一对法兰之间夹有筛板，而其他的法兰之间夹的是回流液再分配器。填料塔的塔柱中加装再分配器的目的是为了消除四氯化硅或三氯氢硅气液两相在塔柱中产生的趋心效应和趋壁效应。

何为趋心效应和趋壁效应？

提纯时，塔柱中的四氯化硅或三氯氢硅回流的液体由上向下流动，蒸气由下向上流动。开始时，回流的液体还是沿整个塔柱截面较均匀地分布，可经过一段路程之后，就不均匀了，而是逐渐趋向于沿塔壁流动，并且越往下，路程越长，这种趋势越明显。这就是趋壁效应。

四氯化硅或三氯氢硅液体在塔柱中产生趋壁效应的同时，四氯化硅或三氯氢硅蒸气在塔柱中产生了趋心效应。趋心效应与趋壁效应相反，四氯化硅或三氯氢硅蒸气在塔柱中由下向上升，越升越趋向于塔柱中心。

趋心效应和趋壁效应对于四氯化硅或三氯氢硅的提纯是有影响的。

回流的液体分布不均匀，使塔柱得不到有效利用，影响塔的使用效率，而且更为严重的是，趋心效应和趋壁效应的存在，影响气液两相的接触，从而会影响提纯的质量。

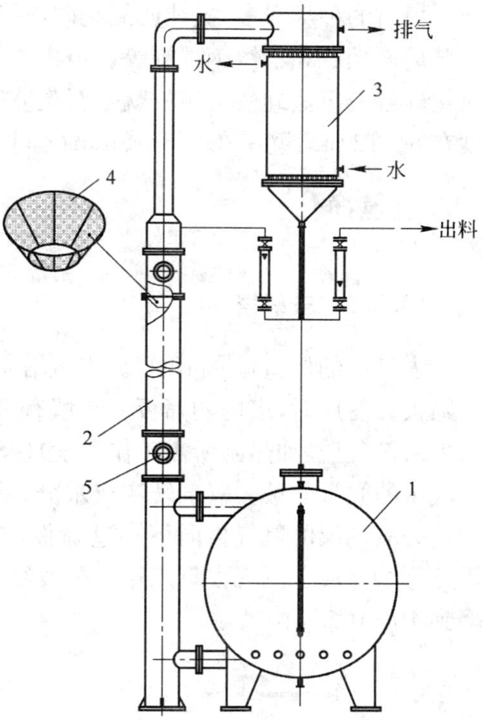

图 10-10 不锈钢填料塔示意图

1—塔釜；2—塔柱；3—塔头；
4—回流液再分配器；5—观察窗

为了消除或减少趋心效应和趋壁效应，在塔柱内加装回流液再分配器，使回流的液体沿塔的整个截面较均匀地重新分布。在塔柱中，回流液再分配器越多越好，一般是每节塔柱装一个回流液再分配器，大多是安装在每节塔柱端部的法兰处，最好是每隔 0.6～1m 安装一个。

回流液再分配器是一个形如倒立的圆锥台，外表是一层不锈钢丝网。使回流的液体流向塔柱的中心部分。

提纯四氯化硅或三氯氢硅用填料塔的空塔速度 ω_0 一般不超过 0.2m/s，使用大尺寸的填料，空塔速度 ω_0 可以大一些，但大尺寸填料的分离效率低，故多采用较小尺寸的填料。

填料直径 d 与填料塔的塔柱直径 D 应保持一定关系，一般应满足下式的要求：

$$D/d \geqslant 10 \tag{10-24}$$

D/d 值越小，填料塔内的充填就越不均匀，回流液向塔壁流动的倾向就越大，即回流液的趋壁效应就越显著，因此，填料塔的分离效率就越低。有实验表明，当 $D/d \geqslant 10$ 时，就可以基本上消除这种影响。

填料塔的塔柱直径大小，对塔的分离效率有很大的影响。因为，不规则排列的填料在塔内的分布总是不均匀的，对四氯化硅或三氯氢硅气或液的阻力也不均匀。在阻力小处四氯化硅或三氯氢硅气或液流过的就多，形成了“通道”，而阻力大处流过的就少，甚至没有。上述现象被称为“沟流效应”。沟流效应使得四氯化硅或三氯氢硅气或液分布不均匀，从而造成气、液接触情况的恶化，降低塔的分离效率。

填料塔的塔柱直径越大，塔的分离效率就越低，因此，填料塔的塔柱直径都不是很大。

填料的种类很多，提纯四氯化硅或三氯氢硅常用的填料有石英玻璃短管、石英玻璃块、石英玻璃螺旋和不锈钢螺旋等。但由于石英玻璃短管加工简单，效果也不错，因此，提纯四氯化硅或三氯氢硅最常用的就是石英玻璃短管。一般石英玻璃短管的直径在6～10mm，长度在8～12mm，壁厚在1.5～2mm之间。

10.2　氢净化

10.2.1　去氧塔

去氧塔的构造见图10-11。去氧塔是一个封闭罐体，在罐内中部有蒸汽加热盘管，下部有筛板。使用时，塔内的筛板上装填有去氧剂，氢气从塔上端的进气口进入去氧塔内，向下与去氧剂(已被加热到所需工作温度)接触，并穿透去氧剂层。由于氢气与去氧剂充分接触，氢气中的微量氧被去氧剂转变成水分，从而使氢气失去了氧，从而达到了氢气去氧的目的。穿透去氧剂层的氢气再向下穿过筛板，在塔体内的下方集中，最后从塔体下端的进气口出塔，至此，完成了氢气去氧工作。一般经过去氧塔的氢气，其含氧量可以从原来的95%左右降到$10\sim0.2\times10^{-4}\%$。

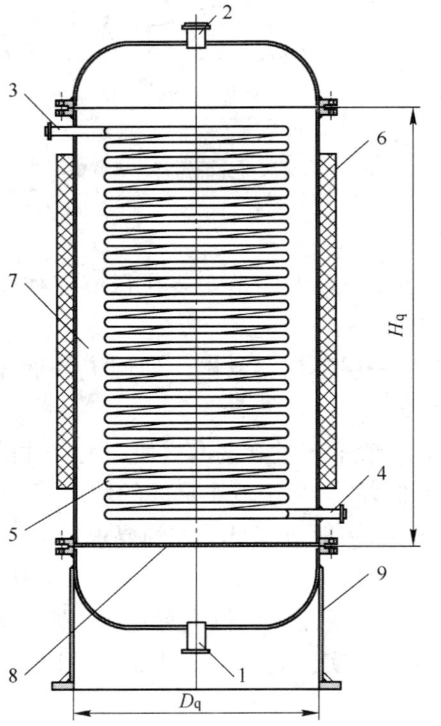

图10-11　去氧塔构造简图

1—出气口；2—进气口；3—蒸汽进口；4—蒸汽凝结水出口；5—蒸汽加热盘管；6—保温层；7—装填去氧剂的空间；8—筛板；9—支架

为了防止沾污，去氧塔一般都是采用不锈钢制造。其实，去氧塔对设备材料的要求并不严格，完全可以用普通的碳钢来制造。按照使用压力分，去氧塔应属于低压力容器，其外壳厚度可在表10-4中选取；所用封头材料、厚度和直边高度可参照表10-1选出。

去氧塔的去氧剂装填段高度H_q应尽量高，但应让氢气能够顺利地穿透去氧剂层，也就是说，去氧剂层对氢气阻力不可过大。除此之外，还要保证去氧剂不被重力压坏。因此，去氧剂装填段高度H_q要根据去氧剂的粒度和强度等条件综合考虑。去氧剂的粒度和强度可由说明书中获得。实践经验认为，一般去氧剂装填段高度H_q，应在0.8～3m之间为宜。

去氧塔的直径D_q可由下式求得：

$$D_q=2\sqrt{\frac{V_q+V_R}{2H_q\pi}}\tag{10-25}$$

式中　D_q——塔柱外壁的直径，m；

V_q——去氧剂用量(堆体积)，m^3；

V_R——加热管所占的体积，m^3；

H_q——去氧剂装填段高度，m。

10.2.2 干燥塔

干燥塔的构造见图10-12。干燥塔也是一个封闭罐体，下部也有筛板，只不过，罐内没有蒸汽加热用的盘管。使用时，塔内的筛板上装填有干燥剂（硅胶或分子筛），氢气从塔上端的进气口进入去氧塔内，向下与干燥剂接触，并穿透干燥剂层。氢气中的水分被干燥剂吸附，从而达到了干燥的目的。

干燥塔对设备材料的要求不严，可以用普通的碳钢来制造，为求得高质量，也可以用不锈钢来制造。

干燥剂装填段的高度 H_g 应尽量高，但也要根据干燥剂的粒度和强度等条件综合考虑。一般去氧剂装填段高度 H_g，应在2～4m之间为宜。

干燥塔的直径 D_g 可由下式求得：

$$D_g = 2\sqrt{\frac{V_g}{2H_g\pi}} \tag{10-26}$$

式中 D_g——塔外壁的直径，m；

V_g——干燥剂用量（堆体积），m^3；

H_g——干燥剂装填段高度，m。

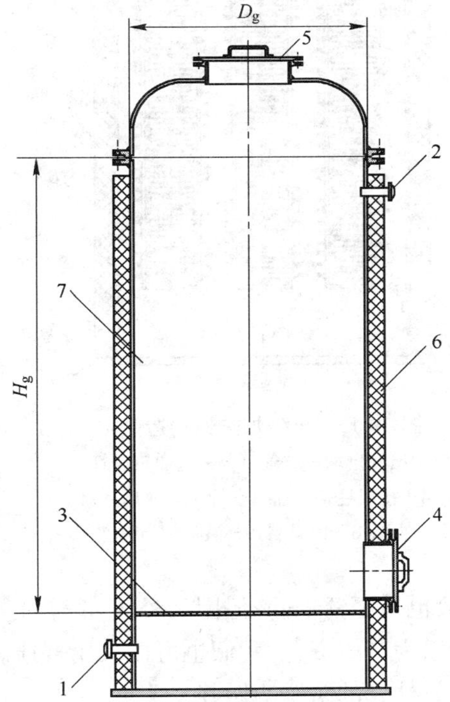

图10-12 干燥塔构造简图

1—出气口；2—进气口；3—筛板；4—下人孔；5—上人孔；6—保温层；7—装填干燥剂（硅胶或分子筛）的空间

10.2.3 再生加热器

再生加热器的构造见图10-13。

再生加热器是为干燥剂再生时加热再生气体的设备。它主要是由外壳、电加热盘管和加热套管组成。为了更好地将电加热盘管所产生的热传给再生气体，在炉体的空腔里装填了铜屑，并在加热套管上焊有散热片。

再生加热器是在高温下工作，其炉体外壳可以采用普通碳钢制造，但温度高的加热套管应该采用不锈钢来制造。

再生加热器的大小与它加热的气体量有关，特别是与加热气体所需的加热功率有关。因此，决定再生加热器的大小，应首先搞清加热气体所需的加热功率。加热气体所需的加热功率可由下式求得：

$$N = Gc_p(t_1 - t_0)/3600 \tag{10-27}$$

式中 N——加热气体所需的加热功率，kW；

G——加热气体的用量，kg/h；

c_p——加热气体的热容，kJ/(kg·℃)；

t_1——再生气体所需的温度，℃；

t_0——再生气体进炉前的温度，℃。

根据再生气体所需的温度和加热功率，选择加热元件（电加热盘管）。然后再根据加热

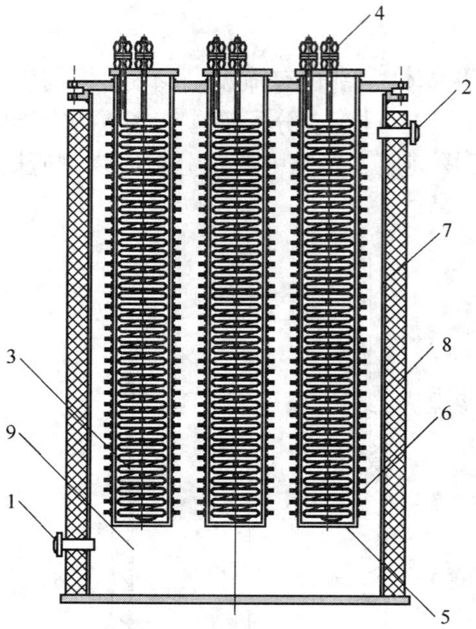

图 10-13　再生加热器构造简图
1—出气口；2—进气口；3—电加热盘管；
4—接线柱；5—加热套管；6—散热片；
7—外壳；8—保温层；9—装填铜屑的空间

元件尺寸来确定再生加热器的大小。

10.3　还原炉

还原炉是发生氢还原反应的场所，是直接产出多晶硅的设备。最早还原炉是石英钟罩式的，由于设备材料昂贵、产量低和不安全等缺点，除实验室以外，已很少见了。现在使用的几乎都是不锈钢还原炉。

10.3.1　还原炉的炉身

常见的不锈钢还原炉有两种，一种是无门钟罩式，另一种是有门钟罩式。这两种各有其优点，无门钟罩式结构简单，易于制造；有门钟罩式清洗操作比较方便。其基本形式见图 10-14。

10.3.1.1　还原炉壳体

无门钟罩式还原炉的炉身，主要是由钟罩式壳体和圆盘式炉底共同组成。其壳体是一个由内、外两层壳体组成的双层钟罩，内外层之间的夹层通有冷却水。还原炉的内壳是不锈钢的，外壳一般也是不锈钢的，但因为外壳不与参与还原反应的物料接触，不会对产品质量产生影响，所以为节约资金，我们也可以采用普通碳钢材料来制作还原炉外壳，不过，为防止外壳生锈，需将外壳的防锈漆做好。

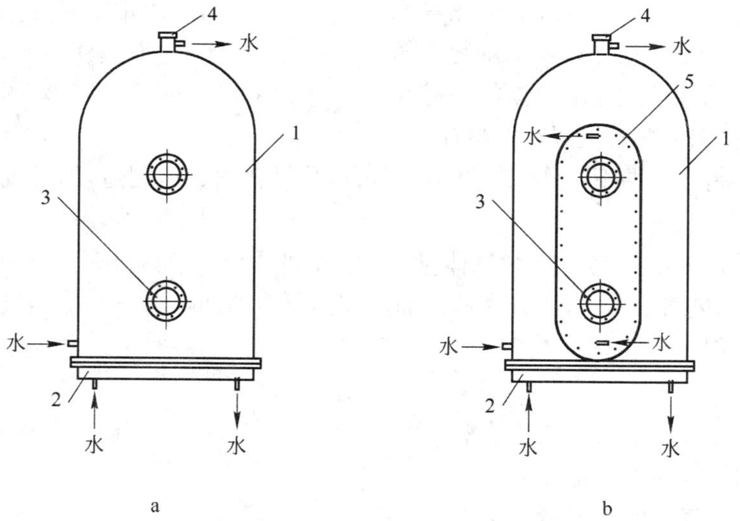

图 10-14　还原炉壳体的基本形式简图
a—无门钟罩式；b—有门钟罩式
1—炉体；2—炉底；3—视镜；4—防爆孔；5—炉门

有门钟罩式还原炉与无门钟罩式还原炉的壳体基本相同，只是钟罩式炉身上开有一个门。很像一个带有法兰盖的大型人孔，只不过，这个人孔不是正圆，而是个长圆形。为防止被高温损坏，一般炉门也是双层带有夹层，夹层里通有冷却水。常见的炉门上大多都开有观察窗，方便操作时使用。

还原炉外壳受力较为简单，主要是来自夹层中冷却水的压力，属于内压薄壁壳体，其厚度的求取办法可以参见式 10-15、式 10-16、式 10-17。

还原炉内壳受力较为复杂，内外都受压，内部有反应物料气体的压力，外部有夹层冷却水的压力。但一般都是冷却水的压力大于反应物料气体的压力，应属于外压薄壁壳体，其壳体所能承受的最大压力 P_{max} 可由下式求得：

$$P_{max} = 2\delta_y \cdot \sigma_2 / D_1 \tag{10-28}$$

式中 P_{max}——还原炉内壳所能承受的最大压力，MPa；

δ_y——还原炉的有效厚度，mm；

D_1——还原炉的内径，mm；

σ_2——钢板在设计温度下的屈服极限，MPa。

因此，还原炉内壳的厚度 δ_y 应按下式求得：

$$\delta_y = P_{max} \cdot D_1 / 2\sigma_2 \tag{10-29}$$

还原炉内层封头的许用压力[P]为：

$$[P] = P_c / m \tag{10-30}$$

式中 [P]——封头的许用压力，MPa；

P_c——封头的临界压力，MPa，求取办法可以参见式 10-30；

m——稳定系数，其值取决于计算公式的精确度、荷载的对称性、筒体的几何精度、制造质量、材料性能以及焊缝结构等，安全裕度选得过小，会使容器在操作时不可靠或对制造要求较高；选得太大，容器会变得笨重，目前我国规定 $m = 3$。

还原炉内层封头的临界压力 P_c 可由下式求得：

$$P_c = 0.25E(\delta_y / R_0)^2 \tag{10-31}$$

式中 P_c——封头的临界压力，MPa；

E——设计温度下的材料的弹性模量，MPa；

δ_y——还原炉封头的有效厚度，mm；

R_0——还原炉封头的外半径，mm。

因此，还原炉内层封头的厚度 δ_y 应按下式求得：

$$\delta_y = R_0 \cdot \sqrt{\frac{P_c}{0.25E}} \tag{10-32}$$

式 10-29、式 10-32 所求得 δ_y 也应考虑到物料的腐蚀作用，因此，钢板的选定厚度 δ_y 也应参照式 10-22 修正。

为了减少计算，也可以根据公称直径、长度与直径之比以及设计外压的不同，在表 10-7 中选取所需容器的壁厚。

表 10-7　外压圆筒体器壁厚度表

长径比	公称直径/mm											
	400	500	600	700	800	900	1000	1200	1400	1600	1800	2000
	筒体壁厚/mm											
1	3	3	4	4	4	5	5	6	6	8	8	10
2	3	4	4	4.5	5	6	6	8	8	10	10	12
3	4	4	5	5	6	8	8	8	10	10	12	14
4	4	4.5	5	6	8	8	8	10	10	12	14	14
5	4	5	6	6	8	8	8	10	12	12	14	14

10.3.1.2　还原炉的炉底

还原炉钟罩式壳体的下部被一个圆盘封闭，使壳体内形成一个密闭的空间。这个圆盘就是还原炉的炉底。还原炉的炉底也是双层的，夹层内也同样通有冷却水。图 10-15 是还原炉的炉底的平面简图。从图中可以看出，还原炉的炉底就是一个法兰盘。它上面除了开有多个螺孔之外，还开有电极插口和进出气管插口。

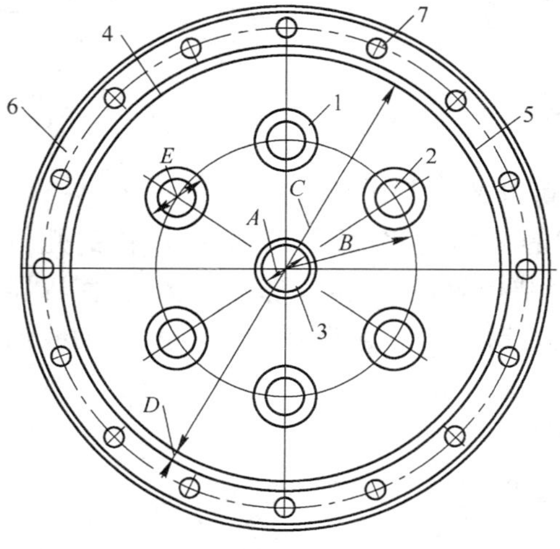

图 10-15　还原炉底平面简图

1—硅棒断面；2—电极插口；3—进出气管插口；4—还原炉内壁断面；5—还原炉外壁断面；6—法兰盘；7—螺孔

A—进出气管插口内径；B—电极插口圆周轴线；C—还原炉内壁的内径；D—水夹层厚度；E—硅棒的最大直径

还原炉的炉底尺寸很重要，它可以决定钟罩式壳体的直径和电极对数，是决定还原炉生产能力的一个重要依据。

图中所标的 A 是进出气管插口内径，可以由下式求得：

$$A = d_1 + 20 \qquad (10\text{-}33)$$

式中　A——进出气管插口内径，mm；

d_1——进气管外径，mm（进气管外径 d_1，应根据还原炉的进出气量来确定，详见图 10-15）。

图中所标的 B 是电极插口中心点与进出气管插口中心点的距离，它可以由下式求得：

$$B = g(E + 30)/2\pi \qquad (10\text{-}34)$$

式中　B——电极插口中心点与进出气管插口中心点的距离，mm；

E——硅棒的最大直径，mm；

g——硅棒的根数，根。

图中所标的 C 是炉腔内径，它可以由下式求得：

$$C = 2(B + F) + E \qquad (10\text{-}35)$$

式中　C——炉腔内径，mm；

F——最大直径的硅棒外皮与炉腔内之间的最小距离，mm。

图中所标的 D 是夹层的厚度（外层板的外皮至内层板的内皮的尺寸），考虑到高温水易结垢等因素，一般选 $D = 15 \sim 30$mm。

图中所标的 E 是硅棒的最大直径，可由使用的电器容量和设计的生产工艺来选定，一般 $E=100\sim150\text{mm}$。

10.3.2 进出气管

进出气管是还原炉的重要部件，它不仅是原料气的进口，尾气的出口，而且还是尾气与原料气之间进行热量交换之处。它的好坏不仅可以决定热能是否浪费，而且还将直接影响还原的质量和速度，因此它的选料相当重要。进出气管直接与原料气接触，而且又处在高温处，所以常见的进出气管都是石英玻璃制的。

如图 10-16 所示，还原炉的进出气管多采用双层套管方式，这样可以进行进出物料的热量交换，使进炉的物料得到预热，有利于反应的进行。一般内管为出气管，外管为进气管，这样外套管温度低，便于采用普通密封材料进行密封。

喷气口的直径 d_2 可以由下式求得：

$$d_2=\sqrt{\frac{4G}{S\times\pi\times3600}} \tag{10-36}$$

式中 d_2——喷嘴口径，mm；

G——原料气的流量，m^3/h；

S——喷嘴处的原料气流速，m/s。

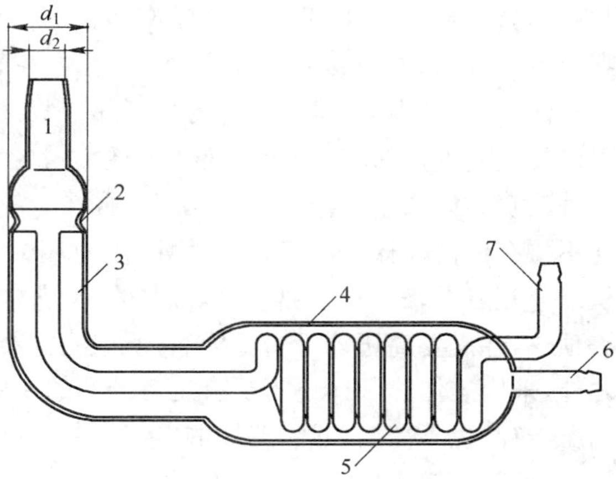

图 10-16 进出气管示意图

1—喷气口；2—出气口；3—进气管；4—热交换腔；5—热盘管；6—进气管；7—尾气管

进气管外径 d_1 可以由下式求得：

$$d_1=3d_2 \tag{10-37}$$

10.3.3 热载体

热载体俗称为发热体，它是还原炉的“心脏”。在还原炉中，氢还原反应生成的多晶硅不断地沉积在载体的外皮上，使载体逐渐长粗，形成硅棒。

热载体有两个作用：第一，它是沉积多晶硅的场所；第二，它是还原炉的热源，并用以控制反应区的温度。多晶硅的纯度与热载体密切相关，没有好的热载体，就不会生产出纯度合格的多晶硅。为此必须对热载体的质量、数量、表面积等方面提出严格的要求：热载体应是超纯的，不沾污硅，不与硅起化学反应，向硅中的扩散度尽量小，扩散到硅中的杂质最好能形成固熔体，而尽少形成硅化物。这样便于处理，容易与硅分离。

10.3.3.1 热载体的种类

可以作为热载体的物质有多种，其中有被用作热载体的是钼、钨、钽、石墨、硅和石英玻璃六种。

从表 10-8 中可以看出，石墨的熔点最高，为 3550℃，比四氯化硅或三氯氢硅的氢还原温度高出 2000℃以上，但由于它结构较为松散，相比之下，它容易污染硅棒，所以很少被采用；钨和钽价格较高，也很少被采用；石英玻璃因是绝缘材料，它可以沉积硅，但不容易把电能变成热能，如果采用石英玻璃作热载体，就必须另选发热体配合才可以，因此也很少被采用。所以只有硅和钼是常用的热载体。

表 10-8　热载体的物理常数表

物理常数＼热载体	钼	钨	钽	石　墨	硅	石英玻璃
密度/$g \cdot cm^{-3}$	10.1	19.3	16.6	2.22	2.33	2.2
熔点/℃	2620	3370	2990	3550	1420	1700
膨胀系数/$℃^{-1}$	5×10^{-6}	4×10^{-6}	7×10^{-6}		6.1×10^{-6}	0.42×10^{-6}

作为热载体，硅和钼也各有其优缺点。用硅作为热载体是最好的，由于它本身就是硅，与产品是一种物质，因此对产品没有污染。而钼就不同了，它虽然向硅中的扩散度小，但在高温下，它还是要向硅中扩散的，也就是说，它对硅棒或多或少还是有污染的。使用它作为热载体时，生产出的硅棒需要去掉芯部的钼及被钼污染的部分。去掉钼及被钼污染的部分，不仅要消耗大量的酸碱，而且还要损耗大量的硅。钼本身也是一种贵重金属，去掉不用，是一种浪费。如果用硅作为热载体就不同了，整个硅棒都是有用的产品，不用再去掉什么，因此不再有任何损耗。不仅如此，用硅作为热载体，还可以避免沉积硅与热载体的分离问题。从以上几点看，硅作为热载体是最好的，但它也有缺点。硅在常温时电阻大，用作热载体时，需预热，并需要高压才可击穿导通，所用的电器设备较为复杂，价格高，操作难度较大。除此之外，采用硅作热载体还需要有制备硅芯的专用设备。而采用钼作热载体就简单了，不需要高压击穿，也不需要预热，普通的电气设备即可，操作也简单。

10.3.3.2　热载体的伏安特性

在沉积硅的过程中，随着反应时间的延长，硅棒不断长粗，为了保持还原所需的温度，需要逐渐地提高电流，这样一来，其电压和电流都在不断地变化。这种电压和电流的变化规律就被称为伏安特性，也可称为电压-电流特性。不同的材料作为发热体时，其伏安特性是不一样的。硅和钼也不例外，它们的伏安特性见图 10-17。

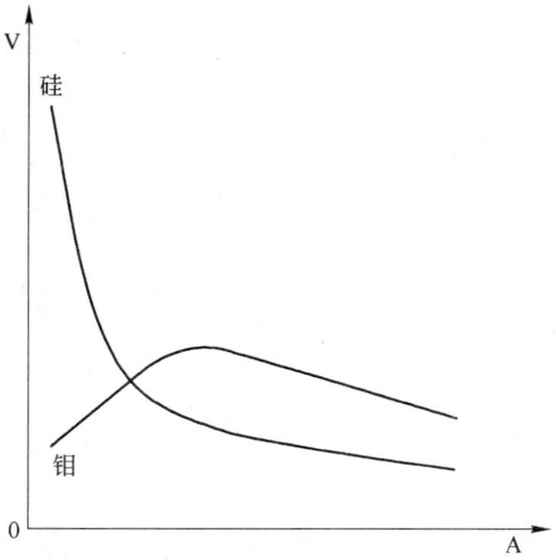

图 10-17　硅和钼的伏安特性曲线简图

从图 10-17 中可以看出，硅的伏安特性曲线是起始电压很高，随着反应时间的延长，电流很快地增大，电压也逐渐地下降。反应开始时，电压下降很快，到反应后期，由于硅棒粗，电流大，电压变化就不大了。

钼的伏安特性曲线是起始电压很低，随着反应时间的延长，电流很快地增大，电压逐渐地上升。当电流增大至一定值时，电压出现峰值，以后随着电流的增大，电压逐渐下降，到反应后期，由于硅棒粗，电流大，电压变化就显著了。

两者的区别主要是由于金属导体钼和半导体材料硅的特性不同。金属导体钼当温度变化时，电阻的变化较小；半导体材料硅在常温下电阻很大，当温度变化时，电阻也随之变化，当温度很高时，电阻却很小。

钼作为热载体，开始反应时是钼起主要导电作用，反应一定时间后，由于多晶硅棒的截面积增大，使得起主要导电作用的就不再是钼而是硅了。

10.3.4 电器设备

在还原炉中，载体芯是作为加热电阻与电器设备一起组成一个电阻加热系统。由于载体芯有钼芯和硅芯两种，因此，还原炉电器一般也有两种，一种是适合于钼芯等作为载体的，另一种是适合于硅芯等作为载体的。

10.3.4.1 *硅芯炉的加热电器设备*

由于硅芯在常温下的电阻很大，需要高压启动(高压击穿)高压启动电压为6000V，转入中压时电压为700～950V，电流为30A左右。

因此，除了要有一套低压电器设备外，还需要增加一套高压击穿和中压装置(见图10-18)。

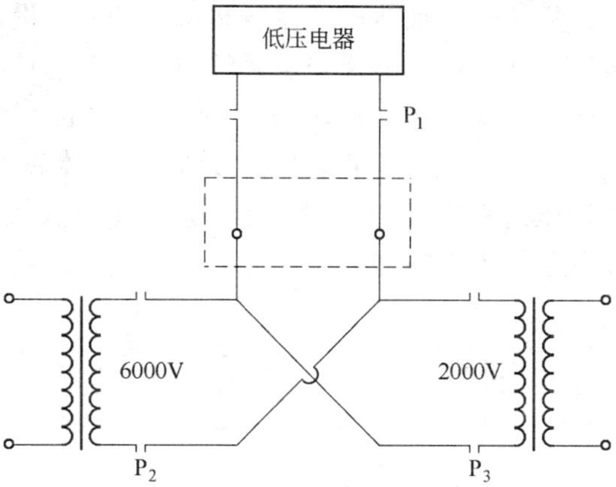

图 10-18 高压击穿和中压装置

P_1—低压接点；P_2—高压接点；P_3—中压接点

还原炉启动时用高压击穿。击穿后，当温度稳定后再送入低压电。其生长硅棒的伏安特性见表10-9。

表 10-9 高压启动后硅芯炉的伏安特性

硅棒生长时间/h	8	16	24	32	40	48
电压/V	750	560	450	410	370	350
电流/A	35	60	90	110	140	180
电功率/kW	26.25	33.6	40.5	45.1	51.8	63
硅棒生长时间/h	56	64	72	80	88	96
电压/V	330	310	290	275	270	250
电流/A	210	230	270	310	330	400
电功率/kW	69.3	71.3	78.3	85.25	89.1	100
硅棒生长时间/h	104	112	120	128	136	144
电压/V	230	230	225	220	210	200
电流/A	420	450	470	490	530	570
电功率/kW	96.6	103.5	105.75	107.8	111.3	114
硅棒生长时间/h	152	160	168	176	184	192
电压/V	200	200	195	190	190	180
电流/A	590	630	680	710	720	765
电功率/kW	118	126	132.6	134.9	136.8	137.7
硅棒生长时间/h	200	208	216	224	232	240
电压/V	180	170	170	165	165	165
电流/A	770	820	825	860	870	880
电功率/kW	138.6	139.4	140.25	141.9	143.55	145.2

从表 10-9 中可以看到，硅棒的不断生长，电功率在不断加大，电流也随之在不断升高，而电压却渐渐变低，从高压变中压，最后变成低压。

10.3.4.2　钼芯炉的加热电器设备

钼芯炉的加热电器设备是单独的低压设备，比较简单，其加热系统主要是由电源、钼芯、调压器或磁放大器及控制系统组成。钼芯炉在生产过程中，需要电源的电压、电流能够随载体的电阻变化而变化，并始终能将载体的表面温度保持在还原反应所需的温度范围内。在由调压器组成的钼芯炉加热系统中，载体表面温度的控制是靠人工或微机指令控制系统调节调压器来完成的(见图 10-19)；在由磁放大器组成钼芯炉加热系统中，载体的表面温度的控制是靠人工或微机指令控制系统调节磁放大器来完成的(图 10-20)。

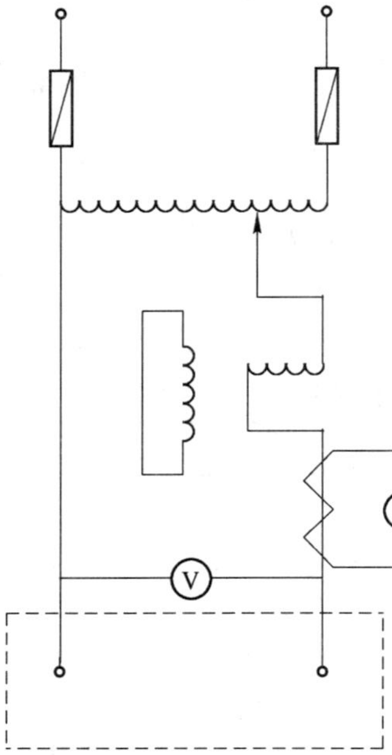

图 10-19　调压器调电流

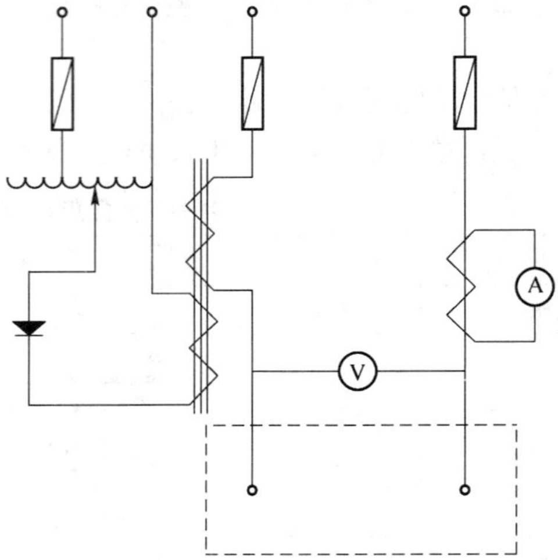

图 10-20　磁放大器调电流

以上两种电器设备体积很大，而且要用很多铜线和硅钢片。近几十年来，可控硅整流器得到应用，使多晶硅还原炉的电器部分体积和重量大大地减小，用铜量减少。这给多晶硅还原炉电器的发展开创了一条新路。

可控硅调压器虽好，但要注意，为还原炉供电不宜使用可控硅整流的直流调压器，而一定要使用可控硅交流调压器。实践证明，直流供电比用一般交流供电耗电较多，特别是当硅棒长粗后，容易烧断硅棒。其原因是，经该可控硅调压器后送到还原炉里的是直流电。直流电在硅棒截面的分布是较均匀的，但硅棒的整个截面的温度分布并不均匀，截面芯部的温度要高于外表。其原因是，四氯化硅和三氯氢硅的氢还原都是吸热反应，硅棒表面的热量要供给还原反应，因此才造成截面芯部的温度高，表面温度低的现象。硅棒长粗后，当外表满足还原反应的温度要求时，其芯部温度已经很高，甚至接近硅的熔点，而使硅棒烧断。

交流电具有集肤效应，电流在硅棒截面的分布是不均匀的，表面多，芯部少。这正好适合硅棒生长的需要，所以使用交流电加热，硅棒不易被烧断。

为还原炉加热可以采用图 10-21 所示的可控硅交流调压器，这种可控硅调压器送到还原炉里的是交流电。交流电与直流电不同，它存在着趋肤效应，硅棒截面电流的分布不均匀，芯部的电流小，表面的电流大。这样一来，正好解决因还原反应吸热使硅棒表面温度过低的问题，从而就可以防止硅棒因表面温度过低，芯部过高而被烧断。

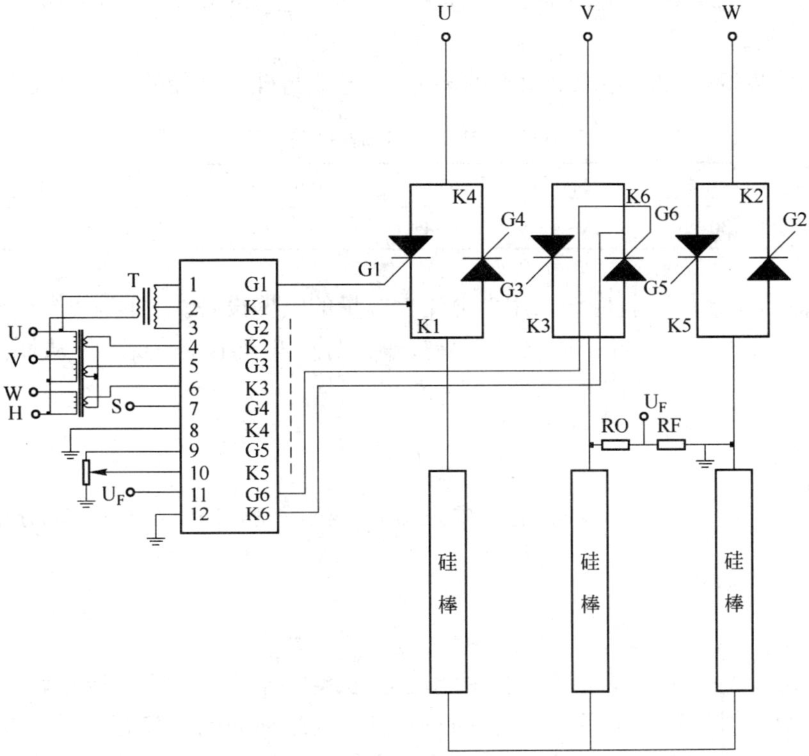

图 10-21 三相全波星形联结的可控硅调压器调电流

图 10-21 为具有稳压输出功能的三相交流调压系统，负载可以是 Y 型接法，也可以是△型接法。电压调节输入端 10 脚由外接电位器进行手动控制，也可用外加控制电压进行自动控制。手动控制时，电位器的中心抽头接 10 脚，电位器的另两端分别接 9 脚和 8 脚；自动控制时，10 脚为控制电压的正输入端，8 脚为控制电压的负输入端。反馈信号取自于主回路输出端两相间的分压电阻网络。分压电阻的取值应使系统在全压输出时，反馈电压值应≤10V。多晶硅生产上对电器部分的要求是可调、稳定。采用调压器、磁放大器和可控硅整流器等就可以满足可调要求。反应初期电流比较稳定，后期常出现电流不稳现象。造成不稳定的原因有电源电压波动，线路接触不良等。在高温下，多晶硅棒温度的微小变化，会使其电阻发生很大的变化，如电源电压向上波动时，会使炉温上升，使硅棒电阻变小，电流就随之增大。电流增大，就会使炉温再升，电阻又变小，电流再增大。这样恶性循环下去，就会使硅棒烧断。

要想硅棒不被烧断，并使其不断长粗就必须首先稳定电压，常用的稳定电压方法有：

(1) 用电流互感器取出讯号，经整流送至双位毫伏指温计上，用毫伏指温计的上、下限继电器控制中间继电器，中间继电器再控制一个三相电动机，最后带动调压器升降。

(2) 用电流反馈讯号，控制可控硅触发脉冲的相位移，调节可控硅的开放角。

为使生产正常进行，还原反应的温度自动控制是非常必要的。根据还原反应的周期和特性，选定一个时间，使之由反应开始到停炉实现自动控制。

在通常情况下，电器容量与炉产量有很大关系，电器容量越大，炉产量就越高。电流的大小和硅棒的直径有关，电流越大，硅棒的直径就越粗；电压的高低与硅棒的长短有关，电压越高，硅棒就越长。

一般采用水冷套冷却的还原炉生产的多晶棒，电流与硅棒直径的关系见表 10-10。

表 10-10　电流与硅棒直径关系表

电流/A	400	500	600	700	800	1000	1200
硅棒直径/mm	30～35	35～40	40～45	45～50	50～55	55～60	>60

为了提高产量，还原炉就应该采用大电流大容量的电器设备。目前，我国生产的硅棒直径大多都超过了 100mm。今后，还要进一步提高还原炉电器设备的容量，从而提高多晶硅的产量。

10.4　制砣机

制砣机是生产石英玻璃的设备，它主要是由制砣机床、喷灯和保温罩三部分组成。

10.4.1　制砣机床

10.4.1.1　卧式制砣机床

详见图 10-22，卧式制砣机床主要是由调速电机、空心轴、三爪卡头、退车轮、退车轨道等组成。调速电机通过皮带或链条与带动空心轴相接，空心轴的端部装有三爪卡头。使用时，调速电机通过皮带或链条带动空心轴和三爪卡头转动，其转速为 20～50r/min。由调速电机、空心轴和三爪卡头组成的转动组件，被安装在退车轨道上。该转动组件可以顺退车轨道滑动，也就是说，该转动组件除了能够转动之外，还应该能够进退，也就是前后运动，其移动速度可以自调。

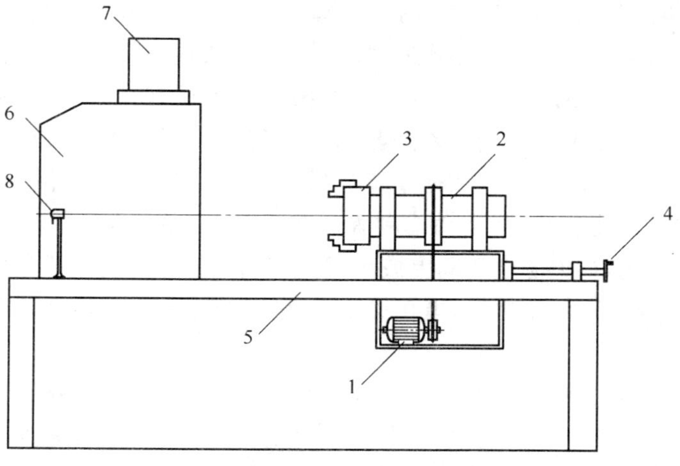

图 10-22　卧式制砣机示意图

1—调速电机；2—空心轴；3—三爪卡头；4—退车轮；5—退车轨道；6—保温罩；7—排风道；8—喷灯

卧式制砣机床的退车轨道同普通车床的轨道一样，因此完全可以用普通车床来代替。空心轴端部的三爪卡头的功能与普通车床的三爪卡头一样，也是一个夹紧的工具，只不过，普通车床的三爪卡头，夹紧的是被加工的物件，而空心轴端部的三爪卡头，夹紧的是支撑石英砣的转轴（制砣机的转轴）。所以，空心轴端部的三爪卡头都是采用普通车床的三爪卡头。

支撑石英砣的转轴也是用石英玻璃制成的，一般是用厚壁石英玻璃管或石英玻璃棒制成。

在三爪卡头的正前方是保温罩。保温罩是采用保温材料或金属材料制成的，其上部有排风道。保温罩内部是合成石英玻璃的场所，使用时，这里不仅有沉积石英玻璃的石英玻璃砣，还放置有喷灯，其喷灯的构造详见图10-26、图 10-27 和图10-28。

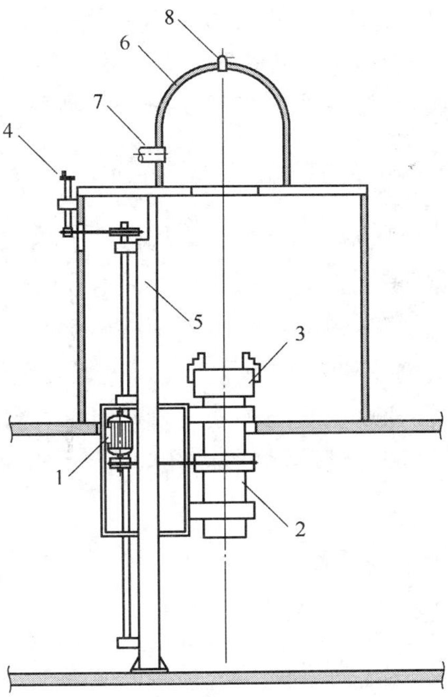

图 10-23 立式制砣机示意图

1—调速电机；2—空心轴；3—三爪卡头；4—退车轮；5—退车轨道；6—保温罩；7—排风道；8—喷灯

10.4.1.2 立式制砣机床

详见图 10-23，立式制砣机床与卧式制砣机床的结构原理基本相同，也是由调速电机、空心轴、三爪卡头、退车轮、退车轨道等组成，不同的是：立式制砣机床的退车轨道、空心轴、三爪卡头不是水平放置，而都是竖立的；空心轴、三爪卡头不是作旋转和水平的前后运动，而是作上下运动；严格说，保温罩不是在空心轴、三爪卡头前方，而是上方。

支撑石英砣的转轴与卧式制砣机床的一样，也是用厚壁石英玻璃管或石英玻璃棒制成。

保温罩与卧式制砣机床的也一样，也是采用保温材料或金属材料制成的。不同的是：排风道不是在保温罩上部，而是在侧面；另外，保温罩的形状和喷灯与卧式制砣机床的不一样，如图 10-23 所示。喷灯被放在保温罩顶端。

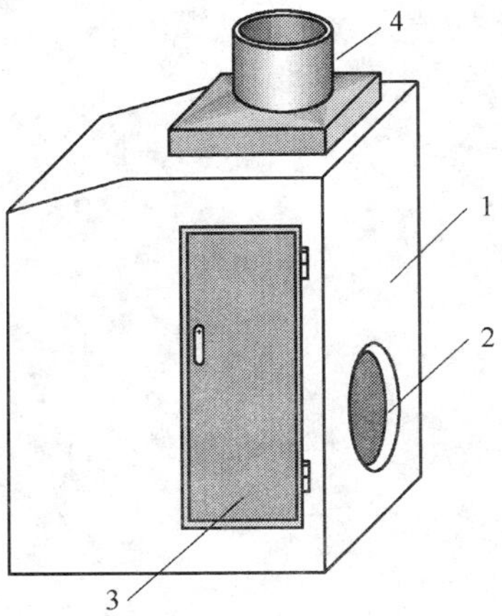

图 10-24 卧式制砣机的保温罩示意图

1—罩壳；2—退砣孔；3—罩门；4—排风道

10.4.2 保温罩

制砣机有卧、立之分，保温罩也有卧、立之分。

10.4.2.1 卧式制砣机的保温罩

图 10-24 是卧式制砣机的保温罩，它主要是由罩壳、退砣孔、罩门、排风道组成。保温罩所用材料应是耐高温的材料，经高温烘烤不变形，不挥发、不掉粉、不掉渣。由于在保温罩内所制造的石英砣是容易析晶的物质，因此还要注意，保温罩不能采用碱性物质或含有碱性的材料制造。

10.4.2.2　立式制砣机的保温罩

图 10-25 是立式制砣机的保温罩，它主要是由罩壳、装灯孔、排风道组成。同样，立式制砣机的保温罩所用材料也应是耐高温的材料，也不能采用碱性物质或含有碱性的材料制造。

10.4.3　喷灯

喷灯也被称为氢氧火焰灯，它是合成石英玻璃的加料器，也是合成反应的供热器。常见的喷灯是用石英玻璃制成的。

氢气带料的喷灯见图 10-26，喷灯背后有进料口、进氧口和进氢口三个接口，接有原料气（四氯化硅和氢气的混合气）、氧气和氢气三种不同的气体；喷灯的前部的外壳内有喷料管、喷氧管和喷氢管三种喷气管，使用时，喷气管喷出原料气、氧气和氢气三种不同的气体。喷气管又俗称灯芯，灯芯内径为 2.1～2.3mm。

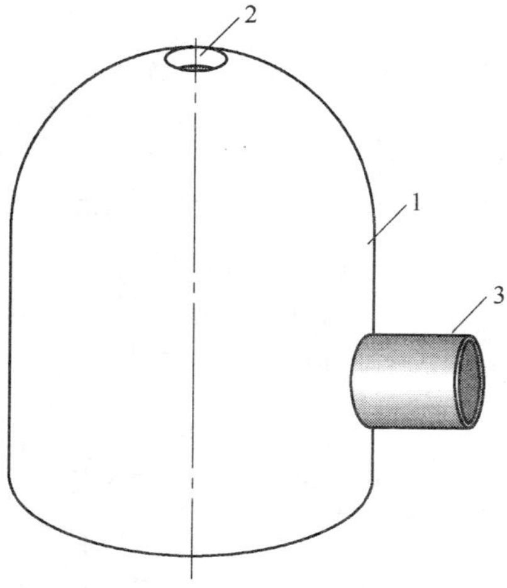

图 10-25　立式制砣机的保温罩示意图

1—罩壳；2—装灯孔；3—排风道

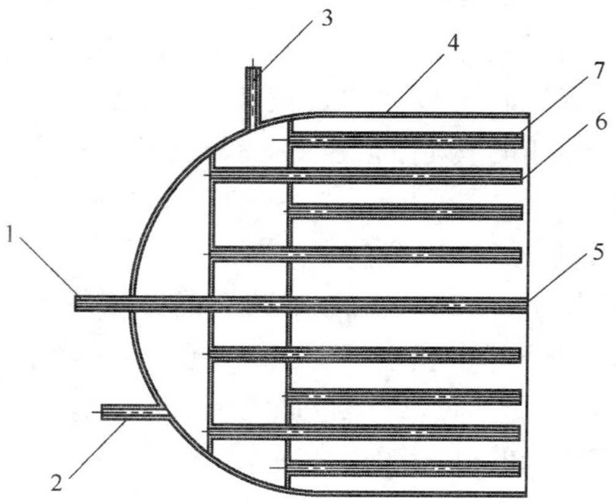

图 10-26　氢气带料的喷灯断面示意图

1—进料口；2—进氧口；3—进氢口；4—外壳；5—喷料管；6—喷氧管；7—喷氢管

图 10-27 和图 10-28 是氧气带料的喷灯。在喷灯的中心，进料口穿在进氢口里，在进氢

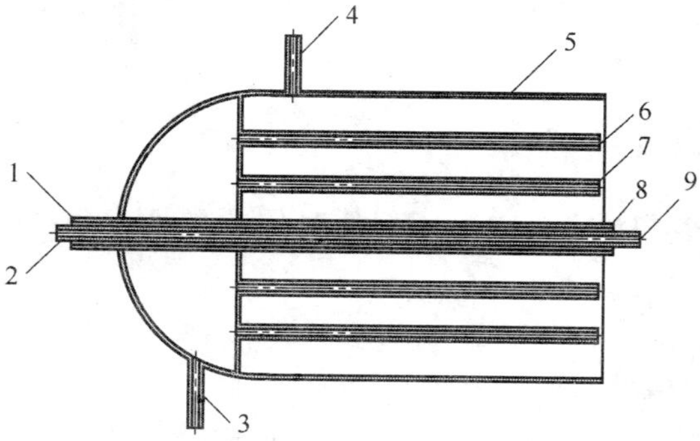

图 10-27　氧气带料的喷灯断面示意图

1—进氢口；2—进料口；3—进氧口；4—进氢口；5—外壳；6—外层喷氧管；7—内层喷氧管；8—喷氢管；9—喷料管

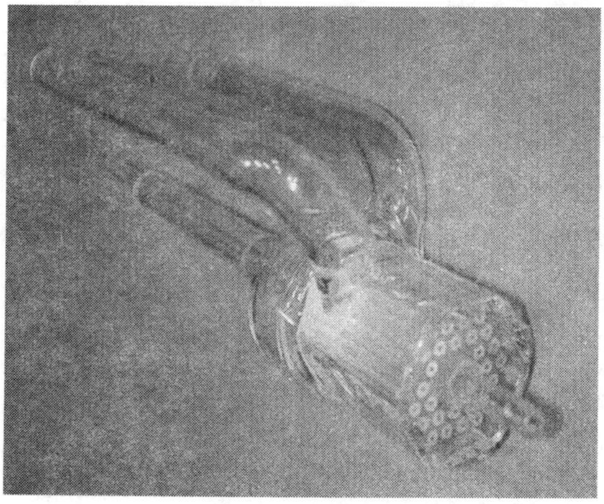

图 10-28　氧气带料喷灯照片

口的外围还有内层喷氧管、外层喷氧管，最外边是外壳，外壳上开有进氧口。使用时，从料喷口喷出的原料气（四氯化硅和氧气的混合气）与氢气喷口喷出的氢气混合，并被点燃，形成高温火焰。为满足合成石英玻璃的反应需要，在氢气喷口的周围还有由内层喷氧管和外层喷氧管喷出的氧气与外壳内的氢形成的火焰加温。这样一来，就可以保证合成石英玻璃反应区域的温度始终保持在所需的温度范围内。

一般使用时，石英灯卡在不锈钢制的灯卡上，要求能够前后、左右、上下移动及转动。

10.4.4 四氯化硅和三氯氢硅专用电磁阀

四氯化硅和三氯氢硅专用电磁阀见图10-29。该阀为电磁隔膜阀，主要由电磁线圈、铁芯、隔膜、阀体等构成。该阀的下部，也就是隔膜以下的阀体全是由对四氯化硅和三氯氢硅没有沾污的塑料制成。使用时，因为四氯化硅和三氯氢硅被隔膜阻隔在下空腔里，所以不会被沾污，也不会腐蚀阀体上部的电磁构件。

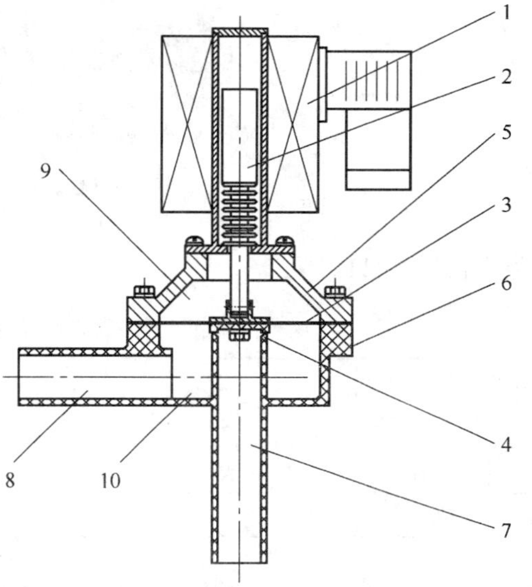

图 10-29 四氯化硅和三氯氢硅专用电磁阀示意图
1—电磁线圈；2—铁芯；3—隔膜；4—阀口；5—上盖；6—阀体；7—进管；8—出管；9—上空腔；10—下空腔

10.5 标准设备

在传统多晶硅和石英玻璃生产中，所用的主要设备大多都是非标的，标准设备不多，只有水泵、排风机、气体压缩机和冷冻机等几种。多晶硅和石英玻璃的联合制备法不采用复叠式冷冻机从还原炉尾气中回收四氯化硅或三氯氢硅，因此，所用的标准设备就更少。

10.5.1 冷冻机

10.5.1.1 复叠式冷冻机

目前在市场上能够采购到的复叠式冷冻机主要有三种：单极复叠式低温冷冻机（见图10-30）、双极复叠式低温冷冻机（见图10-31）和冷媒复叠式低温冷冻机（见图10-32）。三者

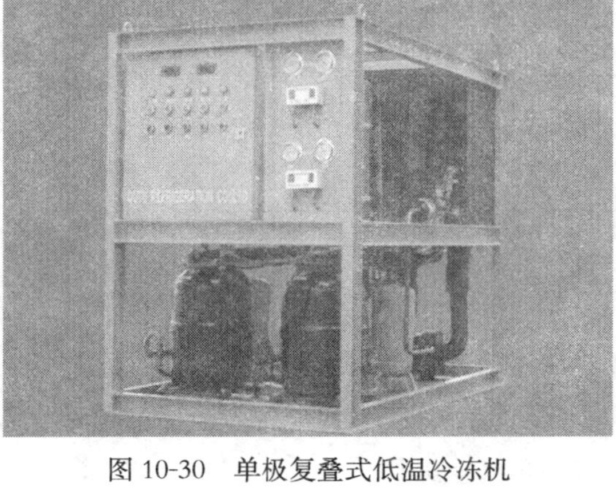

图 10-30 单极复叠式低温冷冻机

图 10-31 双极复叠式低温冷冻机

图 10-32　冷媒复叠式低温冷冻机

的性能见表 10-11。

表 10-11　复叠式冷冻机性能表

低温冷冻机类型	单极复叠式	双极复叠式	冷媒复叠式
制冷温度范围/℃	-40～-60	-60～-102	-86～-152
制冷功率范围/W	350～45000	110～2200	50～1800
温度控制精度/℃	0.1	0.1	

上述三种复叠式冷冻机用于回收四氯化硅或三氯氢硅，制冷温度合适，但制冷功率不足，特别是年产千吨以上的多晶硅生产线，这些冷冻机就显得太小了，但可以通过多台并联来满足需求。

10.5.1.2　冷冻机

多晶硅和石英玻璃的联合制备法不采用复叠式冷冻机从还原炉尾气中回收四氯化硅或三氯氢硅，但它的氢气净化冷冻除水还是采用冷冻机。

氢气净化冷冻除水是一般普通的单级压缩式冷冻机。这类冷冻机国内有多家生产，下面仅举两例供参考，见表 10-12。

表 10-12　冷冻机性能表

型　号	LCU-480SMPJ			MCF-200PJ		
使用蒸发温度/℃	-20	-30	-45	-5	-20	-40
冷冻能力/W（冷凝温度 45℃）	89100	61800	30480	53452	29050	7902

10.5.2　气体压缩机

多晶硅和石英玻璃的联合制备法生产中需要的气体主要有氢气、氧气、氮气和空气。以上气体都需要经过压缩机加压后才能使用，因此都需要用压缩机。空气压缩机是常见的压缩机，就不在此介绍了。下面只简单介绍氢气、氧气和氮气压缩机。

氢气、氧气和氮气所用的压缩机都属于特殊的无油润滑压缩机，其主要特点是：

（1）设备密封好，压缩介质不泄漏，可以保证环境的生产安全；

（2）采用无油润滑方式，压缩介质不含油，不发生反应，可以保持原有气体特性，而且不会被沾污；

（3）设有回收气体装置，避免气体流失。

10.5.2.1　氢气压缩机

氢气压缩机（见图 10-33）的主要性能参见表 10-13。

图 10-33　氢气压缩机

表 10-13　氢气压缩机主要性能参数表

项目名称	主要技术参数					
型　号	ZW-0.6/0.1-8	ZW-0.9/7	ZW-1.5/7	ZW-10/8	ZW-12.5/1	ZW-2.5/7
形　式	立式单缸单作用	立式单缸双作用		双缸双作用		双缸单作用
压缩级数	1	1	1	2	1	2
吸气压力(绝压)/MPa	0.1	0.11	0.04	0.005	0.1	0.11
排气压力/MPa	0.8	0.7	0.7	0.8	0.1	0.7
排气量(吸入状态) $/m^3 \cdot min^{-1}$	0.6	0.9	1.5	10	12.5	2.5
额定功率/kW	≤7.3	≤11	≤12.3	≤57	≤36	≤19

10.5.2.2　氧气压缩机

氧气压缩机（见图 10-34）的主要性能参见表 10-14。

图 10-34　氧气压缩机

表 10-14　氧气压缩机主要性能参数表

项目名称	主要技术参数					
型　号	VW-10/30-Ⅱ	VW-6/30-Ⅱ	VW-3/30-Ⅱ	WW-12.5/30	ZW-3/7	ZW-6/8
形　式	V型、双缸双作用、级差式、有基础			W型、三缸双作用	双缸单作用	双缸双作用
压缩级数	3	3	3	3	2	2
吸气压力(绝压)/MPa	0.002～0.02(表)			0.1	0.102～0.12	0.001
排气压力/MPa	3.0	3.0	3.0	3.0	0.7	0.8
排气量(吸入状态)/$m^3 \cdot min^{-1}$	10	6	3	12.5	3	6
额定功率/kW	≤120	≤70	≤40	≤150	≤24	≤37

10.5.2.3　氮气压缩机

氮气压缩机的主要性能参见表 10-15。

表 10-15　氮气压缩机主要性能参数表

项目名称	主要技术参数					
型　号	ZW-10/10	ZW-10/2.2	ZW-10/7	ZW-3/6	ZW-3/8	ZW-6/10
形　式	双缸双作用			双缸单作用		双缸双作用
压缩级数	2	1	2	2	2	2
吸气压力(绝压)/MPa	0.1					
排气压力/MPa	1.0	0.22	0.7	0.6	0.8	1.08
排气量(吸入状态)/$m^3 \cdot min^{-1}$	10	10	10	3	3	6
额定功率/kW	≤66.7	≤30	≤58	≤18.5	≤12.3	≤40

10.6　仪器仪表

多晶硅和石英玻璃的联合制备法生产中所用的仪器仪表很多,本节只对常用的、主要的新式仪器仪表作一简单介绍。

10.6.1　流量计

流量测量方法和仪表的种类繁多,分类方法也很多。迄今为止,可供工业用的流量仪表种类达 60 种之多。品种如此之多的原因就在于至今还没找到一种对任何流体、任何量程、任何流动状态以及任何使用条件都适用的流量仪表。

多晶硅和石英玻璃的联合制备法生产中所需要的流量计就有多种,有测量四氯化硅或三氯氢硅的,有测量氢气、氧气、氯气、氮气的,也有测量水的。

测量的对象不同,所用的流量计种类也不同。下面就来简单介绍几种流量计,以供设计和生产时选用。

图 10-35　玻璃转子流量计

10.6.1.1　玻璃转子流量计

玻璃转子流量计(见图 10-35)是一种简单、直观,价格低廉,而且对气体、液体都可以测量的流量计。在工业生产中被广泛应用。在传统的多晶硅和石英玻璃的生产中，如对四氯化硅或三氯氢硅提纯塔的回流比测量、对净化的氢气和再生用气的流量测量、对还原炉进料量的测量、对鼓泡器进气量的测量、对制砣机加料量的测量以及对制砣机燃料气进量的测量等全都是采用这种流量计。其技术参数见表 10-16。

表 10-16 玻璃转子流量计技术参数

产品型号	通径/mm	流量范围	
		液 体	气 体
LZB-2	2	0.4～4mL/min	6～60mL/min
		0.6～6mL/min	10～100mL/min
		1.0～10mL/min	16～160mL/min
		1.6～16mL/min	25～250mL/min
LZB-3	3	2.5～25mL/min	40～400mL/min
		4～40mL/min	60～600mL/min
		6～60mL/min	100～1000mL/min
		10～100mL/min	160～1600mL/min
LZB-4	4	1～10L/h	16～160L/h
		1.6～16L/h	25～250L/h
		2.5～25L/h	40～400L/h
LZB-6	6	2.5～25L/h	40～400L/h
		4～40L/h	60～600L/h
		6～60L/h	100～1000L/h
LZB-10	10	6～60L/h	100～1000L/h
		10～100L/h	160～1600L/h
		16～160L/h	250～2500L/h
LZB-15	15	16～160L/h	0.25～2.5m^3/h
		25～250L/h	0.4～4.0m^3/h
		40～400L/h	0.6～6.0m^3/h
LZB-25	25	40～400L/h	1～10m^3/h
		60～600L/h	1.6～16m^3/h
		100～1000L/h	2.5～25m^3/h
LZB-40	40	160～1600L/h	4～40m^3/h
		250～2500L/h	6～60m^3/h
LZB-50	50	400～4000L/h	10～100m^3/h
		600～6000L/h	16～160m^3/h
LZB-80	80	1000～10000L/h	50～250m^3/h
		1600～16000L/h	80～400m^3/h
LZB-100	100	5000～25000L/h	120～600m^3/h
		8000～40000L/h	200～1000m^3/h

10.6.1.2　金属转子流量计

金属转子流量计(见图 10-36)的测量原理与玻璃转子流量计的测量原理相同,不同的是,金属转子流量计不是直接靠浮子的上下位置来指示流量值,而是通过磁传递系统将浮子的位置传递到指示器的刻度盘上,通过刻度盘来指示流量值的大小。其技术参数见表 10-17。

图 10-36　金属转子流量计

表 10-17　金属转子流量计技术参数

口径/mm	液体流量/$m^3 \cdot h^{-1}$	气体流量/$m^3 \cdot h^{-1}$
15	0.025	0.7
	0.04	1.1
	0.06	1.8
	0.1	2.8
	0.16	4
	0.25	7
	0.4	10
25	0.6	16
	1	30
	1.6	45
	2.5	70
40	4	110
	6	160
50	10	250
	16	400
80	25	750
	40	750
100	60	1800
	80	2500
150	160	4000
	250	6000

10.6.1.3 热式气体质量流量计

热式气体质量流量计是气体流量计中的新型仪表，区别于其他气体流量计，不需要进行压力和温度修正，直接测量气体的质量流量。一支传感器可以做到量程从极低到高，也就是说，一个流量计能同时兼顾小流量和大流量的测量。依据的原理是流体吸收热的速度直接与质量流量相关。移动的气体分子撞击热电阻时吸收带走热量，流量越大，接触热电阻的分子越多，吸收的热量越多，热吸收与某种气体的分子数、热力学特性和流动特性有关。

图 10-37 为 DY－EP 热式气体质量流量计。该种流量计适用口径为 ϕ15～3000mm；测量介质为不锈钢相兼容的气体，如 H_2、O_2、乙炔等气体；介质压力小于 3MPa。

10.6.1.4 大流量气体和液体质量流量计

图 10-38 是大流量气体和液体质量流量计，它是采取科里奥里原理，实现流体质量流量的直接精密测量，而无需任何压力、温度、黏度、密度等换算或修正。被测的质量流量单位用数字直接显示在电子单元面板上，并于电子单元背面端子上输出远传的标准信号。该流量计并无可动部件。

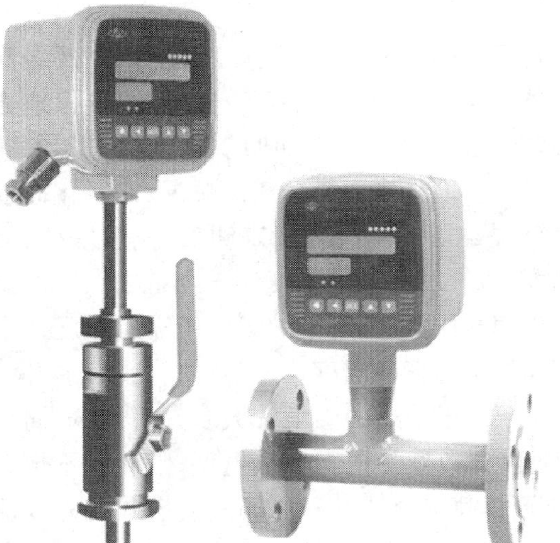

图 10-37 DY-EP 热式气体质量流量计

图 10-38 大流量气体和液体质量流量计

10.6.1.5 短管式超声波流量计

图 10-39 为 1010SN 和 1010SX 系列短管式超声波流量计。该流量计适用于高精度测量具有声导性的各种流量范围内液体流体。从脱离子水到高度混气液体。既具有时差式流量计的高稳定性和多功能性特点外，还有工厂标定的短管所具有的坚固耐用和较高的可重复性。

该流量计可安装在直径从 50mm 到 1.5m 的管道上。对于 75mm 以上的管道，与其他类型的流量计相比，可提供最低成本的质量流量测量。

该流量计可用于测量任何均匀单一液体容积或质量流量，当然也可以测量包括四氯化硅和三氯氢硅的流量测量。

a　　　b

图 10-39　短管式超声波流量计

a—1010SN 系列；b—1010SX 系列

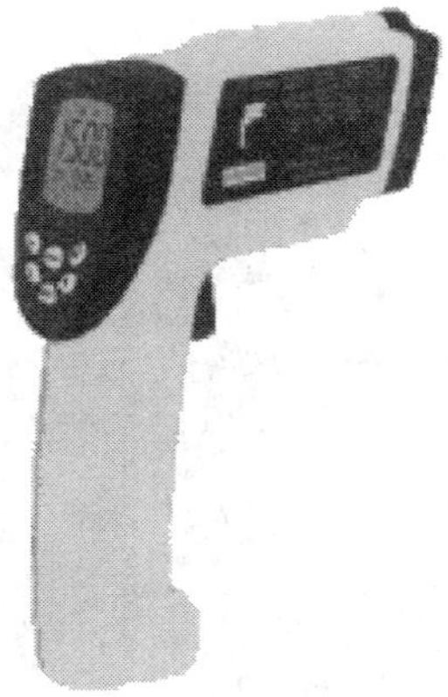

图 10-40　可调焦便携式红外线测温仪

10.6.2　温度计

在传统的多晶硅和石英玻璃生产以及多晶硅和石英玻璃的联合制备法生产中都有很多地方需用温度计来测量温度。如四氯化硅或三氯氢硅的合成需用温度计来测量合成的炉温；四氯化硅或三氯氢硅提纯塔需用温度计来测量塔釜、塔柱、塔头的温度；氢气净化需用温度计来测量去氧塔的温度和再生用气的温度；还原炉工序中需用温度计来测量还原炉中硅棒的温度。

由于这里采用的温度计大多是普通的、简单的水银温度计以及热电阻和热电偶，因此就不再介绍了，下面仅简单介绍一种可调焦便携式红外线测温仪的温度计（见图 10-40）。该温度计特别适合用来测量还原炉中硅棒的温度。其技术参数见表 10-18。

表 10-18　可调焦便携式红外线测温仪的技术参数

型号规格	测温范围/℃
SG-616B	600～1600
SG-620B	600～2000
SG-1018A	1000～1800
SG-620C	600～2000

10.6.3　压力计

在多晶硅和石英玻璃生产中都有很多地方需用压力计来测量压力。对于普通的压力表，容易采购，且结构简单，就不在此介绍了，下面仅简单介绍一种差动远传压力表，以供设计和生产系统时选用。

YTT-150 型差动远传压力表（见图 10-41）是二线制本质安全型防爆仪表，用于测量对铜及其合金不起腐蚀作用的液体、气体和蒸气的压力。仪表带上阻尼器后，可测量脉动、冲击、突然卸荷介质的压力。带上隔膜部分后，可测量大黏度、有腐蚀性介质的压力。本仪表除就地进行压力指示外，还连续输出与被测压力信号成线性的 4～20mA 直流信号。可以与DDZ-Ⅲ电动单元组合仪表中的显示、记载、调节仪表联用，组成自动记录、调节、控制等系统。适用于石油化工、冶金、电站、轻工业等部门。其技术参数见表 10-19。

图 10-41 YTT-150 型差动远传压力表

表 10-19 YTT-150 型差动远传压力表的技术参数

<table>
<tr><th colspan="2">产品名称及型号</th><th rowspan="2">输出信号与负载电阻</th><th rowspan="2">测量范围/MPa</th><th rowspan="2">精确度/%</th></tr>
<tr><th>差动远传压力表</th><th>耐振差动远传压力表</th></tr>
<tr><td>YTT-150A</td><td>YTT-150A-Z</td><td>0～10mADC
≤1kΩ</td><td rowspan="2">-0.1～0.3
-0.1～0.5
-0.1～0.9
-0.1～1.5
-0.1～2.4
0～0.16
0～0.25
0～0.4
0～0.6
0～1.0
0～1.6
0～2.5
0～4.0
0～6.0
0～10.0
0～25.0
0～40.0
0～60.0</td><td rowspan="2">±1.6</td></tr>
<tr><td>YTT-150</td><td>YTT-150-Z</td><td>4～20mADC
≤250Ω</td></tr>
</table>

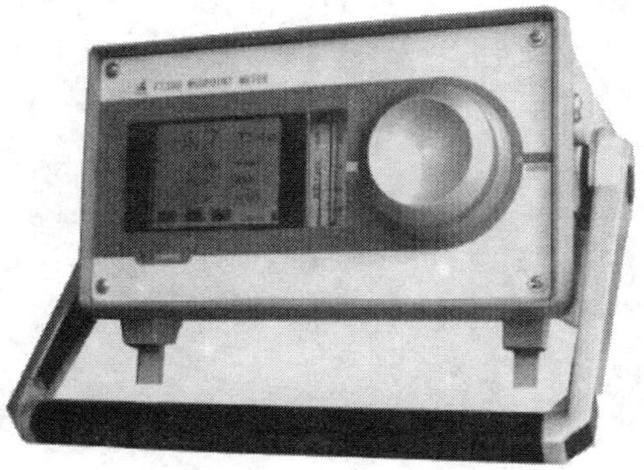
图 10-42 FT35S 露点仪

10.6.4 露点仪

FT35S 露点仪（见图 10-42）是国内外现有的技术最先进、功能最强大的露点测量仪表之一，VAISALA 公司提供的露点变送器构成了整个系统的核心测量单元，它凝结了露点测量多项最新研究成果和专利技术，主要适用于干燥气体微水分检测，被测气体有：H_2、SF_6、N_2、O_2、Ar_2、CO_2、压缩空气等多种气体的水分测量，探头可防结露及油气污染。自动校准程序确保仪器具有长期稳定性。技术上克服了几乎所有现场测量的不利因素，它从内核到外观都体现了先进科技及超前设计，广泛适用于电力、化工、航空、冶金、医药、食品等行业。其技术参数见表10-20。

表10-20 FT35S露点仪技术参数表

测量范围/℃		-80～+20
		-60～+60
露点精度/℃		小于1
操作环境	温度/℃	-20～+60
	相对湿度/%RH	0～100

11 工艺操作要点及影响产品质量的因素

11.1 四氯化硅或三氯氢硅的合成与精馏

11.1.1 四氯化硅或三氯氢硅合成工艺操作要点

11.1.1.1 准备工作

准备工作包括原料处理和装炉。

(1) 四氯化硅合成原料处理的内容有两点：一是对工业硅的选择与处理，其操作要点可详见本书5.4.1节；二是对氯的处理，其操作要点可详见本书5.4.2节。

(2) 三氯氢硅合成原料处理的内容也有两点：一是对工业硅粉的预处理，其操作要点可详见本书5.5.1节；二是对氯化氢的处理，其操作要点可详见本书5.5.2节。

(3) 固定炉的装炉，首先在合成炉的底部装填些碎石英玻璃片或石英玻璃短管，其目的是为使氯气均匀分布于整个断面，装填的厚度应高于氯气管进口100㎜以上。装填完毕后，应向合成炉内通入干燥的氮气为其干燥。等炉内干燥之后再将处理好的工业硅装入合成炉。

(4) 沸腾炉的装炉简单，不必装填碎石英玻璃片或石英玻璃短管，只需干燥即可。

11.1.1.2 固定炉的操作要点

准备工作完成后就可以通电或蒸汽为合成炉加热，进入合成操作了。在合成操作中，应注意观察合成炉的温度、压力。当炉温达到要求后，应及时断电或蒸汽，停止为合成炉加热。在合成操作过程中，如发现炉温过高应及时通水或蒸汽降温，也可以通过调节氯气来控制温度，让炉温始终保持在所要求的温度范围之内(对于四氯化硅合成，450～500℃最为合适，对于三氯氢硅合成，270～300℃最为合适)。

11.1.1.3 沸腾炉的操作要点

准备工作完成后，先通入干燥的氮气干燥设备，同时为加热器接通热源气体，使沸腾炉慢慢升温。等设备干燥完毕，炉温达到标准(三氯氢硅合成时大于270℃；四氯化硅合成时大于450℃)后，开始往沸腾炉里加料，并同时从炉的底部通入氯化氢。因为反应温度对产物组成有决定性影响，所以合成时必须选择一个合适的温度(三氯氢硅合成时270～300℃；四氯化硅合成时450～500℃)，并控制好这个温度。

11.1.2 影响四氯化硅或三氯氢硅合成效果的因素

影响合成效果的因素有多种，有反应温度方面的因素，有氯气或氯化氢通入量方面的因素，也有设备结构方面的因素。

11.1.2.1 反应温度对合成效果的影响

(1) 四氯化硅合成反应温度过低、过高都会对合成效果带来不良的影响。反应温度过低会发生许多副反应，生成高级氯硅烷，如 $SiCl_4$、$SiHCl_3$、SiH_2Cl_2、SiH_3Cl、SiH_4 等（也被称为四氯化硅的伴随物），而影响了四氯化硅的实收率。温度过高对四氯化硅产品的质量也不利，因为工业硅中的杂质，如铁、钙、铝、镁、铜、钛等也易于氯化生成氯化物，而影响四氯化硅的质量。

(2) 同样，三氯氢硅合成反应温度过低、过高也会对合成效果带来不良的影响。

因此，对合成反应的操作，一定要认真控制好温度，使其始终保持在合成反应所要求的温度范围之内。

11.1.2.2　氯气或氯化氢通入量对合成效果的影响

氯气或氯化氢通入量过大、过小都会对合成效果带来不良的影响。通入量过大，反应剧烈，放出的反应热多，合成炉内的温度高。炉内的温度过高过低，不仅会影响产品质量，而且还会毁坏设备。通入量过小，反应慢，无法保证正常生产。另外，氯气或氯化氢通入量的大小也会直接影响产品的质量。这点，四氯化硅表现得更为明显，一般在合成反应操作中，经常是通过四氯化硅的颜色来判断氯气是否过量（不过量时，四氯化硅透明无色；稍微过量时，四氯化硅呈淡黄色；过量太多四氯化硅呈黄色）。

11.1.2.3　设备结构材料对合成效果的影响

设备结构材料对合成反应的效果影响不大，因此，四氯化硅或三氯氢硅合成反应对设备结构的要求也就不严，一般合成炉都采用普通碳钢制造，但要注意两条：一是氯气或氯化氢在炉内的分布要均匀，不能产生“过热凹洞”；二是为了保证合成反应的顺利进行，工艺流程中有关的管道应该进行保温，以防物料冷凝结块而堵塞管道等现象。合成系统的管道应尽可能的短、粗，弯头尽量少，而且弯头外角度尽可能大。

11.1.3　精馏工艺操作要点

11.1.3.1　精馏塔安装和准备时应注意的要点

精馏塔安装很重要，不仅要细致、符合工艺要求，而且安装的程序要合理，如果安装不合格，塔就很难正常工作。为此塔安装时要遵守安装程序，塔的安装程序是：先固定塔釜，再安装塔柱、塔头；塔釜、塔柱和塔头就位后再安装各种管道和料罐，最后保温。

(1) 塔安装时，塔釜要安装得稳固。安装过程中，塔釜的所有管口要用干净的物品封堵好，要保持塔釜内清洁，严禁沾污。

(2) 安装塔柱时，除了应注意安装的塔柱要牢固、密封要严密之外，还要注意安装过程中，绝对不能让塔受到沾污，特别是不能让塔的内部受到沾污。安装的塔柱应垂直，其垂直度偏差一般在 0.3‰以内。塔柱内的筛板本身要平整，安装的筛板平面要水平，其水平偏差一般在 1‰以内。

(3) 安装塔头时，要注意安装的塔头要牢固、密封要严密、内部不沾污。当安装的塔头为卧式时，不仅要注意上述事项，而且还要注意安装的塔头要有合理的坡度。

(4) 安装的管道要平直，支护要牢固，除此之外有坡降要求的管道，应注意坡向要对，坡度符合要求。

(5) 塔安装完毕后要做水、气压试验，要保证整个系统不漏气。

(6) 水、气压试验合格后，要对塔进行最后的清洗。对塔的清洗过程严禁沾污，要严格做好工艺卫生。一般对于石英玻璃塔的清洗程序是：首先进行酸洗，其酸洗的方法是用酸泵或其他方法将采用 10%左右浓度的盐酸水溶液从上部灌进安装好的精馏塔内，浸泡 1～2h。

然后从塔釜下部的放料管放出，之后再用干净水冲洗干净(至中性)。采用的干净水最好是经过处理后的高纯水(去离子水)。一般对于不锈钢塔的清洗程序是：首先进行酸洗，其酸洗的方法是用酸泵向塔内灌入5%左右浓度的盐酸水溶液，并让其循环1h后放掉，然后将高纯水从上部灌入塔内，从下部放掉，并观察水的酸碱度。当下部放掉的水呈现中性后，关闭放水阀，使水在塔的内外循环，循环1h后放掉。

(7) 冲洗干净后应用经过净化后的气体(空气或氮气)吹干。吹干时可对气体加热(加热温度应在80～100℃)，并加大通气量，这样可以把塔柱内部彻底吹干。吹干不到位，加料后塔内会产生水解物，严重时会堵塞筛板孔和管道，因此，吹干工艺相当重要，绝对不可忽视。衡量吹干的方法是观察吹干用气的露点，当出口气体的露点接近进口气体的露点时，就可证明塔已被吹干。

(8) 加料(四氯化硅或三氯氢硅)前应先用少量的纯料(四氯化硅或三氯氢硅)洗塔。一般洗塔的用料(四氯化硅或三氯氢硅)量不应少于塔有效容积的三分之一。

11.1.3.2 加料(四氯化硅或三氯氢硅)时应注意的要点

(1) 加料前应计算好加料量，最好为塔釜容积的三分之二。

(2) 加料时，要保证原料自始至终不与空气接触，为此常采用氮气顶压法加料。但应注意，使用的氮气要经过净化、除水，并注意顶压的压力要适宜。

(3) 加料时要打开管道阀门，严禁塔体密封。

(4) 三氯氢硅易挥发、易燃、易爆，因此加三氯氢硅料时，要防止原料接触火种。如发生三氯氢硅燃烧爆炸时，应迅速隔离燃烧区，用四氯化碳灭火器或毛毡等物掩盖着火处，即可将火焰熄灭。

11.1.3.3 升温时应注意的要点

(1) 升温前应仔细检查供热供电系统、塔体、管道、阀门、氮气补充系统、尾气管、冷媒以及系统密封畅通情况等。

(2) 打开冷却水(三氯氢硅打开冷媒)，并检测其温度与流量。

(3) 要逐渐缓慢升温。

11.1.3.4 精馏工艺操作时应注意的要点

间断精馏工艺操作时应注意的要点：

(1) 当塔升温至正常后要进行全回流操作。全回流就是塔头凝结的料只回流，不取出。全回流时要注意控制温度，注意塔釜和塔头的温度，让料在最佳温度条件下全回流一定时间(一般全回流时间应在8h以上)。若时间许可，全回流时间尽可能延长。

(2) 全回流完毕后应开始进行去除低沸点物的操作。操作应首先打开低沸点物排放阀，并观察和调整回流比，使之符合精馏工艺的要求。

(3) 低沸点物去除完后就进行精馏取料操作了。取料操作只需将低沸点物排放阀关闭，再打开取料阀，精馏塔就可进入取料操作了。取料操作过程中应勤于巡回检查，严格控制恒定的蒸气压或液层高度；勤观察回流比，观察塔釜和塔头的温度，并随时调整，使精馏塔始终处于最佳的工艺条件下。

(4) 最后是去除高沸点物。去除高沸点物只需打开塔釜的放料阀即可，但注意要使塔始终保持正压，防止空气进入塔内。

(5) 高、低沸点物控制量应由原料纯度、对产品质量要求及精馏塔的结构效能等具体条件确定。

(6) 精馏操作中要特别注意供热供电系统的突然事故，如发现突然停电，变压器烧毁，稳压器失灵，保险丝烧断，加热电热丝被烧断等，应及时处理。

(7) 精馏操作中不仅要勤于观察塔釜、塔头温度，而且还要经常注意检查塔釜、塔头的压力，注意观察塔的流量和回流比。操作中尽量避免室温起伏(如开启排风、气温变化)。正常情况下，液层高度、压力、塔釜温度、塔头温度、流量等操作参数一般变化不大。

(8) 压力计和温度计是观察塔内工作情况的眼睛，要保护它们，让它们处于正常工作状态，发现负压，应及时加大补充气体。尾气管道须畅通，特别是阴天下雨防止尾气口被水解物堵塞。对尾气口要经常检查，及时处理。要经常检查冷却水(冷媒)温度、流量，突然停断应立刻处理。

(9) 操作时要注意随时检测料罐的储料量，换算塔釜内的存料量。做到心中有数。

(10) 停塔时，要一面通入过量的补充气体，一面缓慢降温，让塔温降至室温，同时加大补充气体量，防止空气进入，特别是严防潮湿气体进入塔内。停塔后要放出高沸点物，之后应及时关闭塔釜上的放料阀，同时打开塔釜上的进料阀加料，以备再用。

连续精馏工艺操作时应注意的要点：

(1) 连续精馏工艺操作和间断精馏工艺操作一样，当塔升温至正常后也要进行全回流操作，而且全回流操作的要点也和间断精馏相同。

(2) 因为是连续精馏，去除高、低沸点物和取料都是同时进行，所以就没有去除高、低沸点物和取料的阶段之分了，全回流完毕后，只要再打开取料阀，调整好回流比，精馏塔就可进入连续精馏的工艺操作了。连续精馏的工艺操作应注意的要点也和间断精馏一样，操作过程中也应勤于巡回检查，严格控制恒定的蒸气压或液层高度；勤观察回流比，观察塔釜和塔头的温度，并随时调整，让精馏塔始终处于最佳的工艺条件下。

(3) 操作中要勤于观察压力计，发现负压，应及时加大补充气体。尾气管道须畅通，特别是阴天下雨防止尾气口被水解物堵塞，因此对尾气口要经常检查，及时处理。

(4) 精馏操作中要特别注意供热供电系统的突然事故，如发现突然停电，变压器烧毁，稳压器失灵，保险丝烧断，加热电热丝被烧断等，应及时处理。

(5) 精馏操作中要经常检查冷却水(冷媒)温度、流量，突然停断应立刻处理。

(6) 停塔时，要一面通入过量的补充气体，一面缓慢降温，让塔温降至室温，同时加大补充气体量，防止空气进入，特别是严防潮湿气体进入塔内，并关闭所有与外界相通的阀门。

11.1.4　影响精馏效果的因素

影响精馏效果的因素有多种，有原料纯度方面的因素，有工艺操作技术方面的因素，有工艺卫生方面的因素，也有设备结构方面的因素。

11.1.4.1　*原料对精馏效果的影响*

生产实践证明，原料的纯度对精馏效果影响很大，特别是在精馏塔的分离效能(理论塔板数)不高的情况下，这种影响就更为显著。因此作为精馏原料的四氯化硅或三氯氢硅来说，越纯越好。一般作为精馏原料的四氯化硅或三氯氢硅应在三个“9”以上，如果达不到三个“9”，就应该再经过一级粗馏处理，使其达到三个“9”后再送入精馏塔提纯。这样才可保证精馏产品的质量。

11.1.4.2 精馏塔结构材料对精馏效果的影响

精馏效果的好坏与精馏塔结构材料密切相关。原则上讲，精馏效果主要取决于精馏塔的分离能力，而标示分离能力的唯一参数—理论塔板数(塔板效率)，是由精馏塔结构与种类决定的。四氯化硅或三氯氢硅的精馏提纯要达到六个“9”以上，要想达到这样高的纯度，还要注意设备对四氯化硅或三氯氢硅的沾污。从这一角度考虑，采用填料塔作为精馏塔不如采用筛板塔合适。

填料材料、形状、大小的选择和处理、装塔时的沾污对于填料塔都是十分关键的问题，由于填料与物料大的接触表面以及流通能量的限制，填料塔多用于粗馏，而少用于精馏，特别是在大规模四氯化硅或三氯氢硅生产中应用就更少了。

筛板塔就不同了，因为它与原料的接触面最小，效率也较高，因此多在四氯化硅或三氯氢硅精馏的生产中使用。筛板塔决定效率的核心是筛板，为此确定筛板的结构参数是十分慎重的工作。

对于制造精馏塔的材料，应以石英玻璃为最佳，因为它本身就是硅和氧的化合物(二氧化硅)，对四氯化硅或三氯氢硅没有沾污问题。因此多采用石英玻璃来制造提纯四氯化硅或三氯氢硅的精馏塔，特别是小型精馏塔，采用石英玻璃为制造材料的更多。

通过实践的考验证明，不锈钢(1Cr18Ni9Ti)对四氯化硅或三氯氢硅没有显著地沾污影响，因此也常用制造提纯四氯化硅或三氯氢硅的精馏塔，特别是大型的精馏塔，采用不锈钢为制造材料的有很多。

11.1.4.3 工艺操作技术对精馏效果的影响

精馏工艺操作的技术条件和各种操作参数的控制对精馏操作的效果有直接影响。这些参数有如前面所讨论的蒸气压、液层高度、塔头温度、塔釜温度、全回流时间、回流比、高低沸点的控制量、塔柱的温度、补充气体的纯度及使用情况等，涉及面很广。在生产中应勤观察，严格控制这些参数，随时发现问题，随时处理。而且在处理时，应注意到一种主要倾向的背后可能掩盖着其他倾向，而且在这些参数的内部又有一定的关联，生产中根据具体情况抓住主要矛盾，这样，其他问题就会迎刃而解了。

11.1.4.4 操作工艺卫生对精馏效果的影响

操作工艺卫生几乎是多晶硅生产工艺起很大作用的因素，完全可以这样说：操作工艺卫生是保证精馏效果的关键，也是最终保证多晶硅质量的关键。因此，在操作过程中一定要搞好工艺卫生，要尽可能减少和避免外来杂质的沾污。

11.1.4.5 其他方面对精馏效果的影响

例如设备与生产故障，提纯条件受到破坏，引进沾污，设备长期运转，硼磷等杂质累积于精馏塔及设备系统中，均影响精馏效果。因此在操作过程中，一定要勤于巡回检查，发现问题，及时处理。除此之外，对于间断精馏设备来说，每完成一次精馏都应及时排除高、低沸点物，而且要排除干净；对于连续精馏设备来说，应按期清洗。

11.2 氢气的净化

11.2.1 氢气净化工艺操作要点

11.2.1.1 氢气净化系统安装和准备应注意的要点

(1) 氢气净化系统安装与精馏塔安装应注意的要点基本相同，也要用干净的物品封堵好所有管口，要保持系统内部清洁，严禁沾污。

(2) 系统安装完毕后要做气压试验，要保证整个系统不漏气，一般试验的压力应高于实际使用压力的2倍。

(3) 气压试验合格后应用热气吹干。其吹干方法和精馏塔的吹干方法基本相同，吹干时也可对气体加热，并加大通气量。

(4) 吹干后就可以装填干燥剂和去氧剂了。干燥剂一般比较脆弱，特别是分子筛，非常容易粉碎，所以装填干燥剂时应注意要轻放，不得踩压。有些去氧剂不能直接与空气接触，直接接触容易发生激烈反应，发生火灾，甚至爆炸。因此，装填时要采取相应的措施，或用液体密封的方法装填。

(5) 干燥剂和去氧剂装填完毕后，封闭好装料口，还要进行一次气压试验。

11.2.1.2　净化工艺操作应注意的要点

当整个系统气压试验合格后就可以使用了。但使用前首先要对系统再生（活化）。

系统再生（活化）应注意的要点：

(1) 再生的方法由净化干燥剂的性质而定，生产中再生的方法有两种：高温气体载带法和高温真空法。为提高再生效果和速度，也可以将两种方法结合起来分两步进行。先将净化剂升至再生温度，用大量的载带气体将大量的水气带走，然后再密封抽真空再生。操作中要严格控制再生温度：硅胶120～150℃；活性炭150～200℃；分子筛（5A）350～400℃；105催化剂350～400℃；氧化铝300～350℃；活性铜270℃。

(2) 上述的再生用气有三种：空气、氮气和氢气。

(3) 氢气是易燃易爆气体，不可直接与空气接触，因此采用空气再生时就需要置换。所谓置换，就是采用惰性气体（氮气）将系统内的氢气赶净，再通入空气将系统内的惰性气体换掉，或者采用惰性气体将系统内的空气赶净，再通入氢气将系统内的惰性气体赶净，换成氢气。

(4) 采用氮气再生时，只需将氢气管道的阀门关闭，再通入氮气即可进行再生操作了。

(5) 采用氢气再生时，不需任何置换操作，只需将净化用的阀门关闭，之后将再生用的阀门打开即可。

(6) 系统再生时，应勤于观察再生气的压力和温度，发现问题，要立刻修正。再生后期要认真地测定再生气的露点和含氧量。当再生气的露点和含氧量都合格后，应停气降温，并封闭系统，但要注意降温时，系统内部始终要保持正压。

(7) 再生合格并降温至室温后，系统就可以封闭起来准备待用，也可以直接用来净化氢气了。

氢气净化操作时应注意的要点：

(1) 氮气或空气再生的系统，在开始净化前还要进行一次置换。采用氮气再生的系统可以直接换成氢气；采用空气再生的系统需用氮气赶净空气再置换成氢气。

(2) 氢气净化操作时，应勤于观察系统的压力、温度和氢气流量，按时测定氢气的露点和含氧量。发现问题要及时解决。

11.2.2　影响氢气净化效果的因素

影响氢气净化效果的因素也同样有多种，有原料氢气纯度方面的因素，有工艺操作技术方面的因素，有工艺卫生方面的因素，也有设备结构方面的因素。

11.2.2.1 原料氢气对净化效果的影响

原料氢气的纯度对净化效果影响很大，纯度越高，就越容易净化，而且净化效果也越好。原料氢气有多种，但多晶硅生产常用的主要有两种：一种是电解水所得的氢气，另一种是作为氯碱工业副产品的氢气。

(1) 电解水所得的氢气质量好，纯度高，其纯度为99.5%～99.9%，主要杂质有水汽和氧，因此容易被净化。该种氢气只要经过去氧和干燥就可以供多晶硅生产使用了。

(2) 由氯碱工业所得的氢气有很多杂质，除了含有水汽和氧之外，还含有氯、钠、二氧化碳、氮和汞等杂质，其纯度约为98%左右。要想将该种氢气用于多晶硅生产，除了要去氧和干燥之外，还应选择增加活性炭及可以吸附氯、钠、二氧化碳、氮和汞等杂质的分子筛。选择分子筛时可参考表11-1。

表11-1 各种分子筛的吸附选择物质

分子筛	4A、5A、10X、13X	5A、10X、13X	10X、13X	13X
被吸附物	H_2O、CH_3OH、NH_3、H_2S、SO_2、CO_2、CH_2CHCH_3、CH_2CH_2、C_2H_6	正丁醇、高级醇、正丁烯、高级烯类、丙烷、环丙烷	正丁烷、六环烷、苯及所有芳香类物质。分子大于0.5nm但小于0.9nm的物质$(C_2F_6)_2NC_2H_7$	分子大小在0.9nm与1nm的物质

11.2.2.2 工艺操作技术对氢气净化效果的影响

氢气净化工艺操作的技术条件和各种操作参数的控制对氢气净化的效果有直接影响。这些参数有：氢气的压力、温度及流速等，但最主要的是温度和流速。

氢气净化时氢气流速越慢，氢气与净化剂(去氧剂和吸附剂)接触越充分，其净化效果就越好。去氧炉(器)的温度低，去氧效果差，温度过低，甚至会使去氧剂的功能失效。因此，系统正常净化时，氢气的流速要慢，去氧炉(器)的温度不可低于所需的工作温度(各种去氧剂的要求不同，可参考各自的产品说明书)。

但硅胶和分子筛等吸附剂温度高，反而吸附效果差。因此，系统正常净化时，吸附剂的温度要低，氢气流速要慢。

11.2.2.3 操作工艺卫生对氢气净化效果的影响

操作工艺卫生是保证多晶硅质量的关键，对氢气净化系统也不例外，在操作过程中也要注意工艺卫生，要尽可能地减少和避免外来杂质的沾污。

11.2.2.4 设备结构和材料对氢气净化效果的影响

(1) 氢气净化设备的结构形式对净化的效果有一定的影响。氢气净化效果与氢气和净化剂的接触是否充分有关。接触越充分，净化效果越好，反之就差。氢气分布不均匀，特别是有趋壁效应的设备，其氢气与净化剂的接触就不会充分，这样，不仅氢气净化的效果差，而且净化剂容易失效，设备的使用周期短，再生频繁，净化剂的寿命低。因此，氢气净化对设备的结构要求是：氢气在设备中的分布尽量均匀，流速尽量慢，不产生或少产生趋壁效应。这样才可以使氢气与净化剂充分接触。

(2) 虽然氢气净化系统在去氧和再生时需要升温，但所升温度并不高，所以设备材料对氢气的沾污极为微弱，也就是说，设备的材料对净化效果的影响不大。因此，氢气净化系统对设备材料的要求不严格，完全可以用普通的碳钢来制造。

11.3　多晶硅的还原制备

11.3.1　还原工艺操作要点

还原工艺操作的主要程序是：装炉、还原运行、拆炉。

11.3.1.1　还原炉装炉时应注意的要点

装炉是非常重要的工作，它的好坏直接决定着多晶硅产品的产量和质量，因此装炉时，一定要认真，绝对不可马虎。

(1) 装炉前要先做好准备工作。装炉前首先要做的准备工作是清洗。清洗任务主要包括：对还原炉、还原炉的各个部件及发热体的清洗。还原炉的清洗，是先用纱布擦去炉体各部分的沉积物，之后用10%～20%的氢氧化钠水溶液擦洗，接着用水冲洗至中性。再后用10%～20%的盐酸水溶液擦洗，最后用水冲洗至中性。上述的酸、碱清洗时所用的水应是纯水，最好是去离子水。经过清洗后的还原炉要用纯气吹干。吹干后的还原炉一定要封闭，防止再次沾污。

(2) 安装在还原炉里没有经过使用的石墨件，应在1300℃的高温下真空处理2～5h，彻底除去挥发物。重复使用的石墨件，每用完一次后都要擦一次，除去其表面沉积物。

(3) 钼丝发热体的清洗方法是，首先用细砂纸将表面打磨干净，再用稀盐酸清洗，直至显现出光亮的金属本色。之后用水冲洗，再用无水乙醇擦净，最后吹干待用。

(4) 硅芯发热体的清洗方法是，先水洗，随后在酸液(氢氟酸：硝酸＝1：3)中浸泡3～5min，然后用纯水冲至中性，最后烘干待用。

(5)清洗工作完毕后，接下来是装炉。装炉时不得用手直接接触清洗过的还原炉，还原炉的各个部件及发热体，安装接触时，应该带上聚乙烯薄膜之类的手套，以防沾污。

(6) 装炉时，发热体要安装得牢固，并与电极接触良好。

(7) 炉装好后要密封还原炉，并将冷却水接入炉体。

(8) 上述工作都完成后，就应该将干燥的氮气通入还原炉置换空气。置换过程中应同时检查还原炉的密封，发现问题及时处理。当氮气将空气赶净后，再将净化好的氢气通入还原炉置换氮气。当氢气将氮气赶净后，准备工作就彻底完成了。

11.3.1.2　还原运行时应注意的要点

准备工作完成后，就可以通电开炉了。

(1) 在钼丝作发热体的情况下，开炉后应先通氢空烧1h，使炉体和发热体的表面杂质进一步挥发，从而减少杂质对产品多晶硅的沾污。在此阶段，发热体温度慢慢升温至还原所需温度，并保持不变。空烧完毕就可以将氢气接入鼓泡器，为还原炉送原料气(四氯化硅或三氯氢硅与氢的混合气)了。原料气进入还原炉后，还原反应立即开始。还原反应过程中，需要随时观察发热体的变化，调节电器控制温度(可以自动控制)，是发热体的表面温度始终保持在还原所需的温度范围之内，并相应地调节氢气量，为还原炉送入足够的原料气，从而保持多晶硅正常沉积。

(2) 在硅芯作发热体的情况下，开炉后应先常温通氢0.5h。如果还原炉里没有另外的烘烤装置，那么硅芯发热体就要进行高压启动。发热体一旦被高压击穿以后，电压急剧下降而电流迅速增大。此时应随时观察电压、电流和发热体的温度变化，并随时注意调节电器控制温度（可以自动控制），使发热体的表面温度始终保持在还原所需的温度范围之内。同时，还要相应地调节氢气量，为还原炉送入足够的原料气，从而保证多晶硅正常沉积。如果还原炉里有另外的烘烤装置，就应先为烘烤装置送电升温。硅芯的表面温度达到启动要求后再接通电源，并调节电器，使之慢慢升温至还原所需温度，同时调节氢气量，为还原炉送入足够的原料气。

(3) 还原正常运行（多晶硅正常沉积）时，应随时随地观察硅棒（发热体）温度，并注意调节电器控制温度（可以自动控制），使发热体的表面温度始终保持在还原所需的温度范围之内。同时，还要相应地调节氢气量，为还原炉送入足够的原料气。只有这样，才能保证还原反应的正常进行，也只有这样，才可保持多晶硅的正常沉积。否则，多晶硅的沉积就不会正常，不仅产量会受到影响，还可能会产生硅棒分层，甚至还会使生产出的硅棒变成废品。因此，在还原正常运行时，一定要认真对待，绝对不可马虎。

11.3.1.3 停炉拆炉时应注意的要点

(1) 停炉时应注意的要点是：停炉前先空烧 0.5h。空烧时，只留纯氢进入还原炉，而切断鼓泡器的氢气，停止为还原炉供四氯化硅或三氯氢硅料。空烧完后，还原炉应逐渐降温（一般需要降温 1h），不然，不仅硅棒会碎裂，而且对设备也不利。

(2) 当还原炉的温度降下来（一般炉温在 100℃以下）后，就可以向还原炉里通氮气赶除氢气了。赶除氢气开始时，氮气量不要太大，在还原炉里的气体最好是平流，不应是紊流。后期，氮气量可以很大，可以是紊流。

(3) 当还原炉里全部被氮气占据后，就可以拆炉出料。

11.3.2 影响还原效果的因素

影响还原效果的有操作工艺卫生、工艺操作技术、设备结构和材料等因素。

11.3.2.1 操作工艺卫生对还原效果的影响

本章曾经多次重复地提过，操作工艺卫生是保证多晶硅质量的关键。其实，真正容易因工艺卫生而影响多晶硅质量的阶段，就是还原阶段。因为还原炉拆装频繁，拆装时与外界接触，极易受到外来杂质的沾污。因此，还原操作过程中一定要特别注意工艺卫生，尽可能地减少和避免沾污。

11.3.2.2 工艺操作技术对还原效果的影响

还原工艺操作的好坏将直接影响还原产品（多晶硅）的效果。

(1) 在还原过程中，硅棒（发热体）的温度直接影响还原的效果，硅棒温度过低，多晶硅沉积的速度就会减慢；硅棒温度过高，不仅硅棒长不好，而且硅棒还会被熔断。硅棒温度忽高忽低地波动，硅棒也长不好，可能还会产生分层，甚至报废。

(2) 在还原过程中，还原炉的进料（四氯化硅或三氯氢硅与氢的混合气）量和速度，也都会直接影响还原的效果。还原炉的进料过少，无法满足还原反应的需要，所以硅棒生长慢；还原炉的进料过多，不仅浪费，而且硅棒也长不好，有可能还会产生分层，从而影响产品（多晶硅）的质量。

11.3.2.3 设备结构和材料对还原效果的影响

(1) 还原设备结构的好坏将直接影响还原的效果。还原炉内部有死角、窝气，还原所产生的尾气不能及时地排除，都会直接影响还原的效果。因此，还原设备的结构要有利于还原反应的进行，同时还原炉内部不可有死角，不能窝气，还原所产生的尾气应能及时地排除。

(2) 还原设备所用的材料对还原效果也有一定的影响。还原设备所用材料不能对产品(多晶硅)有沾污，强度要高，而且耐高温。因此，一般还原设备都不采用普通碳钢，而采用不锈钢，特别是与原料气直接接触的设备内部，一定要采用不锈钢。

11.4　石英玻璃

11.4.1　制砣工艺操作要点

制砣工艺操作的主要程序是：装机、制砣、出砣。

11.4.1.1　装机应注意的要点

(1) 装机的主要任务是将支撑石英砣的转轴安装在三爪卡头。安装时应注意，安装的转轴要牢固，并且转轴的中心线要与制砣机床空心轴的中心线重合。

(2) 调整喷灯的位置、角度，让喷灯对准转轴前部或上部石英玻璃砣的端面上，也就是沉积石英玻璃的部位，使喷出的气体能够喷到石英玻璃砣的表面上。

11.4.1.2　制砣应注意的要点

装机完毕就可以点火制砣。

(1) 要注意，点火时只开氢气。当氢气被点燃后，再打开氧气阀门，通氧气为转轴前部或上部石英玻璃砣的端面预热。预热时，火焰要先弱后强，逐渐升温。

(2) 石英玻璃砣的端面升温完毕后，就应打开原料阀门，让原料从喷料管喷出。喷出的原料应立即与氢氧火焰混合，其混合气柱的长度不得小于0.5m。

(3) 在制砣过程中，应随时观察氢、氧和原料气的压力和流量，以及石英玻璃砣的端面的温度。发现问题，应及时处理。

(4) 在制砣过程中，如发现石英玻璃砣端面上有气泡或污点时，应及时揪点或采取高温吹点的方法将气泡或污点除去。

11.4.1.3　出砣应注意的要点

(1) 出砣前要停机、降温。石英玻璃不断地沉积在石英玻璃砣面上，使砣体不断地长大，当达到一定程度，就可以降温。降温时不可停机，要让石英玻璃砣继续旋转。降温的速度不能快，越慢越好，不然会引起砣体炸裂。

(2) 降温后就可以停机(停止石英玻璃砣的旋转)、退车。退车是让石英玻璃砣退到方便卸砣之处，之后就可以出砣。出砣时，要轻卸、轻放，绝对不能磕碰。

11.4.2　影响制砣效果的因素

影响制砣效果的主要有原料气的纯度、喷灯的结构、保温罩的材料等因素。

11.4.2.1　原料气的纯度对制砣效果的影响

原料气的纯度对制砣效果的影响很大，它直接决定着石英玻璃砣的质量。纯度低的原料，绝对打不出高质量、高纯度的石英玻璃砣。其道理很简单，石英玻璃砣是原料气与氢氧焰反应的产物，原料气中的杂质必然会伴随原料气的反应一同沉积在石英玻璃砣体中。因此，原料气的纯度一定要达标，不然的话，就会不合格，甚至会成为废品。

11.4.2.2 喷灯的结构对制砣效果的影响

喷灯的结构也很重要，它喷出的火焰温度、速度及混合气柱的长度都应合适，否则也生产不出高质量的石英玻璃砣。火焰温度过低，反应不充分，打不出透明度高的石英玻璃砣；火焰温度过高，产品挥发，产量会降低。火焰喷出的速度过低，产量低，甚至生产不出产品；火焰喷出的速度过快，会把沉积在石英玻璃砣面上的料吹跑或吹化（挥发），也会使产量降低。另外，喷灯的喷氧管和喷氢管喷出的气体要向中心聚焦，其焦距应大于0.5m。

由于喷灯是在高温下工作，容易使气体沾污而影响产品质量，因此，喷灯大多采用石英玻璃制造。

11.4.2.3 保温罩材料对制砣效果的影响

保温罩材料对制砣效果的影响，主要是对石英玻璃砣的沾污上。这种沾污有两方面的影响：一方面是对石英玻璃纯度的影响，这需要保温罩材料坚固、不松散，特别是不能掉渣、掉粉；另一方面是对石英玻璃的析晶的影响，因此，不能采用那些可诱导石英玻璃析晶的材料作保温罩，特别不能采用碱性物质作保温罩。基于上述原因，石英玻璃制砣机的保温罩材料最好是采用发泡石英玻璃或不透明的石英玻璃。

12 安全生产

多晶硅和石英玻璃的联合制备法生产中所用的氢气是易燃易爆的危险气体，四氯化硅或三氯氢硅都是有毒的化学物质，三氯氢硅不仅有毒，而且与空气直接接触也容易引起爆炸。如果操作不当，就会引起污染、中毒、火灾，甚至爆炸，从而会造成重大的经济损失。安全生产对于多晶硅和石英玻璃的生产是极为重要的，它不仅关系到生产的成败，而且还直接关系到人的生命安全。因此，了解安全生产的常识和有关规定并掌握处理事故的技艺是非常必要的。

12.1 氢气、氧气、四氯化硅及三氯氢硅的危险性

12.1.1 氢气的危险性

氢气的着火、燃烧及爆炸是它的主要特性，也是它的危险性。氢气燃烧温度很高，可达3127℃。氢气的燃点很低，而且着火能也非常低，仅 20μJ，比烷烃要低一个数量级以上，甚至化学纤维织物摩擦所产生的静电能也比氢气的着火能大几倍。因此，氢气是极容易着火的危险气体。在封闭或局部封闭状态下的氢气与空气或与氧气混合可能引起爆炸，但在敞开状态时一般不可能。

氢气的燃烧及爆炸性能见表 12-1。

表 12-1 氢气的燃烧及爆炸性能表

在空气中的燃烧范围/%(体积分数)	4～75
在空气中的爆炸范围/%(体积分数)	18～59
在氧气中的燃烧范围/%(体积分数)	4.65～94
在氧气中的爆炸范围/%(体积分数)	18.3～58.9
在空气中的着火温度/℃	585
在氧气中的着火温度/℃	560
着火能/μJ	20
燃烧热/kJ·m^{-2}	10795
火焰温度/℃	2045
火焰发射率/%	0.1
灭火距离/cm	0.06
火焰传播速度/m·s^{-1}	2.75

12.1.2 氧气的危险性

氧气是强氧化性气体，它本身不燃，但助燃，与可燃蒸气混合可形成燃烧式爆炸性混合

物。与空气相比，燃爆性物质在氧气中的点火能量变小，燃烧速度变大，爆炸范围变宽，即更易着火燃烧和爆炸。在一定条件下，一些金属在氧气中也能燃烧。压缩纯氧的压力越高，其助燃性能越强。在潮湿或有水条件下，氧气对钢材有强烈的腐蚀性。

在封闭或局部封闭状态下的氧气与氢气混合到一定比例，可能引起燃烧爆炸。

12.1.3 四氯化硅的危险性

四氯化硅是无色透明发烟液体，具有难闻的窒息性气味，它本身不燃，是具有强腐蚀性、强刺激性，可致人体灼伤的有毒物质。

四氯化硅遇水或在湿空气中分解放热，生成有毒的腐蚀性烟气——氯化氢。在干燥的空气或氧气中加热生成氯氧化硅。它与氢作用生成三氯甲硅烷和其他氯代硅烷。遇水则放热并分解成硅酸和氯化氢。遇醇发生激烈反应。

四氯化硅对眼睛及上呼吸道有强烈刺激作用。高浓度可引起角膜混浊，呼吸道炎症，甚至肺水肿。眼直接接触可致角膜及眼睑严重灼伤。皮肤接触后可引起组织坏死。本品可引起溶血反应而导致贫血。

12.1.4 三氯氢硅的危险性

三氯氢硅与四氯化硅很相似，它也是无色透明发烟液体，具有难闻的窒息性气味，也具有强腐蚀性、强刺激性，也是可致人体灼伤的有毒物质。

三氯氢硅也极容易水解，也会生成有毒的腐蚀性烟气——氯化氢；它也刺激眼及上呼吸道；高浓度时，可引起角膜损伤，呼吸道炎症，甚至肺水肿。常伴有头昏、头痛、乏力、恶心、呕吐、心慌等症状。溅在脸上，可引起坏死，溃疡长期不愈。

三氯氢硅与四氯化硅不同的是，三氯氢硅是易燃易爆的物质，与氧化剂能发生强烈反应，遇明火会被点燃，甚至引起爆炸。

三氯氢硅在高温环境下会自燃，其自燃温度为104℃。

12.2 多晶硅和石英玻璃的联合制备法对生产设施的要求

12.2.1 对厂房的要求

为安全起见，对厂房有如下的要求：

(1) 由于多晶硅和石英玻璃的联合制备法生产中有易燃、易爆和有毒的物质，因此生产多晶硅和石英玻璃的工厂最好建于远离城市、远离居民区的空旷地区，绝对不可建在人员密集的地区和主要交通要道附近。

(2) 对于有易燃、易爆和有毒物质的车间要根据规范规定来布置、设计。有毒物质的车间宜布置在工厂常年最小风向频率的下风侧；有易燃、易爆物质的车间宜布置在工厂常年最小风向频率的上风侧，并应远离有明火或散发火花的地点。

(3) 有易燃、易爆和有毒物质的车间，均要按现行国家标准《建筑物防雷设计规范》的规定设有防雷设施，并应有防直击雷、防雷电感应和防雷电波侵入的措施。

(4) 有易燃、易爆和有毒物质的车间，应布置为独立建(构)筑物，特别是有易燃、易爆物质的车间，宜设置非燃烧体的围墙，其高度不应小于2m。

(5) 有易燃、易爆和有毒物质的车间，宜留有扩建的余地。

(6) 有易燃、易爆和有毒物质的车间与其他建筑物、构筑物的防火间距，不应小于表12-2的规定。

表 12-2　有易燃、易爆和有毒物质的车间与其他建筑物、构筑物的防火间距表(m)

建筑物、构筑物		氢氧站或供氢站	氢气罐总容积/m^3			
			≤1000	1001～10000	10001～50000	>50000
其他建筑物耐火等级	一级、二级 三级、四级	12 14 16	12 15 20	20 20 25	20 25 30	25 30 35
民用建筑		25	25	30	35	40
重要公共建筑		50	50			
35～500kV 且每台变压器为 10000kV・A 以上室外变配电站以及总油量超过 5t 的总降压站		25	25	30	35	40
明火或散发火花的地点		30	25	30	35	40
架空电力线		≥1.5 倍电杆高度	≥1.5 倍电杆高度			

注：防火间距应按相邻建筑物或构筑物的外墙、凸出部分外缘、储罐外壁的最近距离计算。

(7) 有易燃、易爆和有毒物质的车间与铁路、道路的防火间距，不应小于表 12-3 的规定。

表 12-3　有易燃、易爆和有毒物质的车间与铁路、道路的防火间距(m)

铁路、道路		氢氧站、供氢站	氢 气 罐
厂外铁路线(中心线)	非电力牵引机车	30	25
	电力牵引机车	20	20
厂内铁路线(中心线)	非电力牵引机车	20	20
	电力牵引机车	20	15
厂外道路(路边)		15	15
厂内道路(路边)	主要道路	10	10
	次要道路	5	5
围　墙		5	5

12.2.1.1　*对四氯化硅合成和提纯厂房的要求*

对四氯化硅合成和提纯车间来说，是属于有毒的腐蚀性物质车间，其车间建筑应适于防毒、防锈，因此对该车间建筑的要求是：

(1) 车间里要自然通风好，并设有相应的事故排风设施，其自然通风换气次数，每小时不得少于 3 次，事故排风换气次数每小时不得少于 7 次。

(2) 自然通风帽最好是设有风量调节装置和防止凝结水滴落的措施。

(3) 因四氯化硅不仅有毒，而且还具有强腐蚀性，因此，四氯化硅合成和提纯厂房所采用的建筑材料应是耐腐蚀的材料。

(4) 为方便事故的处理,需要车间建筑内外都设有水管及水龙头。水龙头应顺墙布置,最大间距室外应小于 40m,室内应小于 20m,而且水龙头的位置要方便使用。

(5) 为方便事故处理后残渣的清除,室内应设置排水沟。

(6) 厂房宜采用钢筋混凝土框架结构,并需将钢筋保护层增加 5~10 ㎜。

(7)厂房内部表面应涂刷防腐的耐酸油漆。

12.2.1.2 对三氯氢硅合成和提纯厂房的要求

由于三氯氢硅除有毒和有腐蚀性之外,它还是易燃、易爆的物质,因此,三氯氢硅合成和提纯厂房除应符合上述防毒、防腐要求外,还应符合防火防爆的要求:

(1) 厂房所采用的建筑材料不能是易燃物。

(2) 厂房宜独立设置,并宜采用敞开或半敞开式的厂房。

(3) 厂房应设置必要的泄压设施,泄压设施宜采用轻质屋盖作为泄压面积,易于泄压的门、窗、轻质墙体也可作为泄压面积。

(4) 作为泄压面积的轻质屋盖和轻质墙体的每平方米质量不宜超过 120kg。

(5) 泄压面积与厂房体积的比值(m^2/m^3)宜采用 0.05~0.22。爆炸介质威力较强或爆炸压力上升速度较快的厂房,应尽量加大比值;体积超过 $1000m^3$ 的建筑,如采用上述比值有困难时,可适当降低,但不宜小于 0.03。

(6) 泄压面积的设置应避开人员集中的场所和主要交通道路,并宜靠近容易发生爆炸的部位。

(7) 有爆炸危险的设备应尽量避开厂房的梁、柱等承重构件布置。

(8) 厂房里的电器应采用防爆电器,照明应采用防爆灯。

12.2.1.3 对氢气净化厂房的要求

安装在氢气净化厂房里的设备装有易燃、易爆的氢气,因此,氢气净化厂房应符合防火防爆的要求。其防火要求与三氯氢硅合成和提纯厂房基本相同,只因氢气是最轻的可燃气体,跑漏后易于上升,所以宜采用全部或局部轻质屋盖作为泄压设施。顶棚应尽量平整避免死角,厂房上部空间要通风良好。

12.2.1.4 对多晶硅氢还原厂房的要求

安装在对氢还原厂房的设备里既有易燃、易爆的氢气,也有有毒的四氯化硅或有毒、易燃、易爆的三氯氢硅。因此,氢还原厂房既要符合防火防爆的要求,也要符合防毒要求。其防毒要求与三氯氢硅合成和提纯厂房相同,防火防爆的要求与氢气净化厂房相同。

12.2.1.5 对石英玻璃制砣厂房的要求

在石英玻璃制砣厂房的设备里,不仅有有毒的四氯化硅和易燃、易爆的氢气,而且还有助燃的氧气。但由于这里的氢气在使用时是燃烧的,与氧气发生了反应,生成了水,所以不会发生爆炸等危险,只是在未使用时,有焊缝、阀门等处泄漏或管内压力不足而回火时,才会有爆炸的危险。因此对石英玻璃制砣厂房的防毒、防爆的要求是:

(1) 厂房里要有良好的自然通风,屋顶应有自然通风口,其自然通风换气次数,每小时不得少于 3 次,这样可以将毒气、废气及泄漏之气及时排掉。

(2) 厂房里除了要有良好的自然通风外,还应设有相应的事故排风设施,其事故排风换气次数每小时不得少于 7 次。

(3) 厂房要有方便处理事故时所用的水管及水龙头,有方便清除残渣的排水沟。

(4) 厂房里的电器应采用防爆电器,照明应采用防爆灯。

12.2.2 对生产设备及管道的要求

12.2.2.1 对四氯化硅或三氯氢硅合成和提纯设备的要求

在四氯化硅的合成设备和提纯设备里的四氯化硅是有毒的腐蚀性物质,在三氯氢硅合成设备和提纯设备里的三氯氢硅是有毒的易燃、易爆的腐蚀性物质,它们不可直接与大气接触,因此要有防漏、防腐和防火、防爆措施:

(1) 所有设备焊缝、管道接头要严密,严防渗漏。设备使用前应进行试压,其试验压力为工作压力的1.5～2倍。检验方法:试验压力下10min内压力不降,不渗不漏。

(2) 所有设备要有氮气自动调节补充装置和放空口,用以平衡设备内外压力。放空口应安装液封瓶。

(3) 提纯设备要有为防静电和防雷电感应的措施,其防静电接地和防雷电感应接地可共用接地装置。

(4) 提纯设备宜设远距离容积显示和报警装置。

(5) 为防腐,所有金属设备要刷防腐漆。

12.2.2.2 对氢气净化设备的要求

在氢气净化设备里是易燃、易爆的氢气,因此要有防火、防爆措施:

(1) 所有净化设备的焊缝、管道接头要严密,严防渗漏。设备使用前应进行试压,其试验压力为工作压力的3倍。检验方法:试验压力下30min内压力不降,不渗不漏。

(2) 净化设备要有为防静电和防雷电感应的措施,其防静电接地和防雷电感应接地可共用接地装置。

(3) 净化设备要有漏气监测报警装置,但要注意,使用的监测报警装置一定是不明火的防爆型装置。

12.2.2.3 对多晶硅氢还原设备的要求

由于氢还原设备里既有易燃、易爆的氢气,也有有毒的四氯化硅或三氯氢硅,所以对氢还原设备,既要有防火、防爆措施,又要有防漏、防腐措施。

12.2.2.4 对石英玻璃制砣设备的要求

对石英玻璃制砣设备的要求主要是:

(1) 设备应装有耐高温的阻隔板,从而防止传动机构被腐蚀。

(2) 通氢的管道上要安装阻火器,以防万一回火爆炸。

(3) 制砣的保温罩应有良好的排风,以防止保温罩向室内倒气。

(4) 与氧气接触的设备及管件都不得沾染油污,在使用设备及管件之前必须进行脱油脱脂处理。

(5) 不得戴着沾有油脂的手套或带油裸手开启氧气阀门和减压阀。

12.2.2.5 对氢气管道的要求

(1) 氢气管道所用的管材质地要严密、不渗气,要有一定的强度,因此,宜采用不锈钢管或普通碳素无缝钢管,而不宜采用有缝钢管。

(2) 氢气工作压力为0.1～1.6MPa,在不锈钢管中的流速不可大于15m/s;氢气在普通碳素无缝钢管中的最大流速规定，见表 12-4。

表 12-4 碳素钢管中氢气最大流速

工作压力/MPa	最大流速/$m \cdot s^{-1}$
>1.6	8
0.1～1.6	12
<0.1	按允许压力降确定

(3) 氢气管道的焊缝、管道接头要严密，严防渗漏。管道使用前应先试压，合格后方可使用，其管道的试验介质和试验压力，应符合表 12-5 的规定。

表 12-5 氢气管道的试验介质和试验压力

<table>
<tr><th rowspan="2">管道工作压力/MPa</th><th colspan="2">强度试验</th><th colspan="2">气密性试验</th><th colspan="2">泄漏量试验</th></tr>
<tr><th>试验介质</th><th>试验压力/MPa</th><th>试验介质</th><th>试验压力/MPa</th><th>试验介质</th><th>试验压力/MPa</th></tr>
<tr><td><0.1</td><td rowspan="2">空气或氮气</td><td>0.1</td><td rowspan="3">空气或氮气</td><td>1.05p</td><td rowspan="3">空气或氮气</td><td>1.0p</td></tr>
<tr><td>0.1～3.0</td><td>1.15p</td><td>1.05p</td><td>1.0p</td></tr>
<tr><td>>3.0</td><td>水</td><td>1.5p</td><td>1.05p</td><td>1.0p</td></tr>
</table>

注：1. 表中 p 指氢气管道工作压力；
2. 试验介质不应含油；
3. 以空气或氮气作强度试验时，应制定安全措施；
4. 以空气或氮气作强度试验时，应在达到试验压力后保压 5min，以无变形、无泄漏为合格。以水作强度试验时，应在试验压力下保持 10min，以无变形、无泄漏为合格；
5. 气密性试验达到规定试验压力后，保压 10min，然后降至工作压力，对焊缝及连接部位进行泄漏检查，以无泄漏为合格；
6. 泄漏量试验时间为 24h，泄漏率以平均每小时小于 0.5%为合格。

(4) 应设氢气检漏报警装置。

(5) 氢气管道与其他管道共架敷设或分层布置时，氢气管道宜布置在外侧并在上层。

(6) 氧站、供氢站内金属管道、金属构架、电缆金属外壳等以及室外架空氢气管道、金属构架两端均应接地。管道法兰盘、阀门等连接处，应采用金属线跨接。

(7) 输送湿氢或需做水压试验的管道，应有不小于 3‰的坡度，在管道最低点处应设排水装置。

(8) 在寒冷地区，湿氢管道应采取防冻措施。

(9) 氢气放空管，应设阻火器。阻火器应设在管口处。放空管的设置，应符合下列规定：

1) 应引至室外，放空管管口应高出屋脊 1m；
2) 应有防雨雪侵入和杂物堵塞的措施；
3) 压力大于 0.1MPa 时，阻火器后的管材，应采用不锈钢管。

12.2.2.6 对氧气管道的要求

(1) 氧气虽不是可燃气体，但它是非常助燃的危险气体，所以对氧气管道所用的材料也应慎重选择。选择时，不仅要考虑它的使用压力、工作压力，而且还应考虑它的使用环境等因素。一般情况下，对氢、氧管道管材选用时，可参照表 12-6。

表 12-6　氧气管道管材选用表

敷设方式	工作压力/MPa		
	≤1.6	>1.6~≤3	≥10
	管材		
架空或地沟敷设	焊接钢管（GB3092—1982） 电焊钢管（YB242—1963） 无缝钢管（YB231—1970）	无缝钢管（YB231—1970）	铜基合金管
埋地敷设	无缝钢管（YB231—1970）		

(2) 氧气管道的焊缝、管道接头要严密，严防渗漏。管道使用前应进行试验，其试验的规定见表 12-7。

表 12-7　氧气管道的试验用介质及压力

管道工作压力 P/MPa	强度试验		严密性试验	
	试验介质	试验压力/MPa	试验介质	试验压力/MPa
≤0.1	空气或氮气	$0.1p$	空气或氮气	$1.0p$
≤3	空气或氮气	$1.15p$	空气或氮气	$1.0p$
>10	水	$1.5p$	空气或氮气	$1.0p$

注：1. 空气或氮气必须是无油脂和干燥的；
2. 水应为无油和干净的；
3. 以气体介质作强度试验时，制定有效的安全措施，并经有关安全部门批准后进行。

(3) 强度及严密性试验的检验，应符合下列要求：

1) 用空气或氮气作强度试验时，应在达到试验压力后稳压 5min，以无变形、无泄漏为合格。用水作强度试验时，应在试验压力下维持 10min，应以无变形、无泄漏为合格；

2) 严密性试验，应在达到试验压力后持续 24h，平均小时泄漏率对室内及地沟管道应以不超过 0.25%，对室外管道应以不超过 0.5%为合格。

(4) 严密性试验合格的管道，必须用无油、干燥的空气或氮气，应以不小于 20m/s 的流速吹扫，直至出口无铁锈、焊渣及其他杂物为合格。

(5) 氧气管道的连接，应采用焊接，但与设备、阀门连接处可采用法兰或丝扣连接。丝扣连接处，应采用一氧化铅、水玻璃或聚四氟乙烯薄膜作为填料，严禁用涂铅红的麻或棉丝，或其他含油脂的材料。

(6) 氧气管道应有导除静电的接地装置。厂区管道可在管道分岔处、无分支管道每 80~100m 处以及进出车间建筑物处设一接地装置；直接埋地管道，可在埋地之前及出地后各接地 1 次；车间内部管道，可与本车间的静电干线连接。其接地电阻不应大于 30Ω；当每对法兰或螺纹接头间电阻值超过 0.03Ω 时，应设跨接导线。

(7) 氧气管道里氧气的最大流速规定，见表 12-8。

表 12-8 氧气管道里氧气的最大流速

工作压力/MPa	最大流速/m·s^{-1}
>10	不应大于 6
0.1～3	不应大于 15
<0.1	按允许压力降确定

以上所列的仅仅是有关的主要要求和规定，在设计和操作时还应认真阅读有关规范和规定。

12.3 储运方面的规定

12.3.1 四氯化硅和三氯氢硅储运方面的规定

(1) 四氯化硅和三氯氢硅都是极容易水解放热的化学物质，因此要储存于干燥清洁的库房内，同时要避免光照、远离火种和热源。

(2) 对于存放时间较长的四氯化硅和三氯氢硅包装必须密封，切勿受潮。

(3) 四氯化硅和三氯氢硅应与氧化剂、酸类、碱类分开存放。

(4) 四氯化硅和三氯氢硅搬运时要轻装轻卸，防止包装及容器损坏，运输按规定路线行驶，中途不得停驶，雨天不宜运输。

(5) 三氯氢硅的沸点较低，需在低温下储存，仓温不宜超过 25℃。对于三氯氢硅的贮罐，应设置低温保护装置和降温措施。

(6) 由于三氯氢硅有潜在的燃烧爆炸危险，所以它的贮罐应与生产装置有一定的防火间距，并且要设防火堤，降温水的排放管道经过防火堤处要设闸阀。

(7) 三氯氢硅储存间内的照明、通风等设施应采用防爆型，开关设在仓外。配备相应品种和数量的消防器材。禁止使用易产生火花的机械设备和工具。

(8) 三氯氢硅贮罐内的气相要与氮气系统相连进行保护，贮罐的气相与外部连通的平衡管(放空管)应与尾气回收系统相连，不能直接排空，并应设止回阀和阻火器。贮罐区应设一个备用罐，紧急情况下应将泄漏的贮罐内的物料转移至备用罐，防止大量泄漏。

(9) 四氯化硅和三氯氢硅贮罐都应设静电接地装置和避雷装置。

12.3.2 氢气、氧气储运方面的规定

(1) 氢气是易燃、易爆气体，氧气是助燃气体，因此氢气、氧气储罐不宜同间放置，氢气、氧气瓶不可在同间存放；氢气、氧气罐必须同间设置的，要留有安全距离，而且该房间必须开有屋顶天窗或自然排风口。

(2) 氢气、氧气的储间应是开放的，自然通风好的房间，但应防止阳光直射气瓶。

(3) 氢气、氧气储间内的照明、通风等设施应采用防爆型，开关设在仓外。配备相应品种和数量的消防器材；禁止使用易产生火花的机械设备和工具。

（4）氢气、氧气的储间应设防爆的氢气检漏报警装置。

（5）氢气、氧气瓶的搬运要轻搬、轻运，严禁磕碰。

（6）氢气、氧气储罐应设静电接地装置和避雷装置。

12.4 事故的处理

12.4.1 突然停电的处理

12.4.1.1 四氯化硅或三氯氢硅合成和提纯突然停电的处理

突然停电对四氯化硅或三氯氢硅合成的影响不大，如果冷却水没有停，生产还可以照常进行，但对四氯化硅或三氯氢硅的提纯就有影响了，停电会使塔釜的电加热器停止加热，从而影响到提纯的正常进行，因此要立刻关闭塔头的出料管阀门，让塔经行自然的全回流运行，慢慢地将塔温降下来，同时打开平衡气，防止外气入塔。

12.4.1.2 氢气净化突然停电的处理

突然停电，如果使用的是常温去氧剂，影响就不大，氢气净化系统还可以照常对氢气进行净化。如果使用的是高温去氧剂，就应立刻关闭系统，停止为还原或制砣供气，但系统进气阀门不能关闭，为的是让系统内保持正压。

突然停电，再生的系统要立刻关闭，同样只关闭放气阀门，不关进气阀门。

12.4.1.3 多晶硅氢还原突然停电的处理

突然停电对氢还原影响比较大，应立即停炉，关闭所有原料气的进出还原炉的阀门，但冷却水阀不能关。同时通入氮气，保持炉内的正压。

12.4.1.4 石英玻璃制砣突然停电的处理

突然停电对石英玻璃制砣的影响不大，只要不停水，不停氢气、氧气就可以照样继续进行制砣。但要注意水、气的变化。

12.4.2 突然停水的处理

12.4.2.1 四氯化硅或三氯氢硅合成和提纯突然停水的处理

突然停水对四氯化硅或三氯氢硅合成影响不大，可以照常运行，但对四氯化硅或三氯氢硅的提纯就影响大了，必须关掉塔釜的热源，关闭通外的阀门，等待慢慢降温，同时打开平衡气，防止外气入塔。

12.4.2.2 氢气净化突然停水的处理

突然停水对氢气净化正在运行和正在再生的系统都影响不大，只是对氢气净化系统前部分的冷冻除水有一定影响，但整个净化系统还是可以照常运行的，只不过，这样运行会使后面的硅胶和分子筛失效的速度加快，对净化的质量有微弱的影响。

12.4.2.3 多晶硅氢还原突然停水的处理

突然停水对多晶硅氢还原影响很大，没有水，还原炉外壳就可能被烤坏，如果处理不当，就有可能造成大的损失。因此，突然停水，还原炉就应立即停电降温，关闭所有原料气的进出还原炉的阀门，同时通入氮气，保持炉内的正压。

为防止因停水给多晶硅氢还原带来损失，还原系统预先实现双路供水和高位水箱自动补水。其具体补水方法见图 12-1。

12.4.2.4 石英玻璃制砣突然停水的处理

突然停水对石英玻璃制砣也有影响，需要水降温的金属保温罩外壳没有了水，有可能被烧毁，因此需要立即停机。停机很简单，只要关闭阀门，灭掉火焰，等待慢慢降温即可。

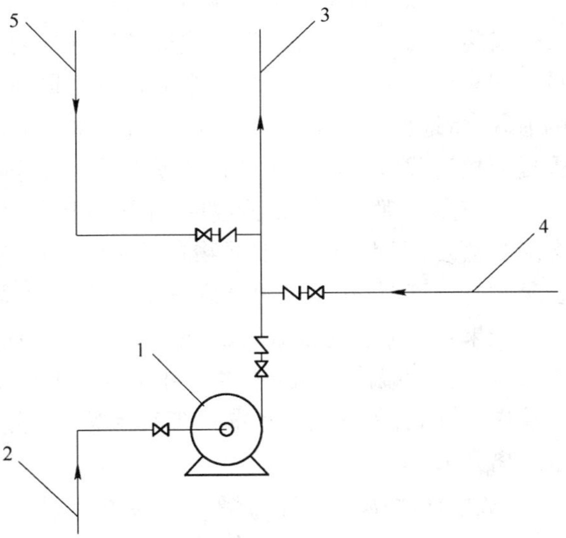

图 12-1 补水系统示意图

1—冷却水加压泵；2—冷却水源；3—去用水系统；4—备用水源；5—来自高位水箱

12.4.3 突然停气的处理

12.4.3.1 氢气净化突然停气的处理

突然停氧气对氢气净化没有任何影响，但如果突然停氢气问题就大了，净化系统应立即关闭进出阀门，并同时通入氮气，保持系统内的正压。如果是采用氢气再生，正在再生的系统也要立即关闭，如正在净化使用的系统一样，应通入氮气，保持系统内的正压。

12.4.3.2 多晶硅氢还原突然停气的处理

同氢气净化一样，突然停氧气对多晶硅氢还原没有任何影响，但如果突然停氢气问题就大了。没有了氢气，就没了原料气，也就无法保证还原的正常进行，因此，需要立即停电降温，并同时通入氮气，防止还原炉降温造成炉内负压。

12.4.3.3 石英玻璃制砣突然停气的处理

石英玻璃制砣与多晶硅氢还原不同，停氧、停氢都有影响。没有氧气就没有了助燃气体，火焰就达不到制砣所需的高温，所以就无法再继续制砣；没有氢气就没有燃烧剂，也就没了火焰，所以就更无法继续制砣。因此需要立即关闭所有气、水阀门，让已制成的石英玻璃制砣慢慢降温。等砣温低于800℃后再停电关机。

12.4.4 四氯化硅或三氯氢硅泄漏的应急处理

12.4.4.1 四氯化硅泄漏的应急处理

生产和储存中如果发生四氯化硅泄漏，应根据泄漏量的大小划出一定的警戒范围，禁止无关人员和车辆进入警戒区，切断警戒区内的所有火源，迅速撤离泄漏污染区内的人员至安全地带。

为确保应急人员的安全，建议应急处理人员最好戴上自给正压式呼吸器，穿防酸碱工作服。从上风处进入现场。如果没有，只要戴上浸过水的口罩或者将嘴鼻围上湿毛巾也可。

四氯化硅泄漏后，应该尽可能地切断泄漏源、切断火源。小量的泄漏：将地面洒上苏打灰，然后用大量水冲洗，洗水稀释后放入废水系统。如果找不到苏打灰，直接用大量的水冲洗也可以达到目的。大量泄漏：构筑围堤或挖坑收容。在专家指导下清除。

12.4.4.2　三氯氢硅泄漏的应急处理

发生三氯氢硅泄漏与四氯化硅泄漏的应急处理基本相同，首先迅速撤离泄漏污染区人员至安全区，并进行隔离，严格限制出入。同时应该尽可能地切断泄漏源、切断火源。小量的泄漏：将地面洒上苏打灰，然后用大量水冲洗，洗水稀释后放入废水系统。大量泄漏：构筑围堤或挖坑收容。进入的应急处理人员也最好戴上自给正压式呼吸器，穿防酸碱工作服。

在应急处理或清除泄漏物时，不要直接接触泄漏物，在确保安全的情况下堵漏。喷水雾会减少蒸发，但不能降低泄漏物在受限制空间内的易燃性。用沙土或其他不燃性吸附剂混合吸收，然后收集运至废物处理场所处置。如果大量泄漏，应在技术人员指导下清除。

如果是贮罐发生泄漏，又不能及时排除泄漏，就应该将发生泄漏的贮罐内的三氯氢硅用氮气压入备用罐内。如果是生产中的设备和管道发生泄漏，应立即停止生产，并迅速关断物料输送，关闭有关阀门。泄漏地带有水源时，应用干砂土围成隔离带，将泄漏的三氯氢硅与水隔离开来。

三氯氢硅泄漏后发生燃烧时，应采用干砂、二氧化碳、干粉、水泥灭火，禁止直接用水和泡沫扑救。三氯氢硅蒸汽比空气重，易在低处聚集。封闭区域内的蒸汽遇火能爆炸。蒸汽能扩散到远处，遇点火源着火，并引起回燃。储存容器及其部件可能向四处飞射很远。如果该物质或被污染的流体进入水路，通知有潜在水体污染的下游用户，通知地方卫生、消防官兵和污染控制部门。若物质不泄漏，在安全防爆距离以外，使用雾状水冷却暴露的容器。

12.4.5　烧伤处理

12.4.5.1　皮肤接触了四氯化硅或三氯氢硅的处理

如果皮肤接触了四氯化硅或三氯氢硅，应立即用大量流动清水彻底冲洗，至少 15min。若有灼伤，就医治疗。注意患者保暖并且保持安静。确保医务人员了解该物质相关的个体防护知识，注意自身防护。如果是因衣服沾污了四氯化硅或三氯氢硅，而引起皮肤接触，就应立即脱去污染的衣服，再用大量流动清水彻底冲洗。

12.4.5.2　吸入了四氯化硅或三氯氢硅的处理

如果吸入了四氯化硅或三氯氢硅，应迅速脱离现场至空气新鲜处。保持呼吸道通畅。呼吸困难时要输氧。呼吸停止时，立即进行人工呼吸、就医。如果患者食入或吸入该物质不要用口对口进行人工呼吸，可使用单向阀小型呼吸器或其他适当的医疗呼吸器。

12.4.5.3　误食了四氯化硅或三氯氢硅的处理

如果误食了四氯化硅或三氯氢硅，要立即用水漱口，饮用牛奶或蛋清，然后及时到就近医院就医。

12.4.5.4　眼睛接触了四氯化硅或三氯氢硅的处理

如果眼睛接触了四氯化硅或三氯氢硅，应立即提起眼睑，用大量流动清水或生理盐水彻底冲洗至少 15min，然后立即到有关医院就医。

13 降低多晶硅生产成本的几个途径

我们知道，生产多晶硅的主要原料就是硅。地球上的硅最丰富，占地壳的四分之一。因此说，多晶硅奇缺的原因不在原料资源，而在价高。很显然，要想发展电子工业，让电子产品得到广泛应用，就得降低它的价格。降低价格最有效的途径就是降低多晶硅的生产成本。

怎样来降低多晶硅的生产成本呢？我们知道，多晶硅生产的流程较长，它包括四氯化硅或三氯氢硅的氯化合成、四氯化硅或三氯氢硅的粗馏和精馏、氢气的制备、氢气的净化、氢气与四氯化硅或三氯氢硅的混合（鼓泡）、还原、四氯化硅或三氯氢硅的回收、氢气的回收及尾气处理等多道工序。而且每道工序中还有很多分工序，比如氢气的净化工序中就包括了冷冻除水、气水分离、氢气除氧、吸附干燥、吸附剂再生等分工序。

流程长、工序多，影响生产成本的因素就多，降低多晶硅生产成本的途径也就会很多。但为了简单、方便、清楚起见，本章仅就还原工序进行分析，从还原工序的生产工艺中寻找降低多晶硅生产成本的途径。

在还原工艺中，降低多晶硅的生产成本有如下几个途径：提高厚度沉积速率、加大载体硅棒的最终直径、加大载体芯的直径、节约能源和综合利用。

13.1 厚度沉积速率的提高

降低多晶硅成本的首要途径是提高氢还原炉中多晶硅的厚度沉积速率。

在还原炉中，氢还原反应生成的多晶硅沉积在硅棒的外皮上，使硅棒逐渐长粗，这也可以认为是硅棒的外皮被逐渐加厚（见图 13-1）。图 13-1 中的 δ_h 是被加厚的厚度。硅棒外皮被加厚的速率称为厚度沉积速率 δ_1（在单位时间里硅棒沉积的厚度）。δ_1 可用下式表示：

$$\delta_1 = \delta_h / t \qquad (13\text{-}1)$$

式中 δ_1——厚度沉积速率，mm/h；

δ_h——硅棒被加厚的厚度，mm；

t——沉积的时间，h。

为了方便起见，下面将厚度沉积速率简称为沉积速率 δ_1。

目前，国内多晶硅生产厂家的沉积速率 δ_1 很低，一般在 0.1mm/h 左右。国外多晶硅生产厂家的沉积速率一般已经可以达到或者超过 0.5mm/h 以上。

多晶硅产率基本上是与沉积速率 δ_1 成正比的。沉积速率，由 0.1mm/h 左右上升至 0.5mm/h 时，同样的设备、同样的电耗、同样的人力，而产量却增加了 4 倍还多，成本

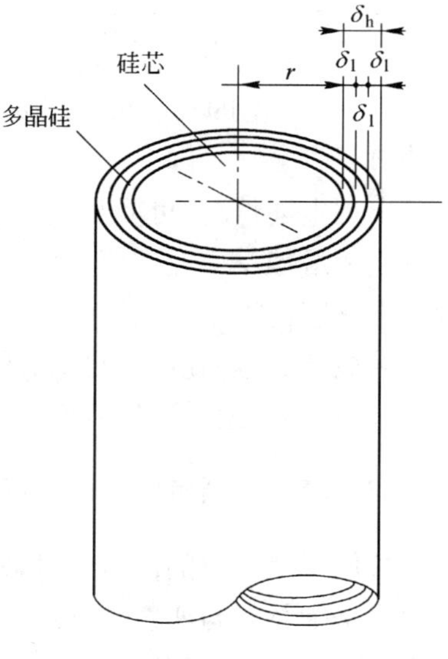

图 13-1 硅棒的断面示意图

r—硅芯的半径；

δ_h—硅棒被加厚（沉积）的厚度；

δ_1—厚度沉积速率

也就会成倍地下降。

通常可以通过控制稳氢还原反应的沉积温度，选择好原料气的配比，加大还原炉里原料气的流量，控制好原料气体的流速及设计好进气管的喷嘴来提高沉积速率 δ_1。

13.1.1　氢还原反应沉积温度的控制

沉积温度是决定还原反应的重要因素之一。

四氯化硅或三氯氢硅的氢还原反应是一种可逆反应。试验证明，在还原炉中，还原反应与它的逆反应是同时存在的。在还原炉中发生氢还原反应，使多晶硅沉积在硅棒上，与此同时，还原炉中还发生着逆反应，使硅棒上的多晶硅氯化，重新变成了四氯化硅或三氯氢硅。也就是说，还原反应生成了多晶硅；逆反应消耗了多晶硅。

从中可以看出，要想提高沉积速率 δ_1，就应该想方设法遏制住逆反应，如果不行，也要削弱逆反应，让还原反应占据绝对主角。

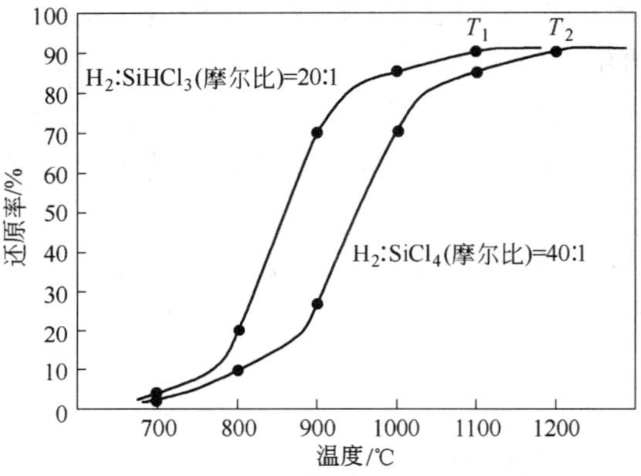

图 13-2　还原率与温度的关系图
T_1—还原三氯氢硅最佳温度；
T_2—还原四氯化硅最佳温度

根据化学反应速度和化学平衡原理分析，四氯化硅或三氯氢硅还原是吸热反应，因此，升高温度使平衡向吸热一方移动，即有利于硅的沉积。理论上，温度越高，沉积速度越快。其实，四氯化硅或三氯氢硅还原并非如此，而是有个最佳温度 T（见图 13-2）。在这一反应温度时，还原率最高。当温度超过最佳温度时，还原率不仅不会升高，反而还会下降。以四氯化硅氢还原为例，还原反应在 900℃开始，在 900～1100℃范围内，还原率几乎是直线上升，升至 1200℃时到达最高点。在 1200℃比 1000℃时还原率高了 20%。但是，温度继续升高就看不到明显变化了，而且还原率还有渐降的趋势。

出现上述情况，可能与逆反应的存在有关。因此，控制稳氢还原反应的沉积温度，使其尽量接近最佳反应温度值。实践证明，三氯氢硅在 1100℃左右，四氯化硅在 1200℃左右时，氢还原反应占据绝对主角，还原率最高，也就是说，1100℃和 1200℃分别是三氯氢硅和四氯化硅的最佳反应温度。由此可见，控制稳氢还原炉中的温度，并使其尽量接近最佳反应温度，是一种削弱逆反应的有效方法，也是提高还原率和沉积速率的一个有效方法。

13.1.2　原料气配比的选择

参加还原反应的四氯化硅或三氯氢硅和氢都是气态的，所以被统称为原料气。原料气的配比是指氢气与四氯化硅或三氯氢硅之间的配比。它是决定还原反应的重要因素之一，对还原率和产品的纯度都有很大影响。一般为了满足化学反应，都是按化学当量来配比，即按化学反应式来计算原料配比。可按化学当量配比，对于制备多晶硅的氢还原反应行不通。不管是以三氯氢硅，还是以四氯化硅为原料，如果按化学当量来配比进行反应，则还原率很低，甚至看不到硅的沉积。其根本原因是氢气量不足。实践证明，氢气必须比化学当量值过量若干倍。氢气过量，不仅还原率会提高，而且产品的结晶质量也好。

但是，氢气过量太大也不行。氢气过量太大，不仅氢气得不到充分利用，而且还会降低多晶硅的沉积速率。其道理也很简单，氢气太多，四氯化硅或三氯氢硅原料与氢反应充分，还原率高，但还原炉里的氢气太多，没能参加反应的氢气就多，而且它们也会占据硅棒周围的空间。这些没能参加反应的氢气占据了硅棒周围的空间，必然要影响反应生成的多晶硅顺利地沉积在硅棒上，所以沉积速率 δ_1 会降低（见图 13-3）。

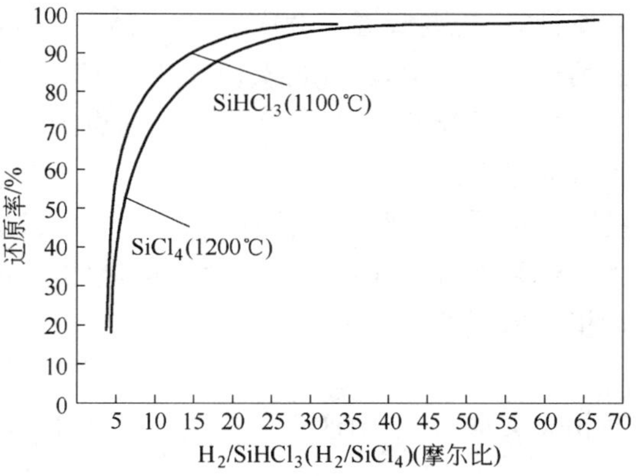

图 13-3 原料气配比与还原率的关系图

经过实践证明，对于氢与四氯化硅的还原反应来说，氢与四氯化硅的摩尔比应控制在 35：1～45：1 范围内为最合适，而对于氢与三氯氢硅的还原反应来说，氢与三氯氢硅的摩尔比应控制在 15：1～25：1 范围内为最合适。

13.1.3 还原炉原料气流量的增加

反应气体的流量也是决定还原反应的重要因素之一。

在还原炉里除了原料气之外，还有反应后生成的氯化氢等气体，这些气体被统称为尾气。

生产多晶硅是靠原料气发生还原反应，将生成物中的硅沉积在硅棒上。如果围绕硅棒的都是原料气，原料气就会不断地发生还原反应，生成的硅沉积在硅棒上，使硅棒逐渐长粗。这是最理想的，可问题并非如此，实际围绕硅棒的，除了原料气之外，还有反应后生成的氯化氢等尾气。这些尾气的存在，不仅阻隔了原料气与硅棒的接触，使之不能顺利地发生还原反应将硅沉积在硅棒上，并且还有可能发生逆反应，使硅棒上的多晶硅发生氯化而消耗多晶硅。

由此可见，要想提高沉积速率 δ_1，就必须赶走硅棒周围的尾气，尽量让原料气围绕硅棒。因此要尽量多地往还原炉里通入原料气，加大还原炉里原料气的浓度，硅棒周围的尾气就会被原料气挤走。

如果还原炉的容积和形状都不变的话，选择好了原料气的配比，控制稳氢还原反应的沉积温度，使之始终保持在最佳温度范围内，那么，进入炉内的原料气越多，多晶硅的沉积速率 δ_1 就越高。由此可见，增加原料气的进入量是提高多晶硅的沉积速率 δ_1 的好办法。

问题是，多往还原炉里通入原料气，原料气的用量就要增加。增加原料气的用量必然要加大多晶硅的生产成本。本来是想降低成本的，可这样一来，不但没有降低成本，反而使成本增加了，这是违背我们初衷的。

可能有人认为循环使用原料气可以解决此问题。但是，目前的循环工艺还无法胜任。

目前的循环工艺是：首先将还原尾气接入冷冻分离器和氢气回收系统，将尾气中的氢气和四氯化硅回收，经净化提纯后再利用。采用这种循环工艺还需要一套造价昂贵的超低温冷冻系统，也就是说，还需增加大量的经济投入。由此看来，采用这样的循环工艺根本无法降低成本。这还不算，在这种回收系统里，还原料被冷冻降温至四氯化硅的沸点（57.6℃）之下(一般认为应在 40～38℃为好)。如按还原料在还原炉里的温度 1200℃,降温后的上限 40℃计算,也要降温 1100℃以上。然而,回收后 40℃的常温还原料要重新被送入鼓泡器里,然后通进还原炉,还要再次被加热到 1200℃的高温。这需要消耗大量的电能,也是一个极大的浪费。很显然,这也是违背我们初衷的。

为了解决上述问题,作者发明了一种"不需要冷冻降温的多晶硅还原尾气分离回收系统",并申报了专利。使用这一系统不需要冷冻降温,所以不需要昂贵的超低温冷冻系统,也无需反复地升温、降温,因此没有电能的浪费。有了这一系统,我们就可以放心地加大还原炉里原料气的浓度了。

再一个办法就是采用多晶硅和石英玻璃的联合制备法(见《电子信息材料》2006 年第二期相关文章)。采用这个办法生产多晶硅,还原尾气被用于生产石英玻璃,因此不用回收。

13.1.4　原料气体流速的控制

在还原反应中,原料气体的流速也是决定还原反应好坏的重要因素之一。

原料气的流量大了虽好,但也不能太大。原料气流量大,流速必然快。流速快,原料气在炉内停留的时间短,反应进行的时间短,与载体硅棒的接触时间也同样短。原料气流量太大时,原料气反应不充分,更大的问题是反应生成的多晶硅与载体硅棒的接触时间过短,不能很好地沉积。原料气的流量太大就会走向自己的反面。

可是,原料气的流量小了也不好。在同一个还原炉里,原料气的流量与流速是成正比的。也就是说,流量小,流速也小;流量大,流速必大。因此,我们在原料气的流量里就可以看出,流量小,流速小,多晶硅的沉积速率 δ_1 也低。

再有,流速小原料气的冲力不足,无法赶走硅棒周围的尾气。硅棒周围的尾气就会影响多晶硅的沉积,使沉积速率 δ_1 降低。

由此看来,流速太大不行,太小也不行。实践证明,0.4～0.9m/s 为好,最多不可超过 1m/s。

13.1.5　进气管喷嘴的设计

进气管的好坏也同样可以决定还原反应的好坏。好的进气管,喷嘴的口径适宜,喷出的原料气能到达载体硅棒,并能让原料气赶走硅棒周围的尾气。

口径适宜讲得是口径不大不小,正好合适。口径大,喷出的原料气速度慢,原料气就无力赶走硅棒周围的尾气;口径小,喷出的原料气速度快,虽然可以提高多晶硅的沉积速率 δ_1,但不能太快。前面讲过,太快就会走向反面,使晶硅的沉积速率 δ_1 降低。一般认为喷嘴处的原料气流速在 6～11m/s 范围内为好。

适宜的喷嘴口径可以按下式算出:

$$d = \sqrt{\frac{4G}{S \times \pi \times 3600}} \tag{13-2}$$

式中　d——适宜的喷嘴口径,mm;

G——原料气的流量,m^3/h;

S——喷嘴处的原料气流速,m/s。

对于进气管来说,不仅喷嘴的口径要适宜,而且还要让喷嘴对准硅棒。这样,原料气进入还原炉后才可直接喷向硅棒。由于原料气的速度快，冲击力大，所以就很容易赶走硅棒周围的尾气，让反应生成的多晶硅沉积在载体硅棒上。

13.2 载体硅棒最终直径的选择

降低多晶硅成本的另一个途径是加大载体硅棒的最终直径。

载体硅棒的最终直径是指停炉后，出炉产品硅棒的直径，本书用 D_2 表示。

多晶硅的产量与载体硅棒的最终直径 D_2 有直接关系。还原炉所产多晶硅的毛产量可用下式算出：

$$M_2 = D_2^2 \cdot \pi \cdot L \cdot \rho/4 \tag{13-3}$$

式中 M_2——每炉多晶硅的毛产量，kg；

D_2——载体硅棒的最终直径，m；

L——还原炉内硅棒的全长，m；

ρ——多晶硅的密度，硅的密度为 2330kg/m³。

从上式中可以看出，多晶硅的毛产量 M_2 是由载体硅棒的最终直径 D_2、还原炉内硅棒的全长 L、多晶硅的密度 ρ 及圆周率 π 共同决定的。我们知道，还原炉内硅棒的全长 L 是一定的，多晶硅的密度 ρ 和圆周率 π 又都是常数，所以决定每炉多晶硅产量 M_2 的只有载体硅棒的最终直径 D_2，而且载体硅棒的最终直径 D_2 与多晶硅的毛产量 M_2 是正比关系。因此，加大载体硅棒的最终直径 D_2 是提高多晶硅毛产量 M_2、降低多晶硅成本的有效途径。

加大载体硅棒的最终直径 D_2 有以下两个途径。

13.2.1 每炉生产时间的确定

延长每炉的生产时间 t 是加大载体硅棒最终直径 D_2 的最有效的方法。

我们知道，在还原炉里，载体硅棒是逐渐长粗的，后期硅棒的直径是最初时的几十倍，甚至上百倍（见表 13-1）。

表 13-1 氢还原炉的生产时间与载体硅棒直径的关系

厚度沉积速率 δ/mm·h⁻¹	氢还原炉的生产时间/h								
	1	25	50	75	100	125	150	175	200
	载体硅棒直径/mm								
0.1	5.2	10	15	20	25	30	35	40	45
0.2	5.4	15	25	35	45	55	65	75	85
0.3	5.6	20	35	50	65	80	95	110	125
0.4	5.8	25	45	65	85	105	125	145	165
0.5	6	30	55	80	105	130	155	180	205

注：硅芯直径为 5 mm。

从表 13-1 中可以看出，如果氢还原炉的生产时间为 100h，厚度沉积速率为 0.1mm/h，那么，载体硅棒最终直径 D_2 就是 25mm；如果同样的厚度沉积速率，氢还原炉的生产时间延长到 200h，载体硅棒最终直径 D_2 就是 45mm。后者的生产时间延长了一倍，可硅棒最终直径 D_2 仅比前者大了 80%，还不够一倍，但平均每小时的多晶硅产量，后者可大多了。如果还原炉内硅棒的全长为 6m，那么，前者平均每小时多晶硅的毛产量只有 69g，而后者可达到 111g，后者是前者的 1.6 倍。要是能够把厚度沉积速率提高，平均每小时的多晶硅产量就会提高得更多。如果同样的还原炉，厚度沉积速率为 0.5mm/h，生产时间为 100h，它的硅棒最终直径 D_2 应是 105mm，平均每小时多晶硅的毛产量应是 1209g；要是能把生产时间延长到 200h，它的硅棒最终直径 D_2 可以达到 205mm，其平均每小时多晶硅的毛产量就可达到 2306g，后者是前者的 1.9 倍。由此看来，延长每炉的生产时间 t，可以加大载体硅棒最终直径 D_2，也可以提高平均每小时的多晶硅产量。

13.2.2　氢气和四氯化硅（三氯氢硅）的提纯

加大载体硅棒最终直径 D_2 的因素，除了氢还原炉的生产时间之外，还有就是还原的工艺条件和原料的纯度。至于还原的工艺条件，在前面已经讲过了，下面来谈谈原料的纯度对硅棒最终直径 D_2 的影响。

我们知道，多晶硅的生产不是创造硅，而是以硅生硅，将工业硅提纯，使之达到高纯并变成结晶的硅。要想通过还原反应制备出合格的多晶硅，就得首先对参加还原反应的氢气和四氯化硅（三氯氢硅）进行提纯，使之达到高纯的要求，不然，就制备不出合格的多晶硅。合格的多晶硅产品是有金属光泽的半导体，如果参加还原反应的氢气中含有极为微量的水或氧，都会使还原生成的多晶硅氧化，使载体硅棒的表面形成没有光泽的氧化层。这种氧化的多晶硅是废品，使用时需要去掉。硅棒上有了氧化层后，就是再沉积上合格的多晶硅也是白费力了，因为使用时，这层表面的多晶硅要与氧化层一起去掉。因此，有了氧化层还原炉就得停炉，硅棒就不能再继续长粗了。

氢气不合格需要停炉，四氯化硅（三氯氢硅）不合格就更需要停炉了。四氯化硅（三氯氢硅）不合格，就会使还原出的多晶硅达不到高纯的要求，这样的多晶硅更是废品。如果生产当中发现四氯化硅（三氯氢硅）不合格，也需要停炉。

由此可以看出，要想加大载体硅棒的最终直径 D_2，就需要认真地搞好氢气和四氯化硅（三氯氢硅）的提纯。

13.3　载体芯直径的选择

降低多晶硅成本的再一个途径是加大载体芯的直径。

载体芯（硅棒芯）最初时很细，一般直径只有 3～5mm，而且也并非都是由硅制成的，也有用金属钼制得的。因此，习惯上最初时的载体并不被称为棒，而被称为芯。用硅拉制而成的被称为硅芯，用金属钼制得的被称为钼芯。

由于钼芯不是硅，产品使用时需要去掉，因此，计算每炉的多晶硅产量时要减去钼芯的质量。虽然硅芯本身就是结晶的高纯硅，使用时不用去掉，计算产量时也可以将硅芯一起计算进去，但这样计算出来的产量不是真正的净产量，而只是毛产量。因为硅芯是预先成型后装入还原炉的，不是在该炉制备出的产品，所以计算净产量时，也要减去硅棒芯部的质量。计算净产量可由下式算得：

$$M_1 = D_2^2 \cdot \pi \cdot L \cdot \rho/4 - D_1^2 \cdot \pi \cdot L \cdot \rho/4 \tag{13-4}$$

上式可简化为：

$$M_1 = L \cdot \pi \cdot \rho(D_2^2 - D_1^2)/4 \tag{13-5}$$

式中 M_1——多晶硅的净产量，kg；

L ——还原炉内硅棒的全长，m；

ρ ——多晶硅的密度，kg/m^3。

D_2——硅棒生长后（硅棒最终）的外径，m；

D_1——硅棒生长前（载体芯）的外径，m。

从上式可以看出，多晶硅的净产量 M_1 不仅与载体硅棒的最终直径 D_2、还原炉内硅棒的全长 L、多晶硅的密度 ρ 及圆周率 π 有关系，而且与硅棒生长前（载体芯）D_1 的外径也有关系。单从出炉的硅棒的本身来看，硅棒生长前（载体芯）D_1 的外径越大，多晶硅的毛产量与净产量 M_1 差值越大，净产量 M_1 也就越小。但要是从提高产率，降低多晶硅的生产成本来看，正好相反，硅棒生长前（载体芯）D_1 的外径越大，单位时间里的产率越高，多晶硅的生产成本也越低。

道理很简单，因为在还原炉里，最初还原生成的多晶硅是沉积在载体芯的外表面上的，而且在单位时间内，其厚度沉积速率 δ_1 基本相同，所以载体芯的直径 D_1 的大小直接决定了最初时的多晶硅沉积量，也影响了平均每小时的多晶硅产量（见表 13-2）。

表 13-2 载体芯的直径 D_1 与多晶硅净产量 M_1 的关系表

载体芯	第 1 个小时		第 10 个小时		第 100 个小时	
直径/mm	产量/kg	直径/mm	产量/kg	直径/mm	产量/kg	直径/mm
5	0. 022	5. 2	0. 263	7. 0	6. 585	25. 0
10	0. 044	10. 2	0. 483	12. 0	8. 779	30. 0
20	0. 088	20. 2	0. 922	22. 0	13. 169	40. 0
50	0. 220	50. 2	2. 239	52. 0	26. 338	70. 0
100	0. 439	100. 2	4. 434	102. 0	48. 287	120. 0

注：还原炉内硅棒的全长 L 为 6m，厚度沉积速率 δ_1 为 0. 1mm/h，密度为 $2330kg/m^3$。

从表 13-2 中可以看出，硅棒直径是随时间增长的，时间越长，载体芯直径 D_1 越大，多晶硅净产量 M_1 也越大。同样的还原炉（内硅棒的全长 L 为 6m，厚度沉积速率 δ_1 为 0. 1mm/h，密度为 $2330kg/m^3$），同样生长 100 个小时，当载体芯直径 D_1 为 5mm 时，多晶硅净产量 M_1 是 6. 585kg，而当载体芯直径 D_1 为 100mm 时，多晶硅净产量 M_1 可达 48. 287kg，后者是前者的 7 倍多。也就是说，同等条件下，采用 100mm 载体芯的还原炉完全可以顶 7 台采用 5mm 载体芯的还原炉来使用。可见，加大载体芯的直径 D_1 是增加多晶硅产量的一个很好的途径。

可以通过以下方法来加大载体芯的直径 D_1。

13. 3. 1 硅条载体芯

一般还原炉中的硅芯是采用拉芯炉拉制的，也有的是采用基座拉晶法制造的。所制成的硅芯一般是直径为 5mm 左右的细硅芯。如果要制成粗的硅芯，就需要改造或更换设备。这不仅需要增加费用，而且还增加了难度。

如果采用切割法制作硅芯就简单多了。该方法可以加大载体芯的直径 D_1，它是将合格的多晶硅棒或单晶硅棒用线式切割机切成 10mm×10mm 或更大截面的方形的细长棒，然后在区熔炉内走一次，使其成为均匀的圆棒。如果棒太短，还可以在区熔炉内熔接成长棒。

其实，方形截面的长硅棒也可以作为载体芯，如果所切成的方棒长度能够满足要求，就可以直接装入还原炉使用了，没有必要再进区熔炉。

13.3.2　钼管载体芯

从上述的情况可以得知，要想加大载体芯的直径 D_1，只要将原来的细芯改为粗芯即可，但改为粗芯后，载体芯的截面增大，电阻变小，从而使初始的加热功率变大，如果载体芯的直径 D_1 改变较大，原来加热所用的电器就不适用了。由此看来，细芯改为粗芯，多晶硅净产量 M_1 是可以提高了，但耗电增多了，电器的功率不够，原来加热所用的电器需要改变，甚至更换。更换电器是需用大笔费用的，这不但不会降低多晶硅的生产成本，反倒增加了成本。

如果载体芯是硅芯，要想做到即不增加电器的功率，又可加大载体芯的直径 D_1 难度较大，但如果载体芯采用是钼芯就容易了，只要把实体的钼芯改为中空的管状的钼芯即可。如果管状钼芯的截面面积与原来实体钼芯的截面面积相等或相差不多的话，就不会增多耗电，也就没有必要再改变原有的电器了。

可以说，采用钼管作载体芯是加大的载体芯的直径 D_1 最简单、最可行的方法。

13.3.3　套管式载体芯

由上述的方法可以加大载体芯的直径 $D_{1,}$，但因受电器容量限制，直径 D_1 的增加值较小，所以净产量 M_1 增加得不多，如果采用套管式的载体芯，直径 D_1 的增加值就大，净产量 M_1 也会增加很多。作者根据这一思路设计了“一种生产多晶硅用的还原炉”，并申请了发明专利。下面就来简单介绍这一设计。

如图 13-4 所示，本设计的还原炉采用两层壳体，它除了有不锈钢外壳、底盘、发热体、电极、进料管、尾气管、观察窗之外，在不锈钢外壳的里面还有一层由石英玻璃制成的壳体；在这个石英玻璃壳体的顶部接有进料管，底部接有尾气管，中心部位装有用石墨制成的发热体；在不锈钢外壳与石英玻璃制成的壳体之间的空腔里面装有石墨加热器；上述的发热体与电极相连，而石墨加热器是与电极相连，它们是两个独立的供电系统；发热体和石墨加热器都与炉体绝缘，其下面都垫有一层石英玻璃；在石英玻璃制成的壳体的顶部装有用石墨制成的圆形隔热板；在不锈钢外壳与石英玻璃壳体之间的空腔里面装有用石墨制成的筒状隔热板。

作为本设计的进一步改进，发热体是由一根石墨管和一根石墨棒组成；该石墨棒插在石墨管里，其上端与石墨管紧密接触，并用石墨螺母紧固，其下端紧固在电极上；所述的石墨管的下端，通过石墨底座与另一个电极连通，从而使电极与石墨棒、石墨管、石墨底座及另一个电极串联成了一个电阻回路。改进后，石墨管就成了发热体的外壳，化学反应生成的多晶硅就沉积在这个外壳上，而且这种管状外形更便于多晶硅沉积，并最后形成硅棒。由于石墨管外径至少是钼丝、钼管或硅芯的十倍，甚至可达百倍，这样一来，就可以成十倍，甚至百倍地提高多晶硅的产量。

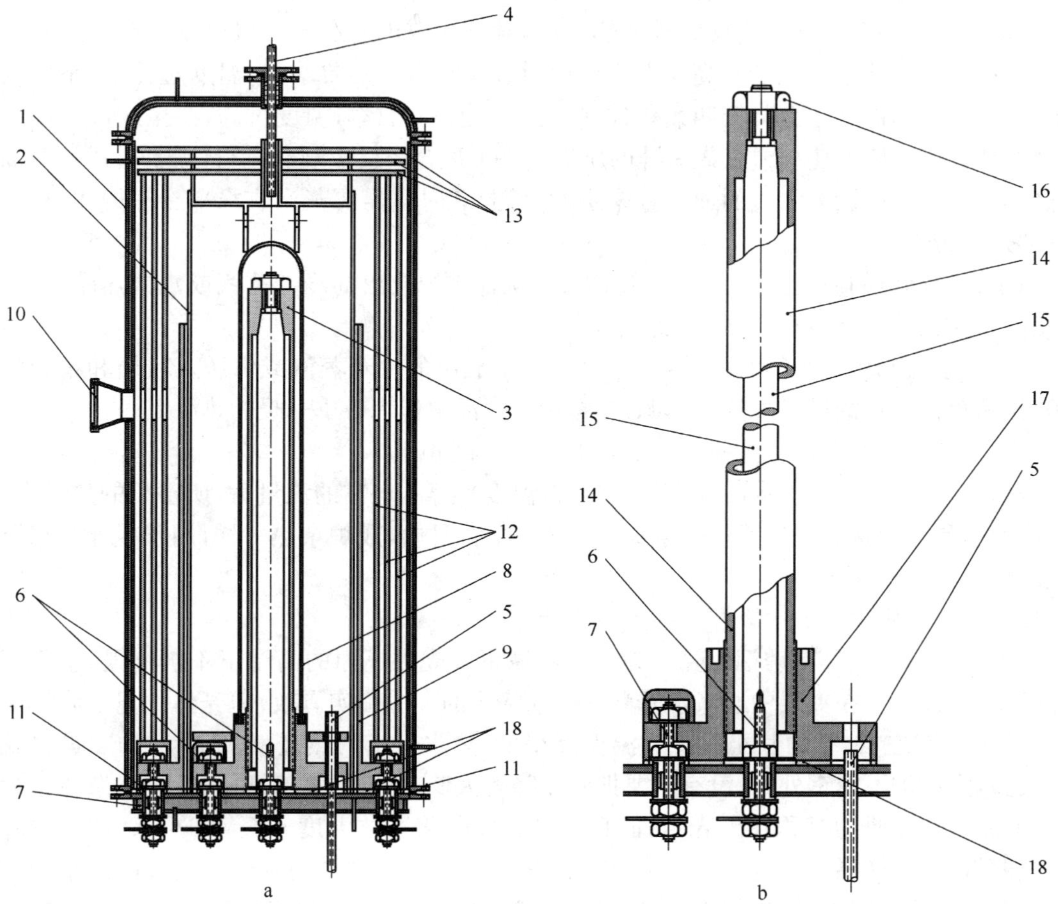

图 13-4 专利“一种生产多晶硅用的还原炉”的说明图

1—不锈钢外壳；2—石英玻璃壳体；3—发热体；4—进料管；5—尾气管；6—电极；7—底盘；8—石英管；9—石墨加热器；10—观察窗；11—电极；12—圆形隔热板；13—隔热板；14—石墨管；15—石墨棒；16—石墨螺母；17—石墨底座；18—石英玻璃

作为本设计的另一种改进，发热体被密封在一根石英管内。这就使化学反应生成的多晶硅不是直接沉积在发热体上，而是沉积在石英管的外壁上。由于石英管的外径大于发热体的外径，所以更有利于提高多晶硅的产量。不仅如此，这样还可以防止多晶硅被发热体的石墨沾污，从而还可以进一步地保证多晶硅产品的质量。

本设计的还原炉只有一根载体芯（发热体），属于单棒炉。其实，此种还原炉只要稍加改动，就能变成三根、六根、九根，甚至更多根的多棒炉，从而就很容易让每炉的多晶硅净产量 M_1 翻几番。

13.4 节约能源和综合利用

13.4.1 节约能源

在多晶硅生产中可以节约的能源主要有三类：一是四氯化硅或三氯氢硅合成炉余热；二是粗馏和精馏塔头冷却水的热量；三是还原炉冷却水带走的热量。

13.4.1.1　四氯化硅或三氯氢硅合成炉余热的回收利用

四氯化硅或三氯氢硅合成反应是放热反应，其反应放出的热量不仅可以维持反应的正常进行，有时还会使温度逐渐升高。合成反应对温度是有一定要求的，温度过低时，不仅会发生许多副反应，而且还会降低四氯化硅或三氯氢硅的实收率；温度过高，会生成许多金属氯化物，从而影响四氯化硅或三氯氢硅的质量。为了让合成反应顺利进行，需要通过调节加热器的电压、电流或调节氯气的通入量来遏制升温，有时也需要蒸汽或水来冷却炉体，将合成炉的余热带出。

由于合成反应的温度为450～500℃，因此，从合成炉放出的冷却蒸汽或水的热品质（温度）很高，直接放掉太浪费，应该加以利用。

合成炉余热利用的途径有两种：一是将合成炉放出的冷却蒸汽或水送入粗馏和精馏的塔釜，作为粗馏和精馏塔釜加热的热源；二是用于生活中作为冬季采暖的热源。

13.4.1.2　粗馏和精馏塔头冷却水热量的回收利用

从粗馏、精馏塔头放出的冷却水的热品质（温度）不高，但它的流量大，所蓄积的热量多，白白放掉也是种浪费。如果通过热泵提升品质，也可以同合成炉余热一样，用于粗馏和精馏塔釜的加热或冬季采暖。

13.4.1.3　减少还原炉冷却水带走的热量

常见的还原炉都是不锈钢外壳。为了使不锈钢外壳在还原的高温下不被烧毁，就需要将外壳做成夹层，并在夹层中通入水降温。通水降温的办法确实有效，但壳体的温度降得太低，一般在40℃左右，有的甚至更低。温度降得低，热水带走的热量就多，损耗的热量也就多。其实，为保护不锈钢外壳，没有必要把温度降得太低，只要不锈钢不软化、壳体杂质不挥发，不造成其他还原物沉积在外壳上即可。实践证明，将壳体温度升至400℃都没有问题。因此一般认为，壳体温度保持在150～250℃之间为宜。然而这样的温度已大大高出水的沸点，从而会使薄板制成的壳体被破坏。因此，要保持这样高的温度，就不能用水来冷却，应改用油或蒸汽。据报道，洛阳中硅科技有限公司的还原炉就是采用油来冷却的，实践证明很成功。

13.4.2　综合利用

综合利用是降低多晶硅生产成本的一个非常有效的途径。我们所讲的多晶硅和石英玻璃的联合制备法就是一种综合利用。它是利用生产多晶硅的尾气（废气）来生产石英玻璃。其生产是连续的，设备是串联的，热能是充分利用的，其生产过程没有反复升降温的现象，因此可以节能，而且节能的数字是相当可观的；它使本来作为废气排出的尾气得到了综合利用，因此，它不仅可以减少废气的排放量，而且还可以减轻对环境的污染；采用它进行生产，可以省掉一些设备，从而节约投资，减轻操作人员的劳动强度；设备少了，生产用的厂房就会少，基建投资也就必然会少，总的投入就少，付出的代价也就小；而且它与氯过剩的氯碱工业联手后就可以帮助解决其氯与碱的平衡问题。生产多晶硅，代价少了，必然会促进多晶硅的发展。电子工业材料（多晶硅）的瓶颈问题也因此不再存在了。

除了上述的综合利用之外，多晶硅生产的综合利用方法还有很多。比如，将还原炉的尾气（废气）回收生成的氯化氢水溶液浓缩，制成高品质的盐酸；将四氯化硅或三氯氢硅合成和提纯系统排出的废料用于制作白炭黑等，都是可以带来很好的经济效益与社会效益。

附　　录

附录 1　世界多晶硅各主要生产厂家的生产状况

附表 1　世界多晶硅各主要生产厂家生产状况表(t/a)

公　司	2002 年				2003 年				2004 年(估)			
	产能	产量	用　途		产能	产量	用　途		产能	产量	用　途	
			半导体	太阳能电池			半导体	太阳能电池			半导体	太阳能电池
德山(日)	4800	3600	2600	1000	4800	4000	3000	1000	4800	4400	3200	1200
三菱材料(日)	1600	1400	1200	200	1600	1400	1200	200	1600	1600	1400	200
住友钛(日)	700	700	700	0	700	700	700	0	700	700	700	0
三菱多晶硅(美)	1200	1000	900	100	1200	1000	900	100	1200	1100	1000	100
赫姆洛克(美)	6100	5100	3100	2000	6100	5300	3300	2000	6100	5700	3700	2000
AsiMI(美)	2400	1900	1900	0	2400	2100	2100	0	2400	2400	2300	100
SGS(美)	2000	150	0	150	2000	1900	0	1900	2000	2000	0	2000
瓦克多晶硅(德)	4200	4000	2500	1500	4200	4200	2600	1600	5000	4600	2800	1800
MEMC 帕萨蒂纳(美)	2700	1500	1500	0	2700	1500	1500	0	2700	1500	1500	0
MEMC(意)	1000	1000	1000	0	1000	1000	1000	0	1000	1000	1000	0
合　计	26700	20350	15400	4950	26700	23100	16300	6800	27500	25000	17600	7400

附录 2　几种多晶硅制造方法的总投资对比

附表 2　几种多晶硅制造方法的总投资对比表

生产方法 / 对比项目	改良西门子法	硅烷法	四氯化硅氢还原法	多晶硅和石英玻璃的联合制备法
年产千吨总投资/亿元	11 以上	12.5 以上	10 以上	6～8
每年获得的多晶硅产品/t	1000	1000	1000	1000(石英玻璃)

注:石英玻璃售价每千克 500～800 元。

附录 3　国内部分单位氢气管道流速

附表 3　国内部分单位氢气管道流速表

单　位	技术参数			流速/m·s⁻¹	备　注
	流量/$m^3 \cdot h^{-1}$	压力/MPa	管径/mm		
上海某厂	60	0.3	$D27.2\times2.1$	10.0	碳钢管
某所	40	0.3	$D27.2\times2.1$	11.5	
武汉某厂	750	0.2	$D89.1\times4.2$	13.6	
无锡某厂	140	0.4	$D34\times2.8$	15.8	
上海某钢厂	160	0.5	$D32\times3$	13.9	不锈钢管

附录 4　工业氢、超纯氢、高纯氢、纯氢的纯度标准

附表 4　工业氢、超纯氢、高纯氢、纯氢的纯度标准表

项　　目	GB/T 3634—1995	GB/T 7445—1995		
	工业氢	超纯氢	高纯氢	纯氢
氢纯度(10^{-2})	≥99.0～99.9	≥99.9999	≥99.999	≥99.99
氧含量(10^{-6})	≤4000～100	≤0.2	≤1	≤5
氮含量(10^{-6})	≤6000～400	≤0.4	≤5	≤60
CO(10^{-6})	无规定	≤0.1	≤1	≤5
CO_2(10^{-6})	无规定	≤0.1	≤1	≤5
CH_4(10^{-6})		≤0.2	≤1	≤10
水分(10^{-6})	游离水 100mL/瓶(合格品)	≤1	≤3	≤30

附录 5　各行业所需氢气主要技术参数

附表 5　各行业所需氢气主要技术参数表

行　业	用　途	技术参数	用氢特点
电　子	电真空器件生产	纯度:>99.99% 含氧量:$<5\times10^{-6}$ D.P. －60℃ 压力:≥0.02MPa	昼夜连续或班连续使用
	半导体器件	纯度:>99.99% 含氧量:$<1\times10^{-6}$ D.P. －60～－80℃ 压力:≥0.2MPa	
	大规模、超大规模集成电路	纯度:>99.99999% 含氧量:$<5\times10^{-9}$ D.P. －80℃或更严 压力:≥0.02MPa	
	电子材料	纯度:>99.99% 含氧量:$<5\times10^{-6}$ D.P. －40～－60℃ 压力:≥0.02MPa	

续附表5

行　业	用　途	技术参数	用氢特点
冶　金	有色金属生产	纯度：>99.99% 含氧量：$<5\times10^{-6}$ D.P. －50～－70℃ 压力：≥0.02MPa	昼夜连续使用
	钢材加工（薄板、特殊钢管生产等）	纯度：>99.99% 含氧量：$<5\times10^{-6}$ D.P. －50～－70℃ 压力：≥0.02MPa	昼夜连续使用
石油化工	催化重整加氢 渣油脱硫加氢 石脑油加氢精制等	纯度：>99.9% 压力：≥1.0～2.0MPa	连续使用
电　力	发电机氢气冷却	纯度：>99.5% 压力：≥0.03～0.5MPa	一次充氢或经常补充氢
建　材	浮法玻璃生产	纯度：>99.995% 含氧量：$<5\times10^{-6}$ D.P. －60℃ 压力：≥0.02MPa	昼夜连续使用
轻化工	油脂化学、醇类加氢	纯度：>99.95% 压力：≥1.0～7.0MPa	
	人造宝石	纯度：>99.5% 压力：≥0.02MPa	昼夜连续或班连续使用

附录6　露点温度、水蒸气压力和水蒸气含量关系

附表6　露点温度、水蒸气压力和水蒸气含量关系表

序　号	温度/℃	水蒸气压力/mmHg	水蒸气含量/$g\cdot m^{-3}$
1	100	760	598
2	95	633.9	505
3	90	525.8	424
4	85	433.6	354
5	80	355.1	293
6	75	289.1	242
7	70	233.7	198
8	65	187.5	161
9	60	149.4	130
10	55	118	104.3
11	50	92.5	83
12	45	71.88	65.4

续附表 6

序　号	温度/℃	水蒸气压力/mmHg	水蒸气含量/g·m⁻³
13	40	55. 32	51. 2
14	39	52. 44	48. 7
15	38	49. 69	46. 3
16	37	47. 07	44
17	36	44. 56	41. 8
18	35	42. 18	39. 6
19	34	39. 9	37. 6
20	33	37. 73	35. 7
21	32	35. 66	33. 9
22	31	33. 7	32. 1
23	30	31. 82	30. 3
24	29	30. 04	28. 7
25	28	28. 35	27. 2
26	27	26. 74	25. 8
27	26	25. 21	24. 4
28	25	23. 76	23
29	24	22. 38	21. 8
30	23	21. 07	20. 6
31	22	19. 38	19. 4
32	21	18. 65	18. 3
33	20	17. 54	17. 3
34	19	16. 48	16. 3
35	18	15. 48	15. 4
36	17	14. 53	14. 5
37	16	13. 63	13. 6
38	15	12. 79	12. 8
39	14	11. 99	12. 1
40	13	11. 23	11. 4
41	12	10. 52	10. 7
42	11	9. 84	10
43	10	9. 21	9. 4
44	9	8. 61	8. 8
45	8	8. 05	8. 3
46	7	7. 51	7. 8
47	6	7. 01	7. 3
48	5	6. 54	6. 84

续附表6

序　号	温度/℃	水蒸气压力/mmHg	水蒸气含量/g·m^{-3}
49	4	6.10	6.4
50	3	5.69	5.98
51	2	5.29	5.6
52	1	4.93	5.22
53	0	4.58	4.84
54	−1	4.22	4.47
55	−2	3.88	4.13
56	−3	3.57	3.81
57	−4	3.28	3.51
58	−5	3.01	3.24
59	−6	2.76	2.99
60	−7	2.53	2.76
61	−8	2.32	2.54
62	−9	2.13	2.33
63	−10	1.95	2.14
64	−11	1.78	1.96
65	−12	1.63	1.80
66	−13	1.49	1.65
67	−14	1.36	1.51
68	−15	1.24	1.38
69	−16	1.13	1.27
70	−17	1.03	1.15
71	−18	0.94	1.05
72	−19	0.85	0.96
73	−20	0.77	0.88
74	−21	0.7	0.8
75	−22	0.64	0.73
76	−23	0.58	0.66
77	−24	0.52	0.6
78	−25	0.47	0.55
79	−26	0.43	0.51
80	−27	0.38	0.46
81	−28	0.35	0.41
82	−29	0.31	0.37
83	−30	0.28	0.33
84	−32	0.231	0.277

续附表 6

序　号	温度/℃	水蒸气压力/mmHg	水蒸气含量/g·m^{-3}
85	−34	0. 187	0. 226
86	−36	0. 151	0. 184
87	−38	0. 121	0. 149
88	−40	0. 097	0. 12
89	−42	0. 077	0. 096
90	−44	0. 061	0. 077
91	−46	0. 048	0. 061
92	−48	0. 038	0. 049
93	−50	0. 029	0. 038
94	−52	0. 023	0. 03
95	−54	0. 018	0. 024
96	−56	0. 014	0. 018
97	−58	0. 011	0. 014
98	−60	0. 008	0. 011

注：1mmHg = 133. 32Pa。

附录 7　常用单位换算表

附表 7-1　压力单位换算

单　位	帕斯卡 (Pa)	巴 (bar)	毫巴 (mbar)	千克力/厘米^2 (kgf/cm^2)	毫米水柱 (mmH_2O)	毫米汞柱 (mmHg)
帕斯卡(Pa)	1	10^{-5}	10^{-2}	1.02×10^{-5}	1.0197×10^{-1}	7.5×10^{-3}
巴(bar)	10^5	1	10^3	1. 02	1.02×10^4	750. 06
毫巴(mbar)	10^2	10	1	1.02×10^{-3}	10. 2	0. 75
千克力/厘米^2 (kgf/cm^2)	98066. 5	0. 98	980. 67	1	10^4	735. 56
毫米水柱 (mmH_2O)	9. 806	9.807×10^{-5}	9.807×10^{-2}	10^{-4}	1	7.356×10^{-2}
毫米汞柱 (mmHg)	133. 32	1.33×10^{-3}	1. 33	1.36×10^{-3}	13. 6	1

附表 7-2　质量单位换算

单　位	千克(Kilogram)	公吨(Metric ton)	磅(Pound)	短吨(Short ton)	长吨(Long ton)
千克(Kilogram)	1	0. 001	2. 20462	0. 001102	0. 00984
公吨(Metric ton)	1000	1	2204. 62	1. 10231	0. 984205
磅(Pound)	0. 45392	0. 000454	1	0. 0005	0. 000446
短吨(Short ton)	907. 184	0. 907185	2000	1	0. 892857
长吨(Long ton)	1016. 046	1001605	2240	1. 12	1

注：1 市斤 = 0. 5000 公斤 = 1. 1023 磅。

附表 7-3　热量单位换算

单　位	焦耳(J)	千克·米(kg·m)	千瓦·时(kW·h)	千卡(kcal)	英热单位(Btu)
焦耳(J)	1	0.102	2.778×10^{-7}	2.389×10^{-4}	9.478×10^{-4}
千克·米(kg·m)	9.807	1	2.724×10^{-6}	2.342×10^{-3}	9.295×10^{-3}
千瓦·时(kW·h)	3.6×10^{6}	3.671×10^{5}	1	859.8	3412
千卡(kcal)	4187	426.9	1.163×10^{-3}	1	3.968
英热单位(Btu)	1055	107.6	2.93×10^{-4}	0.252	1

注：1 千卡 = 1 卡路里 = 1 大卡 = 1000 卡；

1 千焦 = 1000 焦耳；

1 千卡(kcal) = 1 大卡 = 1 卡路里 = 4.184 千焦(kJ)；

1 卡 = 4.182 焦耳。

附表 7-4　密度单位换算

单　位	千克/米^3(kg/m^3)	磅/英尺^3(lb/ft^3)	磅/英寸^3(lb/in^3)	磅/美加仑(lb/USgal)	磅/英加仑(lb/UKgal)
千克/米^3(kg/m^3)	1	0.0624	3.6×10^{-5}	8.3×10^{-3}	0.01
磅/英尺^3(lb/ft^3)	16.02	1	5.8×10^{-3}	0.132	16.18
磅/英寸^3(lb/in^3)	27679.9	1727.22	1	226.42	276.8
磅/美加仑(lb/USgal)	119.826	7.48	0.043	1	1.2
磅/英加仑(lb/UKgal)	99.776	6.23	0.036	0.83	1

注：1kg/m^3 = 1g/L = 0.001g/cm^3。

附表 7-5　体积流量单位换算

单　位	升/分(L/min)	米^3/时(m^3/h)	英尺^3/时(ft^3/h)	英加仑/分(UKgal/min)	美加仑/分(USgal/min)
升/分(L/min)	1	0.06	2.1189	0.21997	0.264188
米^3/时(m^3/h)	16.667	1	35.314	3.667	4.403
英尺^3/时(ft^3/h)	0.4719	0.028317	1	0.1038	0.1247
英加仑/分(UKgal/min)	4.546	0.02727	9.6325	1	1.20032
美加仑/分(USgal/min)	3.785	0.2273	8.0208	0.8326	1

附表 7-6　质量流量单位换算

单　位	千克/时(kg/h)	千克/分(kg/min)	千克/秒(kg/s)	吨/时(t/h)	磅/时(lb/h)
千克/时(kg/h)	1	16.7×10^{-3}	278×10^{-6}	0.001	2.205
千克/分(kg/min)	60	1	16.7×10^{-3}	0.06	132.3
千克/秒(kg/s)	3600	60	1	3.6	7.9×10^{3}
吨/时(t/h)	1000	16.7	278×10^{-3}	1	2205
磅/时(lb/h)	0.454	7.56×10^{-3}	126×10^{-6}	0.454×10^{-3}	1

参考文献

1 邢晓林主编. 化工设备. 北京:化学工业出版社,2005
2 祁存谦,丁楠,吕树申编.化工原理.北京:化学工业出版社,2006
3 侯丽新编.板式精馏塔.北京:化学工业出版社,2000
4 聂清德主编.化工设备设计.北京:化学工业出版社,1991
5 北京有色冶金设计院编.半导体材料硅的生产.北京:中国工业出版社,1970
6 上海901厂编.半导体材料硅.上海:上海科学技术情报研究所出版社,1971
7 戚翠芬主编.加热炉.北京:冶金工业出版社,2007
8 GB50177—1993:氢氧站设计规范
9 GB50030—1991:氧气站设计规范
10 GB50177—2005:氢气站设计规范
11 《半导体器件制造技术丛书》编写组.硅材料制备.北京:国防工业出版社,1972
12 万群.奇妙的半导体.北京:科学技术出版社,2002
13 刘寄声.一种多晶硅和石英玻璃的联合制备法.电子信息材料,2006(2):61～68

元素周期表

新编号 / IUPAC 以前的方式 / CAS 方式

原子序数→ 50 +2 ←氧化态
元素符号→ Sn +4
原子量(1993 年)→ 118.71
−18−18−4 ←电子构型

族	1 ⅠA	2 ⅡA	3 ⅢA ⅢB	4 ⅣA ⅣB	5 ⅤA ⅤB	6 ⅥA ⅥB	7 ⅦA ⅦB	8 ⅧA Ⅷ	9 ⅧA Ⅷ	10 ⅧA Ⅷ	11 ⅠB	12 ⅡB	13 ⅢB ⅢA	14 ⅣB ⅣA	15 ⅤB ⅤA	16 ⅥB ⅥA	17 ⅦB ⅦA	18 ⅧA	电子层
	1 H +1 −1 1.00794 1																	2 He 0 4.002602 2	*K*
	3 Li +1 6.941 2-1	4 Be +2 9.012182 2-2											5 B +3 10.811 2-3	6 C +2 +4 −4 12.011 2-4	7 N +1 +2 +3 +4 +5 −1 −2 −3 14.00674 2-5	8 O −2 15.9994 2-6	9 F −1 18.9984032 2-7	10 Ne 0 20.1797 2-8	*K-L*
	11 Na +1 22.989768 2-8-1	12 Mg +2 24.3050 2-8-2											13 Al +3 26.981539 2-8-3	14 Si +2 +4 −4 28.0855 2-8-4	15 P +3 +5 −3 30.97362 2-8-5	16 S +4 +6 −2 32.066 2-8-6	17 Cl +1 +5 +7 −1 35.4527 2-8-7	18 Ar 0 39.948 2-8-8	*K-L-M*
	19 K +1 39.0983 -8-8-1	20 Ca +2 40.078 -8-8-2	21 Sc +3 44.955910 -8-9-2	22 Ti +2 +3 +4 47.867 -8-10-2	23 V +2 +3 +4 +5 50.9415 -8-11-2	24 Cr +2 +3 +6 51.9961 -8-13-1	25 Mn +2 +3 +4 +7 54.93805 -8-13-2	26 Fe +2 +3 55.845 -8-14-2	27 Co +2 +3 58.93320 -8-15-2	28 Ni +2 +3 58.693 -8-16-2	29 Cu +1 +2 63.546 -8-18-1	30 Zn +2 65.39 -8-18-2	31 Ga +3 69.723 -8-18-3	32 Ge +2 +4 72.61 -8-18-4	33 As +3 +5 −3 74.92159 -8-18-5	34 Se +4 +6 −2 78.96 -8-18-6	35 Br +1 +5 −1 79.904 -8-18-7	36 Kr 0 83.80 -8-18-8	*-L-M-N*
	37 Rb +1 85.4678 -18-8-1	38 Sr +2 87.62 -18-8-2	39 Y +3 88.90585 -18-9-2	40 Zr +4 91.224 -18-10-2	41 Nb +3 +5 92.90638 -18-12-1	42 Mo +6 95.94 -18-13-1	43 Tc +4 +6 +7 (98) -18-13-2	44 Ru +3 101.07 -18-15-1	45 Rh +3 102.90550 -18-16-1	46 Pd +2 +4 106.42 -18-18-0	47 Ag +1 107.8682 -18-18-1	48 Cd +2 112.411 -18-18-2	49 In +3 114.818 -18-18-3	50 Sn +2 +4 118.710 -18-18-4	51 Sb +3 +5 −3 121.760 -18-18-5	52 Te +4 +6 −2 127.60 -18-18-6	53 I +1 +5 +7 −1 126.90447 -18-18-7	54 Xe 0 131.29 -18-18-8	*-M-N-O*
	55 Cs +1 132.90543 -18-8-1	56 Ba +2 137.327 -18-8-2	57 La* +3 138.9055 -18-9-2	72 Hf +4 178.49 -32-10-2	73 Ta +5 180.9479 -32-11-2	74 W +6 183.84 -32-12-2	75 Re +4 +6 +7 186.207 -32-13-2	76 Os +3 +4 190.23 -32-14-2	77 Ir +3 +4 192.217 -32-15-2	78 Pt +2 +4 195.08 -32-17-1	79 Au +1 +3 196.96654 -32-18-1	80 Hg +1 +2 200.59 -32-18-2	81 Tl +1 +3 204.3833 -32-18-3	82 Pb +2 +4 207.2 -32-18-4	83 Bi +3 +5 208.98037 -32-18-5	84 Po +2 +4 (209) -32-18-6	85 At (210) -32-18-7	86 Rn 0 (222) -32-18-8	*-N-O-P*
	87 Fr +1 (223) -18-8-1	88 Ra +2 226.025 -18-8-2	89 Ac** +3 227.028 -18-9-2	104 Unq +4 (261) -32-10-2	105 Unp (262) -32-11-2	106 Unh (263) -32-12-2	107 Uns (262) -32-13-2	108 Uno (265) -32-14-2	109 Une (266) -32-15-2	110 Uun (269) -32-16-2									*-O-P-Q*

* 镧系元素	58 Ce +3 +4 140.115 -19-9-2	59 Pr +3 140.90765 -21-8-2	60 Nd +3 144.24 -22-8-2	61 Pm +3 (145) -23-8-2	62 Sm +2 +3 150.36 -24-8-2	63 Eu +2 +3 151.965 -25-8-2	64 Gd +3 157.25 -25-9-2	65 Tb +3 158.92534 -27-8-2	66 Dy +3 162.50 -28-8-2	67 Ho +3 164.93032 -29-8-2	68 Er +3 167.26 -30-8-2	69 Tm +3 168.93421 -31-8-2	70 Yb +2 +3 173.04 -32-8-2	71 Lu +3 174.967 -32-9-2	*-N-O-P*
** 锕系元素	90 Th +4 232.0381 -18-10-2	91 Pa +5 +4 231.03588 -20-9-2	92 U +3 +4 +5 +6 238.0289 -21-9-2	93 Np +3 +4 +5 +6 237.048 -22-9-2	94 Pu +3 +4 +5 +6 (244) -24-8-2	95 Am +3 +4 +5 +6 (243) -25-8-2	96 Cm +3 (247) -25-9-2	97 Bk +3 +4 (247) -27-8-2	98 Cf +3 (251) -28-8-2	99 Es +3 (252) -29-8-2	100 Fm +3 (257) -30-8-2	101 Md +2 +3 (258) -31-8-2	102 No +2 +3 (259) -32-8-2	103 Lr +3 (260) -32-9-2	*-O-P-Q*

注：1. 新的 IUPAC 格式将元素的族编成 1～18 号。表中同时列出了 IUPAC 以前的编号方式及化学文摘编辑部(CAS)采用的编号方式。对自然界不存在的放射性元素，括号内为其最稳定同位素的质量数。2. 引自 David R. Lide, Editor-in-Chief. Handbook of Chemistry and Physics, 76th Edition Boca Raton: CRC Press, Inc. 1995～1996。

冶金工业出版社部分图书推荐

书　　名	定价(元)
工业硅科技新进展	38.00
半导体测试技术原理与应用	28.00
超大规模集成电路衬底材料性能及加工测试技术工程	39.50
不定形耐火材料(第 2 版)	36.00
复合不定形耐火材料	15.00
氧化铍陶瓷	25.00
耐火材料手册	160.00
功能陶瓷的显微结构、性能与制备技术	58.00
材料环境学	30.00
多元渗硼技术及应用	22.00
材料加工新技术与新工艺	26.00
陶瓷-金属复合材料	69.00
材料的结构	49.00
材料评价的分析电子显微方法	38.00
功能材料学概论	89.00
耐火材料显微结构	88.00
安全原理	20.00
产业循环经济	69.00
创建资源节约型环境友好型钢铁企业	60.00
全面规范化生产维护(INPM)——从理念到实践	38.00
材料研究与测试方法	20.00
冷坩埚法制取难熔材料	35.00
刚玉耐火材料(第 2 版)	48.00
钢铁冶金及材料制备新技术	28.00
材料的激光制备与处理技术	25.00
石油天然气管道工程技术及微合金化钢	85.00